北京理工大学“双一流”建设精品出版工程

机器人学基础

Fundamentals of Robotics

蒋志宏 ◎ 编著

北京理工大学出版社
BEIJING INSTITUTE OF TECHNOLOGY PRESS

图书在版编目（CIP）数据

机器人学基础/蒋志宏编著. —北京：北京理工大学出版社，2018. 4（2024.6重印）
ISBN 978－7－5682－5512－7

Ⅰ. ①机…　Ⅱ. ①蒋…　Ⅲ. ①机器人学－基本知识　Ⅳ. ①TP24

中国版本图书馆CIP数据核字（2018）第073222号

出版发行／北京理工大学出版社有限责任公司
社　　址／北京市海淀区中关村南大街5号
邮　　编／100081
电　　话／（010）68914775（总编室）
（010）82562903（教材售后服务热线）
（010）68944723（其他图书服务热线）
网　　址／http：//www. bitpress. com. cn
经　　销／全国各地新华书店
印　　刷／廊坊市印艺阁数字科技有限公司
开　　本／787毫米×1092毫米　1/16
印　　张／14. 25
彩　　插／1
字　　数／332千字
版　　次／2018年4月第1版　2024年6月第6次印刷
定　　价／46. 00元

责任编辑／张慧峰
文案编辑／张慧峰
责任校对／周瑞红
责任印制／王美丽

本书编写组

主　编　蒋志宏

副主编　李　辉　莫　洋

徐　乾（中国人民大学附属中学）

参编者　宋真子　孙泽源　周伟刚　徐佳锋

王　鑫　章强兵　曹晓磊　付政权

前言

PREFACE

机器人学集机械学、计算机科学与工程、控制理论与控制工程学、电子工程学、人工智能、智能传感、仿生学等多学科之大成，是一门高度综合和交叉的前沿学科，是目前和未来的研究热点。机器人技术是涉及国家未来产业和前沿科技的核心力量。习近平总书记在党的二十大报告中强调："推动战略性新兴产业融合集群发展，构建新一代信息技术、人工智能、生物技术、新能源、新材料、高端装备、绿色环保等一批新的增长引擎。"国务院发布了《中国制造2025》《新一代人工智能发展规划》，科学技术部高技术研究发展中心发布了《智能机器人重点研发计划》，国家自然科学基金委推出了《共融机器人基础理论与关键技术重大研究计划》，等等。这些会议精神、重要政策和计划，表明机器人技术、高端智能制造及人工智能等已经成为我国重要的科技战略发展领域。

笔者有着近10年的"机器人学"相关课程的教学经历和经验，同时，在国家863高科技计划、国家自然科学基金、国防基础科研和航天921等项目支持下，笔者所在团队对机器人相关技术进行了10多年的研究，积累了丰富的多种机器人系统平台的研究经验。本书的初衷，是想把团队多年的机器人技术研究，通过翔实具体的机器人基础理论知识推导和典型研究范例系统地展示给机器人技术的学习者，特别是广大的本科生和研究生机器人爱好者，为他们提供系统和范例式的机器人技术学习帮助，使得他们机器人技术的学习和研究变得更加实效。

本书可作为机械电子工程专业、控制理论与控制工程专业等高年级本科生、硕士研究生及博士研究生的教学参考书，同时，也可为从事机器人和自动化装备等应用研发工作的技术人员提供详细参考。

感谢许多读者对本书的首印版提出的非常宝贵的建议，本次重印我们认真细心地进行了勘误，希望得到读者继续的关心和指正。

作者的电子邮箱地址为：jiangzhihong@ bit. edu. cn

本书配套资料请登陆出版社网站 http://www. bitpress. com. cn/book/book_detail. php? id =15862 注册下载。

作者

目　录
CONTENTS

基础篇

提 高 篇

基　础　篇

第 1 章
绪　　论

习近平总书记在 2015 年两院院士大会上指出：机器人是“制造业皇冠顶端的明珠”，其研发、制造、应用是衡量一个国家科技创新和高端制造业水平的重要标志。自从吐着腾腾白烟的蒸汽机打开了工业之门，现代化的目的就是解放人的身体。机器人将不仅取代人的体力劳动，更会延伸人的精神世界。目前，机器人技术处于高速发展黄金期，在工业生产、助老助残、医疗康复、家庭服务、空间及海洋探测、核环境等应用领域得到了广泛应用与发展，对人类的生产和生活产生了广阔而深远的影响。

1.1　机器人发展趋势

机器人是一种自动执行任务的机器装置。它既可以接受人类指挥，又可以运行预先编置的程序，也可以根据以人工智能技术制定的规则自主执行任务。它的任务是协助或代替人类进行工作，例如在工业生产、危险行业等场合工作。

1920 年，捷克作家 K·凯比克在一科幻剧本中首次提出了 Robot（汉语前译为“劳伯”）这个名词，现在已被人们作为“机器人”的专用名词。1950 年美国作家 I·阿西莫夫提出了机器人学（Robotics）这一概念，并提出了所谓的“机器人三原则”，后来，人们不断提出对机器人三原则的补充、修正和发展，形成了以下机器人原则：

元原则：机器人不得实施行为，除非该行为符合机器人原则；

第零原则：机器人不得伤害人类整体，或者因不作为致使人类整体受到伤害；

第一原则：机器人不得伤害人类，或坐视人类受到伤害；

第二原则：除非违背第一原则，机器人必须服从人类的命令；

第三原则：在不违背第一及第二原则下，机器人必须保护自己；

第四原则：除非违反高阶原则，机器人必须执行内置程序赋予的职能；

繁殖原则：机器人不得参与机器人的设计和制造，除非新机器人行为符合机器人原则。

有了以上的机器人原则，机器人就不再是“欺师灭祖”“犯上作乱”的反面角色，而是人类忠实的奴仆和朋友。同时，为了维持国家或者世界的整体秩序，如若有个机器人为保护人类整体，必须杀害一个人或一群人，机器人的内置程序为了人类整体利益着想就会同意这种谋杀行为。

1959 年，美国发明家德沃尔与约瑟夫·英格伯格联手制造了世界上第一台工业机器人（图 1.1）。这个机器人共有 4 个自由度，外形有点像坦克炮塔，基座上有一个大机械臂，大臂可绕轴在基座上转动，大臂上又伸出一个小机械臂，它相对大臂可以伸出或缩回。小臂顶有一个手腕，可绕小臂转动，进行俯仰和侧摆。这个机器人的功能和人手臂功能相似，手腕前侧是手，即机器人末端操作器。此后，英格伯格和德沃尔成立了 Unimation 公司，兴办了世界上第一家机器人制造工厂。第一批工业机器人被称为“尤尼梅特（UNIMATE）”，意思是“万能自动”。

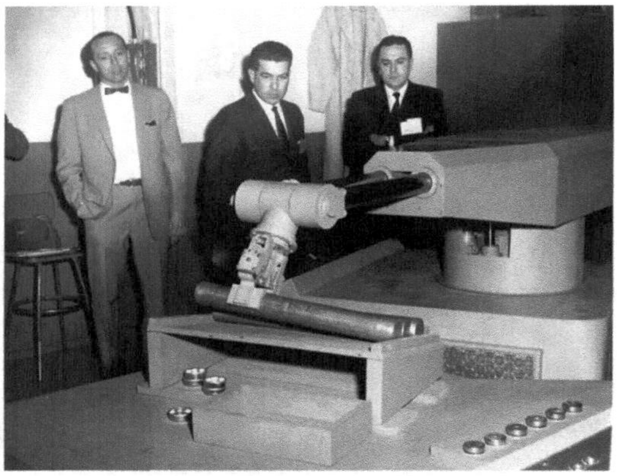

图 1.1　第一台工业机器人

20 世纪 70 年代，随着计算机、现代控制、传感技术、人工智能技术的发展，机器人得到了迅速发展。1979 年，Unimation 公司推出了 PUMA 机器人（图 1.2），它有 6 个自由度、全电动驱动、多 CPU 控制，可配置视觉、触觉、力觉传感器，是当时一种非常先进的工业机器人，而且，现在的工业机器人结构基本上都是以此为基础的。但是，这一时期的机器人属于“示教再现”型机器人：只具有记忆、存储能力，按相应编置的程序重复作业，对周围环境基本没有感知与反馈控制能力。这种机器人被称作第一代机器人。

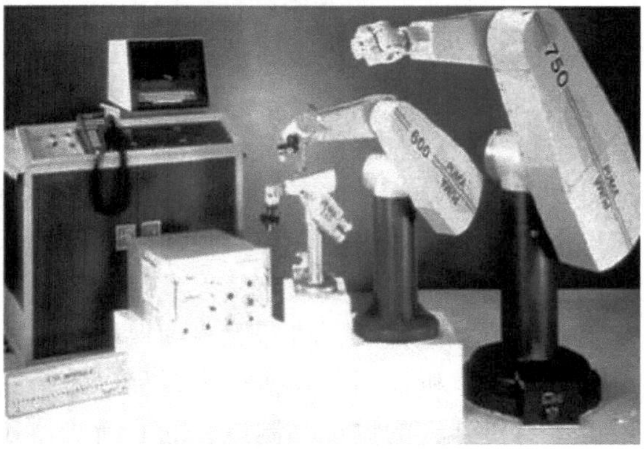

图 1.2　PUMA 工业机器人

进入 80 年代，随着传感技术，包括视觉传感器、非视觉传感器（力觉、触觉、接近觉等）以及信息处理技术的发展，出现了第二代机器人，即有感觉的机器人。它能够获得作业环境和作业对象的部分有关信息，并进行一定的实时处理，引导机器人进行作业。第二代机器人已进入了实用化，主要代表是工业机器人（图 1.3），在汽车、飞机、钢铁冶炼、电子、通信等核心工业生产中发挥了重要作用。第三代机器人是目前正在研究与发展的“智能机器人”，以达芬奇“内窥镜手术器械控制系统”手术机器人和iRobot扫地机器人等为代表（图1.4），在医疗/康复和家庭服务等领域得到了成功应用。随着人工智能理论与技术的发展，它不仅具有比第二代机器人更加完善的环境感知能力，而且还具有逻辑思维、判断、学习、推理和决策能力，可根据作业要求与环境信息进行自主工作。出现了以ASIMO、Atlas、Robonaut2、Yume、BigDog等为代表的智能机器人与系统（图1.5），其可提升人类的生活质量，并能够在复杂危险的环境中代替人类进行作业。

图1.3 工业机器人

图1.4 医疗/康复和家庭服务机器人

图1.5 智能机器人与系统

1.2　机器人系统组成与分类

机器人是一种典型的机电一体化系统，集机构学、计算机科学、自动控制理论、传感器技术、人工智能、仿生学等众多学科于一身，是人类科学技术发展与应用的重大成就。机器人作为一种自动执行任务的机器装置，为人类服务过程中，需要针对作业目标及环境进行运动控制。在运动控制过程中，机器人需要计算其运动学和动力学模型，根据力觉、视觉等传感器实现作业信息反馈，对其关节进行伺服控制，完成机器人末端及特定关节的运动规划。

机器人执行任务时，其控制系统需要利用众多的传感数据，对其路径进行规划，控制其关节进行运动，适应作业环境，最终实现所赋予的任务。

1.2.1　机器人系统组成

机器人典型的控制系统与结构，如图 1.6 所示，包括任务控制终端、任务通信总线、中央运动控制、伺服通信总线、伺服驱动单元和数据传感采集等核心部分。

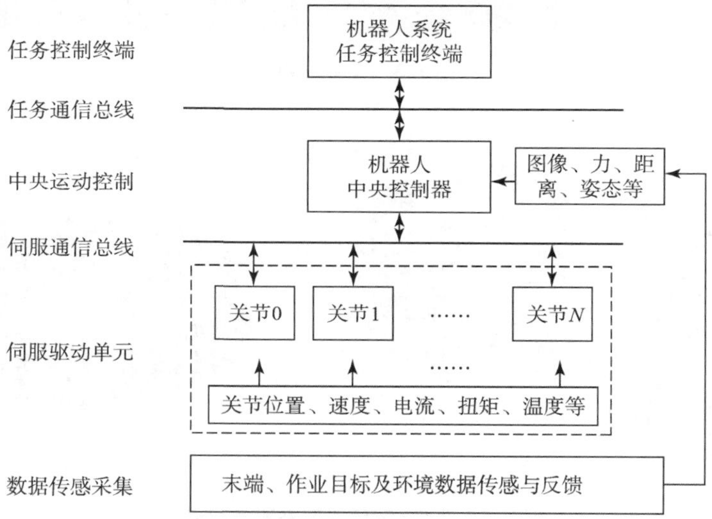

图 1.6　机器人控制系统与结构

1. 任务控制终端

任务控制终端的主要功能是实现机器人任务指令的下发、任务仿真、状态数据显示与分析等，为使用者提供直观的控制与应用程控界面。该终端通常是一种软件界面系统，类似工业机器人的示教盒。

2. 任务通信总线

任务通信总线的主要功能是实现任务控制终端与中央控制器间的指令与状态数据交互。目前，在机器人控制系统中常用的任务通信总线有 CAN、EtherCAT、以太网等。

3. 中央运动控制

机器人的中央运动控制类似人类大脑，主要功能是实现机器人复杂传感数据结算、复杂的运动控制与规划算法，如机器人的运动学、动力学、力控、视觉引导、运动规划等算法，是机器人的大脑。目前，用于机器人中央运动控制的硬件主要有工业控制计算机、DSP（Digital Signal Processing，数字信号处理）+ FPGA（Field Programmable Gate Array，现场可编程门阵列）、ARM 等嵌入式控制器。操作系统主要有 Windows，Linux（Ubuntu），Android 等。为了提高控制的实时性，出现了 Vxworks，QNX，RT - Linux，Xenomai 等实时操作系统。针对机器人控制，还有专门的 ROS 机器人操作系统。

4. 伺服通信总线

伺服通信总线的主要功能是实现机器人各运动关节与中央控制器间的控制与状态数据的交互。目前，在机器人控制系统中常用的伺服通信总线有 CAN、EtherCAT、以太网等。

5. 伺服驱动单元

伺服驱动单元是实现机器人运动作业的核心单元，即机器人的运动关节。机器人运动关节一般由动力源、关节结构、位置/电流/扭矩传感器等核心部分组成。按照动力源不同，可以分为电动关节、气动关节、液压驱动关节等。

6. 数据传感采集系统

数据传感采集系统是机器人系统自身定位和任务执行的导航器，类似于人的眼睛等各感觉器官。目前，在机器人控制系统中常用的传感数据有两种：一种是关节控制传感器，主要有位置、电流、扭矩、温度等传感器；一种是系统控制与作业传感器，主要有视觉、力/触觉、姿态等传感器。

1.2.2　机器人的分类

机器人按照可移动性可分为固定式机器人和移动式机器人。固定式机器人是指机器人工作时不可移动，即基座是固定不动的，其中生产中应用的工业机器人为固定式机器人的典型代表。移动式机器人是指机器人工作时是可移动的。移动式机器人的种类很多，如轮式机器人、履带式机器人、腿式机器人，其中腿式机器人又可分为单足、双足（仿人机器人）、四足（大狗机器人）、六足和八足等机器人。机器人按照用途可分为工业机器人、军用机器人、服务机器人、医疗机器人、特种机器人等。工业机器人目前在汽车、飞机等工业场合得到了广泛的应用，如装配机器人、焊接机器人、喷漆机器人等，提高了产品的生产效率、质量和一致性。军用机器人是一种用于军事领域的自动化机器装备，其功能包含物资运输、战场信息感知以及实战进攻等，目前军用机器人在战场使用范围非常广泛。机器人按照工作区域可分为空间机器人、空中机器人、地面机器人、水下机器人。另外，按机器人拓扑可分为仿人机器人、仿生机器人、机械臂、模块机器人、微纳机器人等。

1.3　本书概要

本书根据机器人运动控制技术需求，对其内容及结构进行了系统设置，全书内容分为基础篇和提高篇，并以作者实验室 6 自由度机器人运动控制为例设计了足够的学习范例，以满足读者对机器人运动控制技术的学习需求。

全书共 12 章。第 1 章到第 6 章为机器人技术的基础篇，内容包括绪论、机器人数学基础、机器人正运动学、机器人逆运动学、速度与雅可比矩阵、轨迹规划。第 7 章到第 12 章为机器人技术的提高篇，内容包括机器人关节伺服运动控制、机器人动力学、机器人的柔顺控制、机器人运动学参数辨识、机器人视觉识别与定位、基于 Adams/Matlab 机器人动力学联合仿真。本书以作者实验室现有一套6 自由度机器人实验教学系统为对象，在本书的每一个核心知识点里都将提供一个机器人典型算例，对每一个核心知识点的应用关键点进行实践、分析和总结，为践行理论与实践深度耦合的理念提供支撑。

第 1 章　绪论，主要介绍了机器人的定义、发展趋势、系统组成以及本书的目标与各章的主要内容。

第 2 章　机器人数学基础，介绍了刚体在空间的描述方法，以及刚体在不同坐标系间的齐次变换方法，为后续的机器人运动学、动力学提供理论基础。

第 3 章　机器人正运动学，介绍了机器人连杆参数的定义、连杆坐标系的建立方法和正运动学方程的推导。

第 4 章　机器人逆运动学，介绍了逆运动学的可解性、解的多重性和典型的求解逆运动学解析解的方法。

第 5 章　速度与雅可比矩阵，介绍了机器人角速度的特性以及机器人连杆间速度的传递规律，通过雅可比矩阵可以实现机器人末端与关节速度力矩的映射。

第 6 章　轨迹规划，介绍了几种不同的运动规划方法，能够实现机器人关节空间与笛卡尔空间运动轨迹规划。

第 7 章　机器人关节伺服运动控制，详细介绍了机器人关节直流电动机、直流无刷电动机、永磁同步电动机伺服驱动原理，以及伺服系统多环路 PID 驱动控制原理。

第 8 章　机器人动力学，介绍了机械臂末端运动与关节驱动力矩之间的关系，能够根据关节位置、速度、加速度实时计算关节运动所需要的驱动力矩。

第 9 章　机器人的柔顺控制，介绍了基于阻抗控制的机器人主动柔顺控制策略。

第 10 章　机器人运动学参数辨识，介绍了机器人运动学参数标定的意义与背景，并且基于运动学原理推导了机器人运动学线性误差模型，最后采用基于最小二乘参数辨识算法对机器人运动学参数进行辨识。

第 11 章　机器视觉识别与定位，介绍了机器视觉识别与定位的相关知识，通过对摄像头参数标定、图像预处理、图像识别以及视觉定位的介绍与实现。

第 12 章　基于 Adams/Matlab 机器人动力学联合仿真，介绍了机器人动力学联合仿真的手段和方法，并结合前面讲解的动力学，在 Simulink 中搭建了具有力前馈控制的联合仿真系统，对工业 6 自由度机器人进行了仿真测试。

习　　题

1.1　简述机器人定义。

1.2　机器人原则有哪些？如何理解其含义？

1.3　简述机器人分类方法。

1.4　简述机器人系统组成及功能。

1.5　如何定义工业机器人与智能机器人的联系与区别？

1.6　简述机器人未来发展趋势和形式。

第 2 章

机器人数学基础

机器人的首要功能是通过自动控制完成各种作业的操作，进行作业操作的前提是描述机器人末端执行器和操作目标的空间位置和姿态。本章主要讲述刚体在空间中的描述方法，以及不同坐标系相互间转化的齐次变换方法，为后续的机器人运动学、动力学提供理论基础。

2.1　刚体的位姿描述

描述刚体的空间状态，首先要确定描述刚体所在的坐标系，即确定需要在哪个坐标系下描述刚体的空间状态，一个刚体在某一瞬时其空间状态是唯一的，但是在不同的坐标系下其描述是不同的。一个坐标系由原点和 3 个相互垂直的单位矢量组成，本书中坐标系均为右手系，如图 2.1 所示。

刚体上的任何一点可以通过与其固连的坐标系描述，因此通过与刚体固连的坐标系可以完整地描述刚体的空间状态，如图 2.2 所示。图中的四面体可以通过与之固连的坐标系 $\{B\}$ 描述。

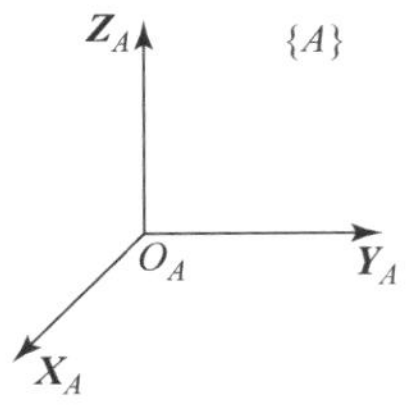

图 2.1　标准坐标系

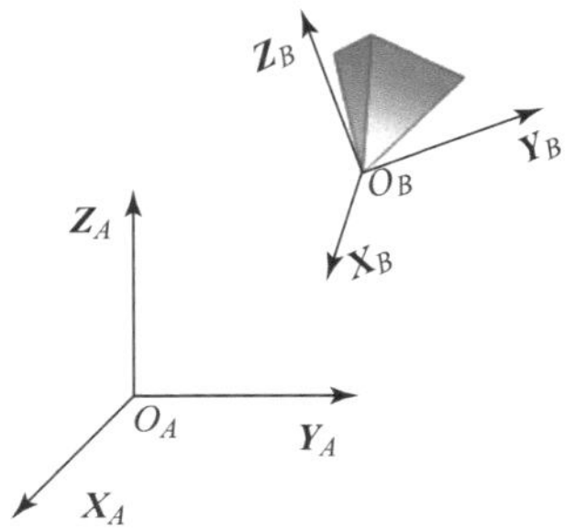

图 2.2　刚体的位置和姿态描述

根据前述的坐标系的四个元素，坐标系 $\{B\}$ 的原点 O_B 在坐标系 $\{A\}$ 中的描述即为坐标系 $\{B\}$ 在坐标系 $\{A\}$ 中的位置。在本书中位置用矢量表示，如图 2.2 所示，O_B 点在坐标系 $\{A\}$ 的位置矢量 ${}^A\boldsymbol{O}_B$ 可以表示为其在坐标系 $\{A\}$ 三个坐标轴上的投影矢量和。

$$ {}^A\boldsymbol{O}_B = {}^A\boldsymbol{O}_B \cdot \boldsymbol{X}_A + {}^A\boldsymbol{O}_B \cdot \boldsymbol{Y}_A + {}^A\boldsymbol{O}_B \cdot \boldsymbol{Z}_A \tag{2-1} $$

其中，$\boldsymbol{X}_A$、$\boldsymbol{Y}_A$ 和 $\boldsymbol{Z}_A$ 分别代表坐标系 $\{A\}$ 的三个坐标轴。${}^A\boldsymbol{O}_B$ 中的下标 B 代表坐标系 $\{B\}$，上标 A 代表在坐标系 $\{A\}$ 下的描述。

坐标系 $\{B\}$ 中三个坐标轴是三个单位矢量，在坐标系 $\{A\}$ 三个坐标轴上的投影分别为

$$^{A}\boldsymbol{X}_B=(\boldsymbol{X}_B\cdot\boldsymbol{X}_A)\boldsymbol{X}_A+(\boldsymbol{X}_B\cdot\boldsymbol{Y}_A)\boldsymbol{Y}_A+(\boldsymbol{X}_B\cdot\boldsymbol{Z}_A)\boldsymbol{Z}_A=[\boldsymbol{X}_A\quad\boldsymbol{Y}_A\quad\boldsymbol{Z}_A]\begin{bmatrix}\boldsymbol{X}_B\cdot X_A\\ \boldsymbol{X}_B\cdot Y_A\\ \boldsymbol{X}_B\cdot Z_A\end{bmatrix}\tag{2-2}$$

$$^{A}\boldsymbol{Y}_B=(\boldsymbol{Y}_B\cdot\boldsymbol{X}_A)\boldsymbol{X}_A+(\boldsymbol{Y}_B\cdot\boldsymbol{Y}_A)\boldsymbol{Y}_A+(\boldsymbol{Y}_B\cdot\boldsymbol{Z}_A)\boldsymbol{Z}_A=[\boldsymbol{X}_A\quad\boldsymbol{Y}_A\quad\boldsymbol{Z}_A]\begin{bmatrix}\boldsymbol{Y}_B\cdot\boldsymbol{X}_A\\ \boldsymbol{Y}_B\cdot\boldsymbol{Y}_A\\ \boldsymbol{Y}_B\cdot\boldsymbol{Z}_A\end{bmatrix}\tag{2-3}$$

$$^{A}\boldsymbol{Z}_B=(\boldsymbol{Z}_B\cdot\boldsymbol{X}_A)\boldsymbol{X}_A+(\boldsymbol{Z}_B\cdot\boldsymbol{Y}_A)\boldsymbol{Y}_A+(\boldsymbol{Z}_B\cdot\boldsymbol{Z}_A)\boldsymbol{Z}_A=[\boldsymbol{X}_A\quad\boldsymbol{Y}_A\quad\boldsymbol{Z}_A]\begin{bmatrix}\boldsymbol{Z}_B\cdot\boldsymbol{X}_A\\ Z_B\cdot\boldsymbol{Y}_A\\ \boldsymbol{Z}_B\cdot\boldsymbol{Z}_A\end{bmatrix}\tag{2-4}$$

整理公式（2－2）~公式（2－4）可得到

$$[{}^{A}\boldsymbol{X}_B\quad{}^{A}\boldsymbol{Y}_B\quad{}^{A}\boldsymbol{Z}_B]=[\boldsymbol{X}_A\quad\boldsymbol{Y}_A\quad\boldsymbol{Z}_A]\begin{bmatrix}\boldsymbol{X}_B\cdot\boldsymbol{X}_A & \boldsymbol{Y}_B\cdot X_A & \boldsymbol{Z}_B\cdot\boldsymbol{X}_A\\ \boldsymbol{X}_B\cdot\boldsymbol{Y}_A & \boldsymbol{Y}_B\cdot\boldsymbol{Y}_A & \boldsymbol{Z}_B\cdot\boldsymbol{Y}_A\\ \boldsymbol{X}_B\cdot\boldsymbol{Z}_A & \boldsymbol{Y}_B\cdot\boldsymbol{Z}_A & \boldsymbol{Z}_B\cdot\boldsymbol{Z}_A\end{bmatrix}\tag{2-5}$$

定义${}_{B}^{A}\boldsymbol{R}$为旋转矩阵

$${}_{B}^{A}\boldsymbol{R}=\begin{bmatrix}\boldsymbol{X}_B\cdot\boldsymbol{X}_A & \boldsymbol{Y}_B\cdot\boldsymbol{X}_A & \boldsymbol{Z}_B\cdot\boldsymbol{X}_A\\ \boldsymbol{X}_B\cdot\boldsymbol{Y}_A & \boldsymbol{Y}_B\cdot\boldsymbol{Y}_A & \boldsymbol{Z}_B\cdot\boldsymbol{Y}_A\\ \boldsymbol{X}_B\cdot\boldsymbol{Z}_A & \boldsymbol{Y}_B\cdot\boldsymbol{Z}_A & \boldsymbol{Z}_B\cdot\boldsymbol{Z}_A\end{bmatrix}\tag{2-6}$$

${}_{B}^{A}\boldsymbol{R}$是坐标系｛B｝的三个坐标轴在坐标系｛A｝中的表示。即若坐标系｛B｝与坐标系｛A｝初始位置重合，当坐标系｛B｝相对于坐标系｛A｝发生转动，此时坐标系｛B｝在坐标系｛A｝中描述就可以表示物体的姿态。

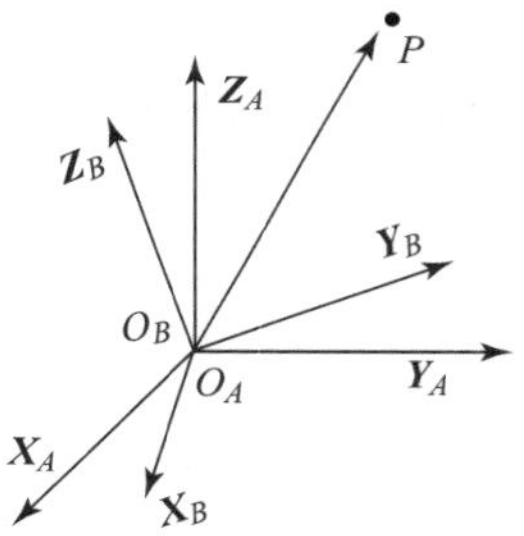

图 2.3　原点重合的坐标系间的位置和姿态关系

如图 2.3 所示，当坐标系｛A｝与坐标系｛B｝原点重合，由于P点的绝对位置不变，其在坐标系｛A｝和坐标系｛B｝的位置最终表示相等，P点在坐标系｛A｝和坐标系｛B｝的位置的描述为

$$\begin{aligned}\boldsymbol{P}&=[\boldsymbol{X}_A\quad\boldsymbol{Y}_A\quad\boldsymbol{Z}_A]\begin{bmatrix}{}^{A}P_x\\ {}^{A}P_y\\ {}^{A}P_z\end{bmatrix}=[\boldsymbol{X}_B\quad\boldsymbol{Y}_B\quad\boldsymbol{Z}_B]\begin{bmatrix}{}^{B}P_x\\ {}^{B}P_y\\ {}^{B}P_z\end{bmatrix}\\ &=[\boldsymbol{X}_A\quad\boldsymbol{Y}_A\quad\boldsymbol{Z}_A]\begin{bmatrix}\boldsymbol{X}_B\cdot\boldsymbol{X}_A & \boldsymbol{Y}_B\cdot\boldsymbol{X}_A & \boldsymbol{Z}_B\cdot\boldsymbol{X}_A\\ \boldsymbol{X}_B\cdot\boldsymbol{Y}_A & \boldsymbol{Y}_B\cdot\boldsymbol{Y}_A & \boldsymbol{Z}_B\cdot\boldsymbol{Y}_A\\ \boldsymbol{X}_B\cdot\boldsymbol{Z}_A & \boldsymbol{Y}_B\cdot\boldsymbol{Z}_A & \boldsymbol{Z}_B\cdot\boldsymbol{Z}_A\end{bmatrix}\begin{bmatrix}{}^{B}P_x\\ {}^{B}P_y\\ {}^{B}P_z\end{bmatrix}\end{aligned}\tag{2-7}$$

由公式（2－7），可得到

$$[\boldsymbol{X}_A\quad\boldsymbol{Y}_A\quad\boldsymbol{Z}_A]\begin{bmatrix}{}^{A}P_x\\ {}^{A}P_y\\ {}^{A}P_z\end{bmatrix}=[\boldsymbol{X}_A\quad\boldsymbol{Y}_A\quad\boldsymbol{Z}_A]\begin{bmatrix}\boldsymbol{X}_B\cdot\boldsymbol{X}_A & \boldsymbol{Y}_B\cdot\boldsymbol{X}_A & \boldsymbol{Z}_B\cdot\boldsymbol{X}_A\\ \boldsymbol{X}_B\cdot\boldsymbol{Y}_A & \boldsymbol{Y}_B\cdot\boldsymbol{Y}_A & \boldsymbol{Z}_B\cdot\boldsymbol{Y}_A\\ \boldsymbol{X}_B\cdot\boldsymbol{Z}_A & \boldsymbol{Y}_B\cdot\boldsymbol{Z}_A & \boldsymbol{Z}_B\cdot\boldsymbol{Z}_A\end{bmatrix}\begin{bmatrix}{}^{B}P_x\\ {}^{B}P_y\\ {}^{B}P_z\end{bmatrix}\tag{2-8}$$

化简公式（2-8）

$$\begin{bmatrix} {}^{A}P_x \\ {}^{A}P_y \\ {}^{A}P_z \end{bmatrix} = \begin{bmatrix} \boldsymbol{X}_B \cdot \boldsymbol{X}_A & \boldsymbol{Y}_B \cdot \boldsymbol{X}_A & \boldsymbol{Z}_B \cdot \boldsymbol{X}_A \\ \boldsymbol{X}_B \cdot \boldsymbol{Y}_A & \boldsymbol{Y}_B \cdot \boldsymbol{Y}_A & \boldsymbol{Z}_B \cdot \boldsymbol{Y}_A \\ \boldsymbol{X}_B \cdot \boldsymbol{Z}_A & \boldsymbol{Y}_B \cdot \boldsymbol{Z}_A & \boldsymbol{Z}_B \cdot \boldsymbol{Z}_A \end{bmatrix} \begin{bmatrix} {}^{B}P_x \\ {}^{B}P_y \\ {}^{B}P_z \end{bmatrix} = {}^{A}_{B}\boldsymbol{R} \begin{bmatrix} {}^{B}P_x \\ {}^{B}P_y \\ {}^{B}P_z \end{bmatrix} \tag{2-9}$$

由公式（2-9）可知，P 点在坐标系 $\{B\}$ 下位置矢量转换到坐标系 $\{A\}$ 下，只需左乘坐标系 $\{B\}$ 在坐标系 $\{A\}$ 下的旋转矩阵即可。进而可以得到，当坐标系 $\{B\}$ 与坐标系 $\{A\}$ 原点重合时，坐标系 $\{B\}$ 下的任意矢量，在坐标系 $\{A\}$ 下的描述均为坐标系 $\{B\}$ 下的矢量左乘坐标系 $\{B\}$ 在坐标系 $\{A\}$ 下的姿态矩阵${}^{A}_{B}\boldsymbol{R}$。

由坐标系的定义可知，坐标系的轴线为三个相互垂直的单位矢量，则公式（2-5）中的三个坐标轴组成的矩阵$[{}^{A}\boldsymbol{X}_B \quad {}^{A}\boldsymbol{Y}_B \quad {}^{A}\boldsymbol{Z}_B]$和$[\boldsymbol{X}_A \quad \boldsymbol{Y}_A \quad \boldsymbol{Z}_A]$为正交矩阵，则姿态矩阵${}^{A}_{B}\boldsymbol{R} = \begin{bmatrix} \boldsymbol{X}_B \cdot \boldsymbol{X}_A & \boldsymbol{Y}_B \cdot \boldsymbol{X}_A & \boldsymbol{Z}_B \cdot \boldsymbol{X}_A \\ \boldsymbol{X}_B \cdot \boldsymbol{Y}_A & \boldsymbol{Y}_B \cdot \boldsymbol{Y}_A & \boldsymbol{Z}_B \cdot \boldsymbol{Y}_A \\ \boldsymbol{X}_B \cdot \boldsymbol{Z}_A & \boldsymbol{Y}_B \cdot \boldsymbol{Z}_A & \boldsymbol{Z}_B \cdot \boldsymbol{Z}_A \end{bmatrix} = [\boldsymbol{X}_A \quad \boldsymbol{Y}_A \quad \boldsymbol{Z}_A]^{-1}[{}^{A}\boldsymbol{X}_B \quad {}^{A}\boldsymbol{Y}_B \quad {}^{A}\boldsymbol{Z}_B]$为两个正交矩阵的乘积，仍为正交矩阵，因此可知姿态矩阵${}^{A}_{B}\boldsymbol{R}$ 为正交矩阵。根据正交矩阵的特性，姿态矩阵的逆为其转置矩阵，则对于任意姿态矩阵 $\boldsymbol{R}$，可得

$$\boldsymbol{R}^{-1} = \boldsymbol{R}^{\mathrm{T}} \tag{2-10}$$

思考：如图 2.4 所示，当坐标系 $\{B\}$ 与坐标系 $\{A\}$ 的原点不重合时，坐标系 $\{B\}$ 在坐标系 $\{A\}$ 下如何表示？

根据坐标系的 4 个元素基本元素，即原点位置和三个相互垂直的单位矢量，如果可以将坐标系的 4 个元素表示出，就可以实现坐标系 $\{B\}$ 在坐标系 $\{A\}$ 下描述。

坐标系 $\{B\}$ 原点在坐标系 $\{A\}$ 中的位置为一个三维矢量，记为${}^{A}\boldsymbol{O}_B = [{}^{A}\boldsymbol{O}_{B_x} \quad {}^{A}\boldsymbol{O}_{B_y} \quad {}^{A}\boldsymbol{O}_{B_z}]^{\mathrm{T}}$。

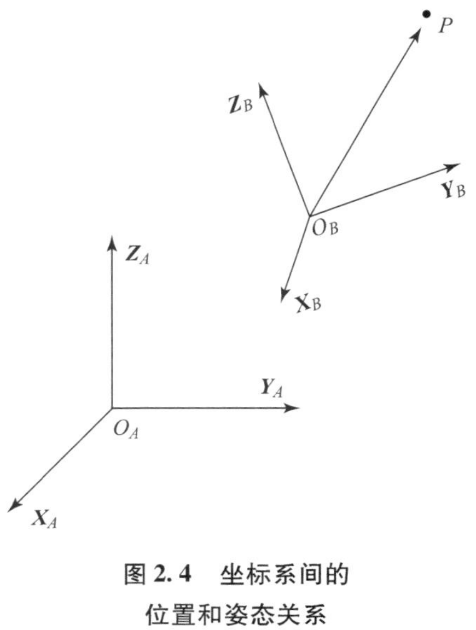

图 2.4　坐标系间的位置和姿态关系

坐标系 $\{B\}$ 的三个相互垂直的矢量在坐标系 $\{A\}$ 中的表示为姿态矩阵${}^{A}_{B}\boldsymbol{R}$。将原点位置和姿态矩阵结合，得到 $[{}^{A}_{B}\boldsymbol{R} \quad {}^{A}\boldsymbol{O}_B]$，便可以完整地描述坐标系 $\{B\}$ 在坐标系 $\{A\}$ 下的位置和姿态。但是 $[{}^{A}_{B}\boldsymbol{R} \quad {}^{A}\boldsymbol{O}_B]$ 为 3 行 4 列的矩阵，计算不方便，因此在该矩阵的最后增加一行 $[0 \quad 0 \quad 0 \quad 1]$，将矩阵变为 4 行 4 列。该矩阵被称为齐次变换矩阵，由于齐次变换矩阵能够描述一个坐标系在另一个坐标系下的位置和姿态，因此又称位姿矩阵。一般用 $\boldsymbol{T}$ 表示。因此坐标系 $\{B\}$ 在坐标系 $\{A\}$ 下的齐次变换矩阵可以写为

$${}^{A}_{B}\boldsymbol{T} = \begin{bmatrix} {}^{A}_{B}\boldsymbol{R} & {}^{A}\boldsymbol{O}_B \\ 0 \quad 0 \quad 0 & 1 \end{bmatrix} \tag{2-11}$$

如图 2.4 所示，与坐标系｛B｝固连的任一点 P，在坐标系｛B｝下的位置为$^{B}\boldsymbol{P}$，那怎么得到 P 点在坐标系｛A｝下的位置呢?

如图 2.4 所示，可以看出 P 点在坐标系｛A｝下的位置由两个矢量相加便可以得到。即坐标系｛B｝的原点在坐标系｛A｝下的位置矢量和 P 点在坐标系｛B｝下的位置矢量相加。然而，两个矢量相加的必要条件是这两个矢量要在同一个坐标系下表示。因此首先要将 P 点在坐标系｛B｝下的位置矢量转换为在坐标系｛A｝下的位置矢量，根据公式（2-9），可以得到 P 点在坐标系｛B｝下的位置矢量在坐标系｛A｝下的位置矢量表示$_{B}^{A}\boldsymbol{R}^{B}\boldsymbol{P}$，则 P 点在坐标系｛A｝下的位置为

$$^{A}\boldsymbol{P} = {}^{A}\boldsymbol{O}_{B} + {}_{B}^{A}\boldsymbol{R}^{B}\boldsymbol{P} \tag{2-12}$$

将$^{B}\boldsymbol{P}$补一行，写为$\begin{bmatrix} ^{A}\boldsymbol{P} \\ 1 \end{bmatrix}$，可以得到

$$\begin{bmatrix} ^{A}\boldsymbol{P} \\ 1 \end{bmatrix} = {}_{B}^{A}\boldsymbol{T}\begin{bmatrix} ^{B}\boldsymbol{P} \\ 1 \end{bmatrix} = \begin{bmatrix} {}_{B}^{A}\boldsymbol{R} & {}^{A}\boldsymbol{O}_{B} \\ 0 \quad 0 \quad 0 & 1 \end{bmatrix}\begin{bmatrix} ^{B}\boldsymbol{P} \\ 1 \end{bmatrix} = \begin{bmatrix} {}_{B}^{A}\boldsymbol{R}^{B}\boldsymbol{P} + {}^{A}\boldsymbol{O}_{B} \\ 1 \end{bmatrix} \tag{2-13}$$

由式（2-13）可知，通过齐次变换矩阵，可以方便地计算得到一点在不同坐标系下的位置变换关系。

例 2.1

坐标系｛A｝，｛B｝，｛C｝如图 2.5 所示，分别写出坐标系｛B｝和坐标系｛C｝相对于坐标系｛A｝的齐次变换矩阵$_{B}^{A}\boldsymbol{T}$ 和$_{C}^{A}\boldsymbol{T}$，坐标系｛D｝相对于坐标系｛A｝的齐次变换矩阵$_{D}^{A}\boldsymbol{T} = \begin{bmatrix} 0 & 1 & 0 & 0 \\ 0 & 0 & 1 & 0 \\ 1 & 0 & 0 & -3 \\ 0 & 0 & 0 & 1 \end{bmatrix}$，在图中画出坐标系｛$D$｝。

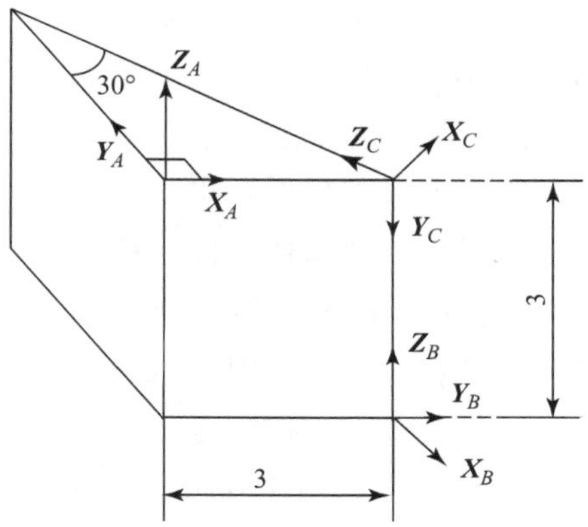

图 2.5　三角形柱上的坐标系

由齐次变换矩阵的定义和式（2-6）与式（2-11），可得到

$$
{}^A_B\boldsymbol{T}=\begin{bmatrix}0&1&0&3\\-1&0&0&0\\0&0&1&-3\\0&0&0&1\end{bmatrix},\ {}^A_C\boldsymbol{T}=\begin{bmatrix}\frac{\sqrt{3}}{2}&0&-\frac{1}{2}&3\\-1&0&0&0\\\frac{1}{2}&-1&\frac{\sqrt{3}}{2}&0\\0&0&0&1\end{bmatrix}
$$

坐标系 $\{D\}$ 在三角形柱上的表示如图 2.6 所示。

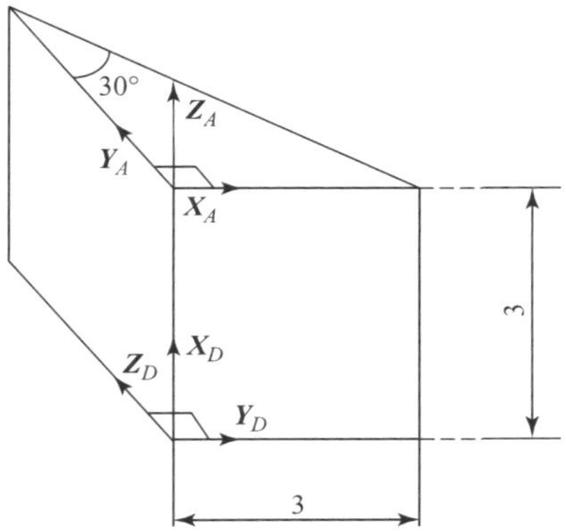

图 2.6 坐标系 $\{D\}$ 在三角形柱上的表示

综上所述，齐次变换矩阵，可以描述一个坐标系在另一个坐标系下的位置和姿态，同时可以计算一个坐标系上任一点在另一个坐标系下的位置。

2.2 坐标系的齐次变换

2.2.1 基本旋转矩阵

动坐标系 $O'UVW$ 与定坐标系 $OXYZ$ 的初始位置重合，动坐标系 $O'UVW$ 绕固定坐标系 $OXYZ$ 的 X 轴转动 α 角（图2.7），根据公式（2-6），可以得到动坐标系 $O'UVW$ 绕固定坐标系 $OXYZ$ 姿态矩阵，记为旋转矩阵 $\boldsymbol{R}(X, \alpha)$。

$$
\boldsymbol{R}(X,\ \alpha)=\begin{bmatrix}1&0&0\\0&\cos\alpha&-\sin\alpha\\0&\sin\alpha&\cos\alpha\end{bmatrix} \tag{2-14}
$$

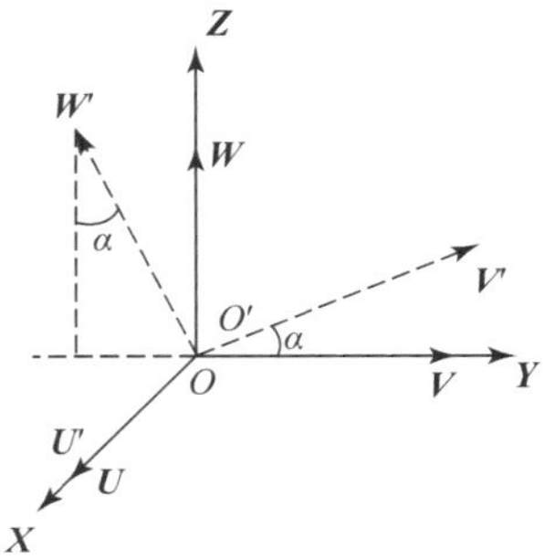

图 2.7 坐标系绕 X 轴旋转

如图 2.8 和图 2.9 所示，同理可得到动坐标系 $O'UVW$ 绕定坐标系 $OXYZ$ 的 Y 轴旋转 β 的姿态矩阵 $\boldsymbol{R}(Y, \beta)$，和绕 Z 轴旋转 γ 的姿态矩阵 $\boldsymbol{R}(Z, \gamma)$ 等三个基本旋转矩阵，

$$R(Y,\ \beta)=\begin{bmatrix}\cos\beta & 0 & \sin\beta\\ 0 & 1 & 0\\ -\sin\beta & 0 & \cos\beta\end{bmatrix} \tag{2-15}$$

$$R(Z,\ \gamma)=\begin{bmatrix}\cos\gamma & -\sin\gamma & 0\\ \sin\gamma & \cos\gamma & 0\\ 0 & 0 & 1\end{bmatrix} \tag{2-16}$$

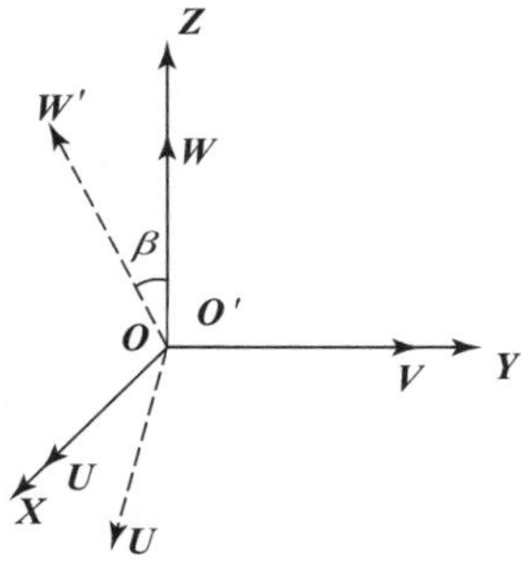

图 2.8　坐标系绕 *Y* 轴旋转

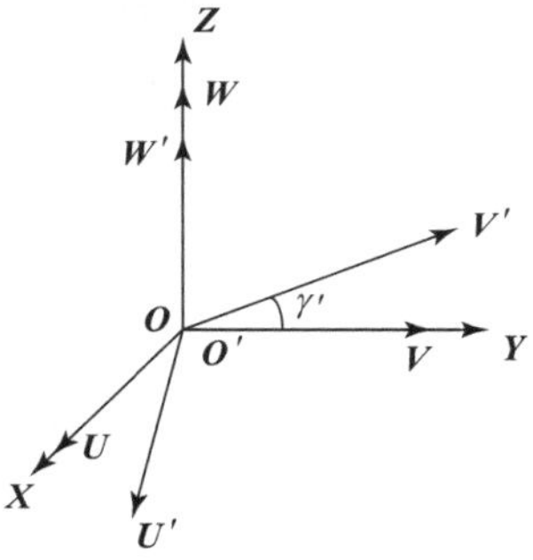

图 2.9　坐标系绕 *Z* 轴旋转

2.2.2　坐标系的相对变换和绝对变换

如图 2.10 所示，空间有三个坐标系｛1｝到｛3｝，已知坐标系｛2｝在坐标系｛1｝下的旋转矩阵为${}^1_2\boldsymbol{R}$，坐标系｛3｝在坐标系｛2｝下的旋转矩阵为${}^2_3\boldsymbol{R}$。根据式（2-5），可知

$$[X_2\quad Y_2\quad Z_2]=[X_1\quad Y_1\quad Z_1]{}^1_2\boldsymbol{R} \tag{2-17}$$

$$[X_3\quad Y_3\quad Z_3]=[X_2\quad Y_2\quad Z_2]{}^2_3\boldsymbol{R} \tag{2-18}$$

结合式（2-17）和式（2-18）可以得到

$$[X_3\quad Y_3\quad Z_3]=[X_1\quad Y_1\quad Z_1]{}^1_2\boldsymbol{R}{}^2_3\boldsymbol{R} \tag{2-19}$$

即坐标系｛3｝在坐标系｛1｝下的旋转矩阵为

$${}^1_3\boldsymbol{R}={}^1_2\boldsymbol{R}{}^2_3\boldsymbol{R} \tag{2-20}$$

图 2.10 所示的坐标系｛3｝与坐标系｛1｝的相对位置关系可以由以下两种变换得到。

变换方法 1：空间有三个坐标系｛1｝到｛3｝初始位置重合，坐标系｛2｝和｛3｝一起相对于坐标系｛1｝旋转，此时坐标系｛2｝和｛3｝相对于坐标系｛1｝的旋转矩阵为${}^1_2\boldsymbol{R}$；然后坐标系｛3｝相对于坐标系｛2｝旋转，此时坐标系｛3｝相对于坐标系｛2｝的旋转矩阵为${}^2_3\boldsymbol{R}$。两个旋转矩阵依据先后顺序右乘，得到坐标系｛3｝在坐标系｛1｝下的旋转矩阵${}^1_3\boldsymbol{R}={}^1_2\boldsymbol{R}{}^2_3\boldsymbol{R}$。

变换方法 2：空间有三个坐标系｛1｝到｛3｝初始位置重合，坐标系｛3｝相对于坐标系｛1｝和坐标系｛2｝旋转，此时坐标系｛3｝相对于坐标系｛1｝和坐标系｛2｝的旋转矩阵为${}^2_3\boldsymbol{R}$；然后坐标系｛2｝与坐标系｛3｝一起相对于坐标系｛1｝旋转，此时坐标系｛2｝相对于坐标系｛1｝的旋转矩阵为${}^1_2\boldsymbol{R}$。两个旋转矩阵依据先后顺序左乘，得到坐标系｛3｝在坐标系｛1｝下的旋转矩阵${}^1_3\boldsymbol{R}={}^1_2\boldsymbol{R}{}^2_3\boldsymbol{R}$。

如图 2.11 所示，空间有三个坐标系｛1｝到｛3｝，已知坐标系｛2｝在坐标系｛1｝下

的齐次变换矩阵

$$ {}_2^1\boldsymbol{T} = \begin{bmatrix} {}_2^1\boldsymbol{R} & {}^1\boldsymbol{O}_2 \\ 0\quad 0\quad 0 & 1 \end{bmatrix} $$

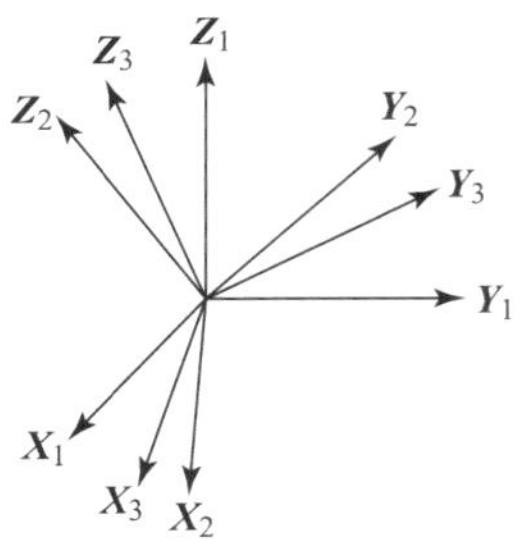

图2.10　原点重合的坐标系间的变换

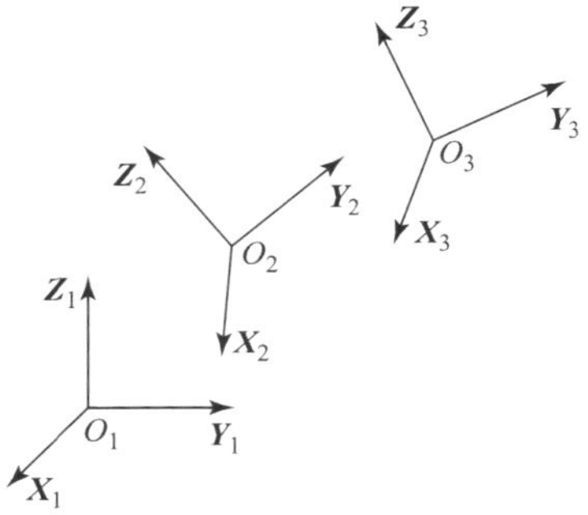

图2.11　一般坐标系间的变换

坐标系{3}在坐标系{2}下的齐次变换矩阵

$$ {}_3^2\boldsymbol{T} = \begin{bmatrix} {}_3^2\boldsymbol{R} & {}^2\boldsymbol{O}_3 \\ 0\quad 0\quad 0 & 1 \end{bmatrix} $$

坐标系{3}在坐标系{2}下的齐次变换矩阵为${}_3^2\boldsymbol{R}$。根据齐次变换矩阵的定义和公式(2-13)，可知坐标系{3}的原点在坐标系{1}下的位置

$$ \begin{bmatrix} {}^1\boldsymbol{O}_3 \\ 1 \end{bmatrix} = {}_2^1\boldsymbol{T}\begin{bmatrix} {}^2\boldsymbol{O}_3 \\ 1 \end{bmatrix} = \begin{bmatrix} {}_2^1\boldsymbol{R} & {}^1\boldsymbol{O}_2 \\ 0\quad 0\quad 0 & 1 \end{bmatrix}\begin{bmatrix} {}^2\boldsymbol{O}_3 \\ 1 \end{bmatrix} = \begin{bmatrix} {}_2^1\boldsymbol{R}{}^2\boldsymbol{O}_3 + {}^1\boldsymbol{O}_2 \\ 1 \end{bmatrix} \tag{2-21} $$

简化式(2-21)，可得

$$ {}^1\boldsymbol{O}_3 = {}_2^1\boldsymbol{R}{}^2\boldsymbol{O}_3 + {}^1\boldsymbol{O}_2 $$

根据式(2-20)，可得到坐标系{3}在坐标系{1}下的旋转矩阵${}_3^1\boldsymbol{R} = {}_2^1\boldsymbol{R}{}_3^2\boldsymbol{R}$。根据齐次变换矩阵的定义，坐标系{3}在坐标系{1}下的齐次变换矩阵为

$$ {}_3^1\boldsymbol{T} = \begin{bmatrix} {}_2^1\boldsymbol{R}{}_3^2\boldsymbol{R} & {}_2^1\boldsymbol{R}{}^2\boldsymbol{O}_3 + {}^1\boldsymbol{O}_2 \\ 0\quad 0\quad 0 & 1 \end{bmatrix} \tag{2-22} $$

另外通过计算可以得到${}_3^1\boldsymbol{T} = {}_2^1\boldsymbol{T}{}_3^2\boldsymbol{T}$。

图2.11所示的坐标系{3}与坐标系{1}的相对位置关系也可以由以下两种变换得到。

变换方法1：空间有三个坐标系{1}到{3}初始位置重合，坐标系{2}和{3}一起相对于坐标系{1}旋转和平移，此时坐标系{2}和{3}相对于坐标系{1}的旋转矩阵为${}_2^1\boldsymbol{T}$；然后坐标系{3}相对于坐标系{2}旋转和平移，此时坐标系{3}相对于坐标系{2}的旋转矩阵为${}_3^2\boldsymbol{T}$。两个齐次变换矩阵依据先后顺序右乘，得到坐标系{3}在坐标系{1}下的齐次变换矩阵${}_3^1\boldsymbol{T} = {}_2^1\boldsymbol{T}{}_3^2\boldsymbol{T}$。

变换方法2：空间有三个坐标系{1}到{3}初始位置重合，坐标系{3}相对于坐标系{1}和坐标系{2}旋转和平移，此时坐标系{3}相对于坐标系{1}和坐标系{2}的旋转矩阵为${}_3^2T$；然后坐标系{2}与坐标系{3}一起相对于坐标系{1}旋转和平移，此

时坐标系 {2} 相对于坐标系 {1} 的旋转矩阵为${}^{1}_{2}\boldsymbol{T}$。两个齐次变换矩阵依据先后顺序左乘，得到坐标系 {3} 在坐标系 {1} 下的齐次变换矩阵${}^{1}_{3}\boldsymbol{T}={}^{1}_{2}\boldsymbol{T}{}^{2}_{3}\boldsymbol{T}$。

由此可以得到，动坐标系在固定坐标系中发生连续的齐次变换有 2 种情况：

定义 1：如果齐次变换是相对于固定坐标系中各坐标轴旋转或平移，则齐次变换为左乘，称为绝对变换。

定义 2：如果动坐标系相对于自身坐标系的当前坐标轴旋转或平移，则齐次变换为右乘，称为相对变换。

例 2.2

坐标系 {B} 初始与坐标系 {A} 重合，坐标系 {B} 绕 $\boldsymbol{Z}_A$ 旋转 $-90°$，再绕 $\boldsymbol{X}_B$ 旋转 $90°$，最后沿 $\boldsymbol{Y}_A$ 平移 -7 个单位，求此时坐标系 {B} 相对于坐标系 {A} 的齐次变换矩阵。坐标系 {B} 上固连一矢量${}^{B}\boldsymbol{P}=[1\quad 2\quad 3]^{\mathrm{T}}$，求此时 P 点在坐标系 {A} 下的位置。得到相同的坐标系 {B} 相对于坐标系 {A} 最终表示，还有什么变换方法？

记坐标系 {B} 绕 $\boldsymbol{Z}_A$ 旋转 $-90°$对应的齐次变换矩阵为 $\boldsymbol{T}_1$，$\boldsymbol{X}_B$ 旋转 $90°$对应的齐次变换矩阵为 $\boldsymbol{T}_2$，$\boldsymbol{Y}_A$ 平移 -7 个单位对应的齐次变换为 $\boldsymbol{T}_3$。其中

$$\boldsymbol{T}_1=\begin{bmatrix}0&1&0&0\\-1&0&0&0\\0&0&1&0\\0&0&0&1\end{bmatrix},\ \boldsymbol{T}_2=\begin{bmatrix}1&0&0&0\\0&0&-1&0\\0&1&0&0\\0&0&0&1\end{bmatrix},\ \boldsymbol{T}_3=\begin{bmatrix}1&0&0&0\\0&1&0&-7\\0&0&1&0\\0&0&0&1\end{bmatrix}。$$

根据齐次变换的顺序，首先坐标系 {B} 绕 $\boldsymbol{Z}_A$ 旋转 $-90°$，因为第一次变换直接写 $\boldsymbol{T}_1$，接下来再绕 $\boldsymbol{X}_{\mathrm{B}}$ 旋转 $90°$，改变换为相对变换，因此为 $\boldsymbol{T}_1$ 右乘以 $\boldsymbol{T}_2$，最后沿 $\boldsymbol{Y}_A$ 平移 -7 个单位，该变换为绝对变换，因此再左乘 $\boldsymbol{T}_3$。可以得到

$${}^{A}_{B}\boldsymbol{T}=\boldsymbol{T}_3\boldsymbol{T}_1\boldsymbol{T}_2=\begin{bmatrix}0&0&-1&0\\-1&0&0&-7\\0&1&0&0\\0&0&0&1\end{bmatrix}\tag{2-23}$$

P 点在坐标系 {A} 下的位置为

$${}^{A}\boldsymbol{P}={}^{A}_{B}\boldsymbol{R}{}^{B}\boldsymbol{P}=\begin{bmatrix}0&0&-1&0\\-1&0&0&-7\\0&1&0&0\\0&0&0&1\end{bmatrix}\begin{bmatrix}1\\2\\3\\1\end{bmatrix}=\begin{bmatrix}-3\\-8\\2\\1\end{bmatrix}\tag{2-24}$$

由式（2-23），得到相同的变换，将式（2-23）从左往右看，即坐标系 {B} 做相对变换运动。整个变换过程如下：坐标系 {B} 与坐标系 {A} 初始重合，首先沿 $\boldsymbol{Y}_B$ 平移 -7 个单位，然后绕 $\boldsymbol{Z}_B$ 旋转 $-90°$，最后绕 $\boldsymbol{X}_B$ 旋转 $90°$。

将式（2-23）从右往左看，即坐标系 {B} 做绝对变换运动。整个变换过程如下：坐标系 {B} 与坐标系 {A} 初始重合，首先绕 $\boldsymbol{X}_A$ 旋转 $90°$，然后绕 $\boldsymbol{Z}_A$ 旋转 $-90°$，最后沿 $\boldsymbol{Y}_A$ 平移 -7 个单位。

将式（2-23）从中间往两边看，整个变换过程如下：坐标系 {B} 与坐标系 {A} 初始重合，首先绕 $\boldsymbol{Z}_B$ 旋转 $-90°$，然后沿 $\boldsymbol{Y}_A$ 平移 -7 个单位，最后绕 $\boldsymbol{X}_B$ 旋转 $90°$。

由例 2.2 可知，由于矩阵相乘不满足交换率，因此齐次变换和姿态变换顺序是不可调

换的。

2.3.3　齐次变换的逆

如图 2.11 所示，坐标系 {3} 在坐标系 {1} 下的表示如式（2-22）所示，当坐标系 {3} 与坐标系 {1} 重合，此时，坐标系 {3} 在坐标系 {1} 下的齐次变换矩阵为单位矩阵。式（2-22）变为

$$
{}_3^1\boldsymbol{T} = {}_2^1\boldsymbol{T}{}_3^2\boldsymbol{T} = \begin{bmatrix} {}_2^1\boldsymbol{R}{}_3^2\boldsymbol{R} & {}_2^1\boldsymbol{R}^2\boldsymbol{O}_3 + {}^1\boldsymbol{O}_2 \\ 0\quad 0\quad 0 & 1 \end{bmatrix} = \boldsymbol{I}_{4\times 4} = \begin{bmatrix} & & & 0 \\ & I_{3\times 3} & & 0 \\ & & & 0 \\ 0 & 0 & 0 & 1 \end{bmatrix} \tag{2-25}
$$

由式（2-25）可知，${}_3^2\boldsymbol{T}$ 即为${}_2^1\boldsymbol{T}$ 的逆矩阵。假定${}_2^1\boldsymbol{T}$ 已知，则求${}_2^1\boldsymbol{T}$ 的逆矩阵的问题即转化为求解${}_3^2\boldsymbol{T}$ 的问题。

由式（2-25）可得

$$
{}_2^1\boldsymbol{R}{}_3^2\boldsymbol{R} = \boldsymbol{I}
$$

$$
{}_2^1\boldsymbol{R}^2\boldsymbol{O}_3 + {}^1\boldsymbol{O}_2 = 0
$$

则

$$
{}_3^2\boldsymbol{R} = {}_2^1\boldsymbol{R}^{-1} = {}_2^1\boldsymbol{R}^{\mathrm{T}} \tag{2-26}
$$

$$
{}^2\boldsymbol{O}_3 = -{}_2^1\boldsymbol{R}^{-1}{}^1\boldsymbol{O}_2 = -{}_2^1R^{\mathrm{T}}{}^1\boldsymbol{O}_2 \tag{2-27}
$$

综合式（2-26）和式（2-27），可得到${}^1\boldsymbol{T}_2$ 的逆为

$$
{}_2^1\boldsymbol{T}^{-1} = \begin{bmatrix} {}_2^1\boldsymbol{R}^{\mathrm{T}} & -{}_2^1\boldsymbol{R}^{\mathrm{T}1}\boldsymbol{O}_2 \\ 0\quad 0\quad 0 & 1 \end{bmatrix} \tag{2-28}
$$

由式（2-28）可知，对于任意齐次变换矩阵 $\boldsymbol{T} = \begin{bmatrix} \boldsymbol{R} & \boldsymbol{P} \\ 0\quad 0\quad 0 & 1 \end{bmatrix}$，其逆矩阵为

$$
\boldsymbol{T}^{-1} = \begin{bmatrix} \boldsymbol{R}^{\mathrm{T}} & -\boldsymbol{R}^{\mathrm{T}}\boldsymbol{P} \\ 0\quad 0\quad 0 & 1 \end{bmatrix} \tag{2-29}
$$

2.3　姿态的其他表示方法

物体的姿态除了可以用旋转矩阵的描述方法外，根据不同的需要，还有很多其他的描述方法。

2.3.1　固定角坐标系

坐标系 {2} 和参考坐标系 {1} 初始位置重合，坐标系 {2} 首先绕 $\boldsymbol{X}_1$ 轴旋转 γ 角，然后绕 $\boldsymbol{Y}_1$ 轴旋转 β 角，最后绕 $\boldsymbol{Z}_1$ 旋转 α 角。每次旋转均为绕固定坐标系 {1} 的旋转轴。

上述变换均为绕固定坐标系的轴线旋转，规定这种姿态表示方法为 $\boldsymbol{X}-\boldsymbol{Y}-\boldsymbol{Z}$ 固定角坐标系。

通过计算可以得到坐标系 {2} 和参考坐标系 {1} 的旋转矩阵，即

$$
\begin{aligned}
{}_2^1\boldsymbol{R} &= \boldsymbol{R}(\boldsymbol{Z},\ \alpha)\boldsymbol{R}(\boldsymbol{Y},\ \beta)\boldsymbol{R}(\boldsymbol{X},\ \gamma) \\
&= \begin{bmatrix} \mathrm{c}\alpha & -\mathrm{s}\alpha & 0 \\ \mathrm{s}\alpha & \mathrm{c}\alpha & 0 \\ 0 & 0 & 1 \end{bmatrix} \begin{bmatrix} \mathrm{c}\beta & 0 & \mathrm{s}\beta \\ 0 & 1 & 0 \\ -\mathrm{s}\beta & 0 & \mathrm{c}\beta \end{bmatrix} \begin{bmatrix} 1 & 0 & 0 \\ 0 & \mathrm{c}\gamma & -\mathrm{s}\gamma \\ 0 & \mathrm{s}\gamma & \mathrm{c}\gamma \end{bmatrix} \\
&= \begin{bmatrix} \mathrm{c}\alpha\mathrm{c}\beta & \mathrm{c}\alpha\mathrm{s}\beta\mathrm{s}\gamma - \mathrm{s}\alpha\mathrm{c}\gamma & \mathrm{c}\alpha\mathrm{s}\beta\mathrm{c}\gamma + \mathrm{s}\alpha\mathrm{s}\gamma \\ \mathrm{s}\alpha\mathrm{c}\beta & \mathrm{s}\alpha\mathrm{s}\beta\mathrm{s}\gamma + \mathrm{c}\alpha\mathrm{c}\gamma & \mathrm{s}\alpha\mathrm{s}\beta\mathrm{c}\gamma - \mathrm{c}\alpha\mathrm{s}\gamma \\ -\mathrm{s}\beta & \mathrm{c}\beta\mathrm{s}\gamma & \mathrm{c}\beta\mathrm{c}\gamma \end{bmatrix}
\end{aligned} \tag{2-30}
$$

式中，$\mathrm{c}\alpha$ 是 $\cos\alpha$ 的简写，$\mathrm{s}\alpha$ 是 $\sin\alpha$ 的简写。

思考：由式（2－30），可以得到由旋转角到旋转矩阵的转换方法，那由旋转矩阵如何得到相应的旋转角？

令

$$
{}_2^1\boldsymbol{R} = \begin{bmatrix} r_{11} & r_{12} & r_{13} \\ r_{21} & r_{22} & r_{23} \\ r_{31} & r_{32} & r_{33} \end{bmatrix} \tag{2-31}
$$

式中，${}_2^1\boldsymbol{R}$ 为任意正交矩阵。

由式（2－30）和式（2－31）中每个元素相等，可以得到 9 个方程。其中

$$
\begin{cases} -\mathrm{s}\beta = r_{31} \\ \mathrm{c}\alpha\mathrm{c}\beta = r_{11} \\ \mathrm{s}\alpha\mathrm{c}\beta = r_{21} \end{cases} \tag{2-32}
$$

$$
\begin{cases} \mathrm{c}\beta\mathrm{s}\gamma = r_{32} \\ \mathrm{c}\beta\mathrm{c}\gamma = r_{33} \end{cases} \tag{2-33}
$$

由式（2－32），计算得到

$$
\beta = \mathrm{atan2}\left(-r_{31},\ \pm\sqrt{r_{11}^2 + r_{21}^2}\right) \tag{2-34}
$$

$$
\alpha = \mathrm{atan2}\left(\frac{r_{21}}{\mathrm{c}\beta},\ \frac{r_{11}}{\mathrm{c}\beta}\right) \tag{2-35}
$$

由式（2－33），计算得到

$$
\gamma = \mathrm{atan2}\left(\frac{r_{32}}{\mathrm{c}\beta},\ \frac{r_{33}}{\mathrm{c}\beta}\right) \tag{2-36}
$$

式中，$\mathrm{atan2}(y,\ x)$ 是双参变量的反正切函数。$\mathrm{atan2}(y,\ x)$ 函数能通过判断 y 和 x 所在的象限，实现（$-2\pi \sim 2\pi$）范围内对应的角度，避免了 $\arctan\left(\frac{y}{x}\right)$ 只能覆盖（$-\pi \sim \pi$）范围内角度的问题。

由式（2－34）可知，β 存在两个解，如只取 β 第二项的正解，则可以得到姿态矩阵到旋转角度的一一对应映射。但是如果 $\beta = \pm 90°$ 时，式（2－35）和式（2－36）中出现除以 0 的项，导致无解。此时求解 α 和 γ 便不能使用式（2－32）和式（2－33）。

当 $\beta = 90°$ 时，式（2－30）变为

$$
{}_2^1\boldsymbol{R}=\begin{bmatrix}0 & c\alpha s\gamma - s\alpha c\gamma & c\alpha c\gamma + s\alpha s\gamma \\ 0 & s\alpha s\gamma + c\alpha c\gamma & s\alpha c^2\gamma - c\alpha s\gamma \\ -1 & 0 & 0\end{bmatrix}=\begin{bmatrix}0 & s(\gamma-\alpha) & c(\gamma-\alpha) \\ 0 & c(\gamma-\alpha) & -s(\gamma-\alpha) \\ -1 & 0 & 0\end{bmatrix} \quad (2-37)
$$

此时，只能得到 γ 和 α 的差。

当 $\beta=-90°$时，式（2-30）变为

$$
{}_2^1\boldsymbol{R}=\begin{bmatrix}0 & -c\alpha s\gamma - s\alpha c\gamma & -c\alpha c\gamma + s\alpha s\gamma \\ 0 & -s\alpha s\gamma + c\alpha c\gamma & -s\alpha c\gamma - c\alpha s\gamma \\ -1 & 0 & 0\end{bmatrix}=\begin{bmatrix}0 & -s(\gamma+\alpha) & -c(\gamma+\alpha) \\ 0 & c(\gamma+\alpha) & -s(\gamma+\alpha) \\ -1 & 0 & 0\end{bmatrix} \quad (2-38)
$$

此时，只能得到 γ 和 α 的和。

2.3.2 欧拉角

坐标系｛2｝和参考坐标系｛1｝初始位置重合，坐标系｛2｝绕其自身的坐标轴旋转 3 次。这样三个一组的旋转被称为欧拉角。欧拉角可以有多种不同的组合，常用的欧拉角类型如表 2.1 所示。

表 2.1　常用欧拉角类型

	第一步	第二步	第三步
类型 1	绕动坐标系 $\boldsymbol{Z}$ 轴旋转 α 角	绕动坐标系 $\boldsymbol{Y}$ 轴旋转 β 角	绕动坐标系 $\boldsymbol{X}$ 轴旋转 γ 角
类型 2	绕动坐标系 $\boldsymbol{Z}$ 轴旋转 α 角	绕动坐标系 $\boldsymbol{Y}$ 轴旋转 β 角	绕动坐标系 $\boldsymbol{Z}$ 轴旋转 γ 角

采用欧拉角表示姿态的方法与采用固定角表示的计算方法相同，具体的计算方法本书不赘述。

2.3.3 等效轴角坐标系的表示方法

坐标系｛2｝和参考坐标系｛1｝初始位置重合，坐标系｛2｝首先绕任意单位矢量 $\boldsymbol{r}$ 旋转 θ，此时 $\boldsymbol{r}$ 被称为有限旋转的等效轴，坐标系｛2｝相对于参考坐标系｛1｝的姿态用 $\boldsymbol{R}(r,\theta)$ 表示，该种姿态表示方法称为等效轴角坐标系表示法。

求解坐标系绕任意轴旋转后的姿态，需要经过如图 2.12 所示的 5 个步骤：

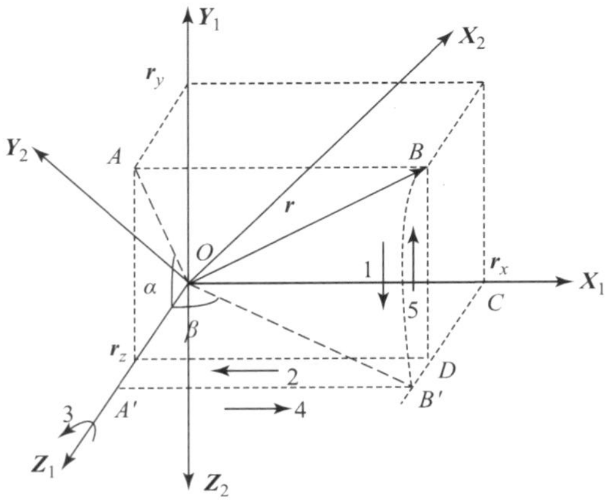

图 2.12　等效轴角旋转后坐标系姿态的求解步骤

（1）绕 $\boldsymbol{X}$ 轴转 α 角，使 $\boldsymbol{r}$ 轴处于 $\boldsymbol{XZ}$ 平面内；

（2）绕 $\boldsymbol{Y}$ 轴转 $-\beta$ 角，使 $\boldsymbol{r}$ 轴与 $\boldsymbol{Z}$ 轴重合；

（3）绕 $\boldsymbol{Z}$ 轴转动 θ 角；

（4）绕 $\boldsymbol{Y}$ 轴转 β 角；

（5）绕 $\boldsymbol{X}$ 轴转 $-\alpha$ 角。

经过上述 5 次旋转后的合成旋转矩阵为

$$\begin{aligned}\boldsymbol{R}(\boldsymbol{r},\ \theta) &= \boldsymbol{R}(\boldsymbol{X},\ -\alpha)\boldsymbol{R}(\boldsymbol{Y},\ \beta)\boldsymbol{R}(\boldsymbol{Z},\ \theta)\boldsymbol{R}(\boldsymbol{Y},\ -\beta)\boldsymbol{R}(\boldsymbol{X},\ \alpha)\\ &= \begin{bmatrix}1 & 0 & 0\\ 0 & \cos\alpha & \sin\alpha\\ 0 & -\sin\alpha & \cos\alpha\end{bmatrix}\begin{bmatrix}\cos\beta & 0 & \sin\beta\\ 0 & 1 & 0\\ -\sin\beta & 0 & \cos\beta\end{bmatrix}\begin{bmatrix}\cos\theta & -\sin\theta & 0\\ \sin\theta & \cos\theta & 0\\ 0 & 0 & 1\end{bmatrix}\\ &\quad\begin{bmatrix}\cos\beta & 0 & -\sin\beta\\ 0 & 1 & 0\\ \sin\beta & 0 & \cos\beta\end{bmatrix}\begin{bmatrix}1 & 0 & 0\\ 0 & \cos\alpha & -\sin\alpha\\ 0 & \sin\alpha & \cos\alpha\end{bmatrix}\end{aligned} \tag{2-39}$$

由图 2. 12 所示，可得到

$$\begin{cases}\sin\alpha = \dfrac{r_y}{\sqrt{r_y^2 + r_z^2}}\\ \cos\alpha = \dfrac{r_z}{\sqrt{r_y^2 + r_z^2}}\\ \sin\beta = \dfrac{|OC|}{|r|} = \dfrac{r_x}{|r|} = r_x\\ \cos\beta = \dfrac{|B'C|}{|OB|} = \dfrac{\sqrt{r_y^2 + r_z^2}}{|r|} = \sqrt{r_y^2 + r_z^2}\end{cases} \tag{2-40}$$

将式（2-40）代入式（2-39），可得到

$$\boldsymbol{R}(\boldsymbol{r},\ \theta) = \begin{bmatrix}r_x^2(1-\cos\theta)+\cos\theta & r_xr_y(1-\cos\theta)-r_z\sin\theta & r_xr_z(1-\cos\theta)+r_y\sin\theta\\ r_xr_y(1-\cos\theta)+r_z\sin\theta & r_y^2(1-\cos\theta)+\cos\theta & r_yr_z(1-\cos\theta)-r_x\sin\theta\\ r_xr_z(1-\cos\theta)-r_y\sin\theta & r_yr_z(1-\cos\theta)+r_x\sin\theta & r_z^2(1-\cos\theta)+\cos\theta\end{bmatrix} \tag{2-41}$$

由式（2-41）可将绕任意轴的旋转变换成旋转矩阵的形式。其逆问题，即由旋转矩阵求解等效转轴和旋转角度的求解过程如下。

定义单位四元数：

$$\begin{cases}\varepsilon_1 = r_x\sin\dfrac{\theta}{2}\\ \varepsilon_2 = r_y\sin\dfrac{\theta}{2}\\ \varepsilon_3 = r_z\sin\dfrac{\theta}{2}\\ \varepsilon_4 = \cos\dfrac{\theta}{2}\end{cases} \tag{2-42}$$

由于 $|\boldsymbol{r}| = 1$，可以得到

$$\varepsilon_1^2+\varepsilon_2^2+\varepsilon_3^2+\varepsilon_4^2=1 \tag{2-43}$$

将式（2-42）代入式（2-41），可得到

$$\boldsymbol{R}(\boldsymbol{r},\ \theta)=\begin{bmatrix}1-2\varepsilon_2^2-2\varepsilon_3^2 & 2(\varepsilon_1\varepsilon_2-\varepsilon_3\varepsilon_4) & 2(\varepsilon_1\varepsilon_3+\varepsilon_2\varepsilon_4)\\ 2(\varepsilon_1\varepsilon_2+\varepsilon_3\varepsilon_4) & 1-2\varepsilon_1^2-2\varepsilon_3^2 & 2(\varepsilon_2\varepsilon_3-\varepsilon_1\varepsilon_4)\\ 2(\varepsilon_1\varepsilon_3-\varepsilon_2\varepsilon_4) & 2(\varepsilon_2\varepsilon_3+\varepsilon_1\varepsilon_4) & 1-2\varepsilon_1^2-2\varepsilon_2^2\end{bmatrix} \tag{2-44}$$

令

$$\boldsymbol{R}(\boldsymbol{r},\ \theta)=\begin{bmatrix}r_{11} & r_{12} & r_{13}\\ r_{21} & r_{22} & r_{23}\\ r_{31} & r_{32} & r_{33}\end{bmatrix} \tag{2-45}$$

将式（2-44）和式（2-45）的对角线元素相加，可得到

$$r_{11}+r_{22}+r_{33}=3-4(\varepsilon_1^2+\varepsilon_2^2+\varepsilon_3^2)=-1+4\varepsilon_4^2 \tag{2-46}$$

结合式（2-44）、式（2-45）和式（2-46），计算得到

$$\begin{cases}\varepsilon_4=\dfrac{\sqrt{1+r_{11}+r_{22}+r_{33}}}{2}\\ \varepsilon_1=\dfrac{r_{32}-r_{23}}{4\varepsilon_4}\\ \varepsilon_2=\dfrac{r_{13}-r_{31}}{4\varepsilon_4}\\ \varepsilon_3=\dfrac{r_{21}-r_{12}}{4\varepsilon_4}\end{cases} \tag{2-47}$$

然而，当 $\varepsilon_4=0$ 时，式（2-47）无法求解，为此必须另想其他方法。

由式（2-43），即 $\sum\limits_{i=1}^{4}\varepsilon_i^2=1$ 可知，从 ε_1 到 ε_4 必有元素大于等于 0.5。

因此首先选择 $\max\limits_i\{\varepsilon_i\}$，而 $\max\limits_i\{\varepsilon_i\}$ 一定大于等于 0.5。

当 $\varepsilon_1=\max\limits_i\{\varepsilon_i\}$

$$\begin{cases}\varepsilon_1=\dfrac{\sqrt{r_{11}-r_{22}-r_{33}+1}}{2}\\ \varepsilon_2=\dfrac{r_{21}+r_{12}}{4\varepsilon_1}\\ \varepsilon_3=\dfrac{r_{31}+r_{13}}{4\varepsilon_1}\\ \varepsilon_4=\dfrac{r_{32}-r_{23}}{4\varepsilon_1}\end{cases} \tag{2-48}$$

当 $\varepsilon_2=\max\limits_i\{\varepsilon_i\}$

$$
\begin{cases}
\varepsilon_2 = \dfrac{\sqrt{-r_{11}+r_{22}-r_{33}+1}}{2} \\
\varepsilon_1 = \dfrac{r_{21}+r_{12}}{4\varepsilon_2} \\
\varepsilon_3 = \dfrac{r_{32}+r_{23}}{4\varepsilon_2} \\
\varepsilon_4 = \dfrac{r_{13}-r_{31}}{4\varepsilon_2}
\end{cases} \tag{2-49}
$$

当 $\varepsilon_3 = \max\limits_i \{\varepsilon_i\}$

$$
\begin{cases}
\varepsilon_3 = \dfrac{\sqrt{-r_{11}+r_{22}-r_{33}+1}}{2} \\
\varepsilon_1 = \dfrac{r_{31}+r_{13}}{4\varepsilon_3} \\
\varepsilon_2 = \dfrac{r_{32}+r_{23}}{4\varepsilon_3} \\
\varepsilon_4 = \dfrac{r_{21}-r_{12}}{4\varepsilon_3}
\end{cases} \tag{2-50}
$$

当 $\varepsilon_4 = \max\limits_i \{\varepsilon_i\}$

$$
\begin{cases}
\varepsilon_4 = \dfrac{\sqrt{1+r_{11}+r_{22}+r_{33}}}{2} \\
\varepsilon_1 = \dfrac{r_{32}-r_{23}}{4\varepsilon_4} \\
\varepsilon_2 = \dfrac{r_{13}-r_{31}}{4\varepsilon_4} \\
\varepsilon_3 = \dfrac{r_{21}-r_{12}}{4\varepsilon_4}
\end{cases} \tag{2-51}
$$

在计算得到 ε_1、ε_2、ε_3 和 ε_4 后，代入式（2－42），可以计算得到单位四元数与等效旋转轴及相应的旋转角的数学关系。

$$
\boldsymbol{r} = \begin{bmatrix} \dfrac{\varepsilon_1}{\sin\dfrac{\theta}{2}} & \dfrac{\varepsilon_2}{\sin\dfrac{\theta}{2}} & \dfrac{\varepsilon_3}{\sin\dfrac{\theta}{2}} \end{bmatrix}^{\mathrm{T}} \tag{2-52}
$$

$$
\theta = 2\arccos\varepsilon_4 \tag{2-53}
$$

由式（2－52）可知，当 $\theta = 0$ 时，无法得到等效旋转轴。但其实此时是机器人的姿态一直不变，姿态矩阵保持原值即可。

习　　题

2.1　坐标系 $\{A\}$ 与坐标系 $\{B\}$ 初始位置姿态重合，坐标系 $\{B\}$ 上有一点 $\boldsymbol{p} =$

$[1\quad 2\quad 5]^{\mathrm{T}}$，坐标系 {$B$} 相对于坐标系 {$A$} 的 $\boldsymbol{X}$ 轴旋转 90°，然后相对于坐标系 {B} 的 $\boldsymbol{Y}$ 轴旋转 −45°，再相对于坐标系 {A} 的 $\boldsymbol{Z}$ 轴平移 5 mm，求此时坐标系 {B} 相对于坐标系 {A} 的位置和姿态、坐标系 {B} 上的 $\boldsymbol{p}$ 点相对于坐标系 {A} 的位置，得到相同的坐标系 {B} 相对于坐标系 {A} 最终表示，还有什么变换方法？

2.2　坐标系 {A}，{B}，{C} 如图 2.13 所示，分别写出坐标系 {B} 和坐标系 {C} 相对于坐标系 {A} 的齐次变换矩阵${}_{B}^{A}\boldsymbol{T}$ 和${}_{C}^{A}\boldsymbol{T}$，坐标系 {D} 相对于坐标系 {A} 的齐次变换矩阵${}_{D}^{A}\boldsymbol{T}=\begin{bmatrix}0&1&0&0\\0&0&1&0\\1&0&0&-3\\0&0&0&1\end{bmatrix}$，在图中画出坐标系 D。

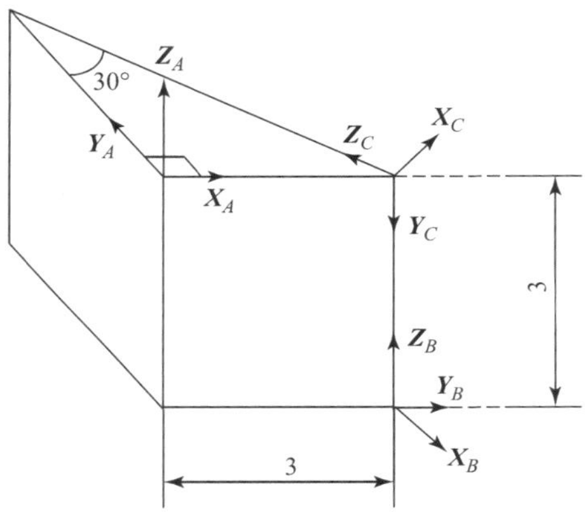

图 2.13　楔形块上的坐标系

2.3　如图 2.14 所示，写出${}_{1}^{0}\boldsymbol{T}$，${}_{2}^{0}\boldsymbol{T}$，${}_{3}^{2}\boldsymbol{T}$，${}_{4}^{1}\boldsymbol{T}$，${}_{3}^{1}\boldsymbol{T}$。

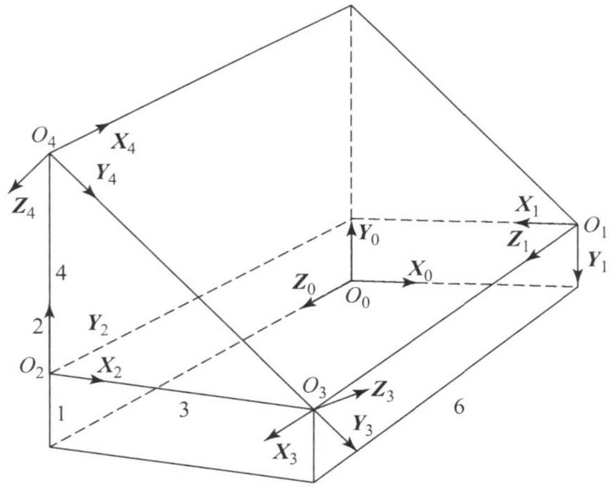

图 2.14　梯形块上的坐标系

第 3 章

机器人正运动学

第 3 章 程序实例

机器人运动学研究的是机器人的运动特性，可分为正运动学和逆运动学。基于正运动学，利用各关节的角度信息，可以知道当前机器人的末端位置与姿态。本章重点是建立机器人连杆坐标系，把机器人关节变量作为自变量，建立机器人正运动学模型，描述机器人末端执行器的位置和姿态与机器人基座之间的运动关系。

3.1 坐标系的建立方法

3.1.1 连杆参数

机器人可以看作由一系列连杆通过关节串联而成的运动链。连杆能保持其两端的关节轴线具有固定的几何关系，连杆特征由 a_{i-1} 和 α_{i-1} 两个参数进行描述。如图 3.1 所示，a_{i-1} 称为连杆长度，表示轴 $i-1$ 和轴 i 的公垂线的长度。α_{i-1} 称为连杆转角，表示轴 $i-1$ 和轴 i 在垂直于 a_{i-1} 的平面内夹角。

相邻两个连杆 $i-1$ 和 i 之间有一个公共的关节轴 i，连杆连接由 d_i 和 θ_i 两个参数进行描述。d_i 称为连杆偏距，表示公垂线 a_{i-1} 和公垂线 a_i 沿公共轴线关节轴 i 方向的距离。θ_i 称为关节角，表示公垂线 a_{i-1} 的延长线和公垂线 a_i 绕公共轴线关节轴 i 旋转的夹角。当关节为移动关节时，d_i 为关节变量。当关节为转动关节时，θ_i 为关节变量。

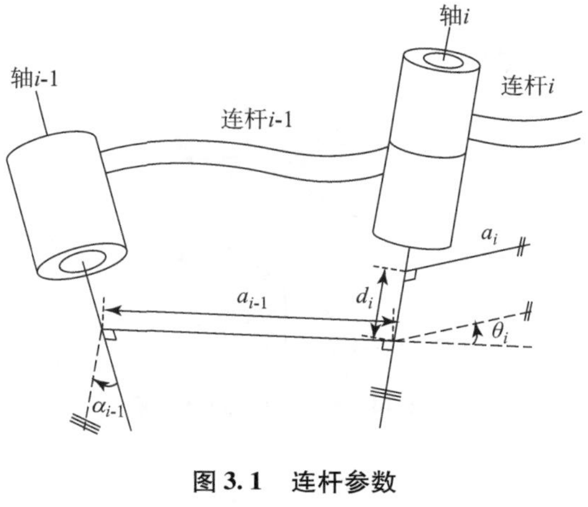

图 3.1 连杆参数

机器人的连杆均可以用以上四个参数 a_{i-1}、α_{i-1}、d_i、θ_i 来进行描述。对于一个确定的机器人关节来说，运动时只有关节变量的值发生变化，其他三个连杆参数均为保持不变。用 a_{i-1}、α_{i-1}、d_i、θ_i 来描述连杆之间运动关系的规则称为 Denavit-Hartenberg 参数，简称 D-H 参数。

3.1.2　连杆坐标系的建立

为了研究机器人连杆之间的位置关系，首先需要在机器人的每个连杆上分别建立一个连杆坐标系，然后描述这些连杆坐标系之间的关系。通常从机器人的固定基座开始对连杆进行编号，固定基座可记为连杆 0，第一个可动连杆为连杆 1，以此类推，机器人末端的连杆为连杆 n。相应地，与连杆 n 固连的坐标系记为坐标系 $\{N\}$。

坐标系的建立步骤如下：

（1）找出各关节轴，并标出这些轴线的延长线。在下面的步骤（2）至步骤（5）中，仅考虑两个相邻的轴线（关节轴 i 和 $i+1$）

（2）找出关节轴 i 和 $i+1$ 之间的公垂线或关节轴 i 和 $i+1$ 的交点，以关节轴 i 和 $i+1$ 的交点或者公垂线与关节轴 i 的交点作为连杆坐标系 $\{i\}$ 的原点。

（3）规定 $\boldsymbol{Z}_i$ 轴沿关节轴 i 的指向。

（4）规定 $\boldsymbol{X}_i$ 轴沿公垂线从 i 到 $i+1$，如果关节轴 i 和 $i+1$ 相交，则规定 $\boldsymbol{X}_i$ 轴垂直于关节轴 i 和 $i+1$ 所在的平面。

（5）按照右手定则确定 $\boldsymbol{Y}_i$ 轴。

（6）当第一个关节变量为 0 时，规定坐标系 $\{0\}$ 和坐标系 $\{1\}$ 重合。对于坐标系 $\{N\}$，其原点和 $\boldsymbol{X}_n$ 的方向可以任意选取。但是选取时，通常尽量使连杆参数为 0。

按照上述步骤建立的坐标系如图 3.2 所示，连杆参数可以定义如下：

a_{i-1} = 沿 $\boldsymbol{X}_{i-1}$ 轴，从 $\boldsymbol{Z}_{i-1}$ 移动到 $\boldsymbol{Z}_i$ 的距离；

α_{i-1} = 绕 $\boldsymbol{X}_{i-1}$ 轴，从 $\boldsymbol{Z}_{i-1}$ 旋转到 $\boldsymbol{Z}_i$ 的角度；

d_i = 沿 $\boldsymbol{Z}_i$ 轴，从 $\boldsymbol{X}_{i-1}$ 移动到 $\boldsymbol{X}_i$ 的距离；

θ_i = 绕 $\boldsymbol{Z}_i$ 轴，从 $\boldsymbol{X}_{i-1}$ 旋转到 $\boldsymbol{X}_i$ 的角度。

当然，由于 $\boldsymbol{Z}_i$ 轴和 $\boldsymbol{X}_i$ 轴的指向均有两种选择，所以按照上述方法建立的连杆坐标系不是唯一的。

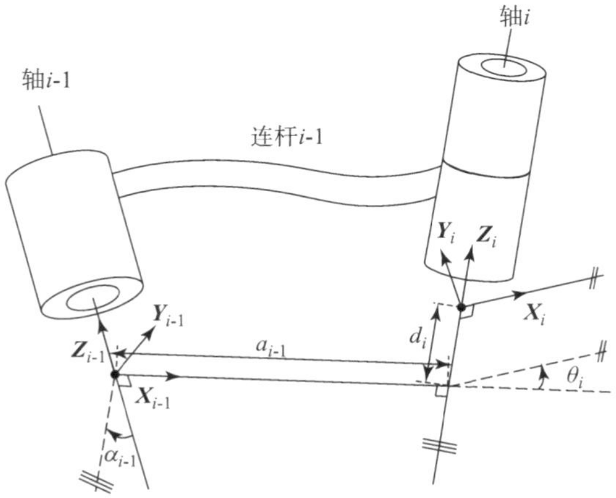

图 3.2　连杆坐标系

3.1.3 相邻连杆之间的齐次变换矩阵

根据坐标系的建立步骤和 D－H 参数，为了推导机器人坐标系 $\{i\}$ 相对于坐标系 $\{i-1\}$ 的齐次变换矩阵，可以将坐标系 $\{i-1\}$ 到坐标系 $\{i\}$ 的变换过程分解为以下步骤：

①将坐标系 $\{i-1\}$ 绕 $\boldsymbol{X}_{i-1}$轴旋转 α_{i-1}角，使 $\boldsymbol{Z}_{i-1}$轴与 $\boldsymbol{Z}_i$ 轴平行；

②将坐标系 $\{i-1\}$ 沿当前 $\boldsymbol{X}_{i-1}$轴平移距离 a_{i-1}，使 $\boldsymbol{Z}_{i-1}$轴与 $\boldsymbol{Z}_i$ 轴重合；

③将坐标系 $\{i-1\}$ 绕当前 $\boldsymbol{Z}_i$ 轴旋转 θ_i 角，使 $\boldsymbol{X}_{i-1}$轴与 $\boldsymbol{X}_i$ 轴平行；

④沿 $\boldsymbol{Z}_i$ 轴平移距离 d_i，使坐标系 $\{i-1\}$ 与坐标系 $\{i\}$ 完全重合。

以上每一步变换可以分别写出一个齐次变换矩阵，由于变换是相对于动坐标系的，所以将 4 个变换矩阵依次右乘可以得到坐标系 $\{i\}$ 相对于坐标系 $\{i-1\}$ 的齐次变换矩阵：

$$ {}^{i-1}_{i}\boldsymbol{T}=\boldsymbol{R}_X(\alpha_{i-1})\boldsymbol{D}_X(a_{i-1})\boldsymbol{R}_Z(\theta_i)\boldsymbol{D}_Z(d_i) \tag{3-1}$$

由矩阵连乘可以计算得到${}^{i-1}_{i}\boldsymbol{T}$ 的一般表达式：

$$ {}^{i-1}_{i}\boldsymbol{T}=\begin{bmatrix} c\theta_i & -s\theta_i & 0 & a_{i-1} \\ s\theta_i c\alpha_{i-1} & c\theta_i c\alpha_{i-1} & -s\alpha_{i-1} & -s\alpha_{i-1}d_i \\ s\theta_i s\alpha_{i-1} & c\theta_i s\alpha_{i-1} & c\alpha_{i-1} & c\alpha_{i-1}d_i \\ 0 & 0 & 0 & 1 \end{bmatrix} \tag{3-2}$$

在式（3－2）中，c 表示 cos，s 表示 sin。

在定义了连杆坐标系和相应的连杆参数后，可以建立机器人的运动学方程。首先根据连杆参数得到各个连杆变换矩阵，再把这些连杆变换矩阵连乘就可以计算出坐标系 $\{N\}$ 相对于坐标系 $\{0\}$ 的变换矩阵：

$$ {}^{0}_{N}\boldsymbol{T}={}^{0}_{1}\boldsymbol{T}\,{}^{1}_{2}\boldsymbol{T}\,{}^{2}_{3}\boldsymbol{T}\cdots{}^{N-1}_{N}\boldsymbol{T} \tag{3-3}$$

3.2 坐标系建立的特殊情况

在建立机器人的运动学方程时需要一个固定坐标系作为参照来描述机器人连杆坐标系的位姿。通常选取与机器人基座固连的坐标系 $\{0\}$ 作为参考坐标系。理论上来说坐标系 $\{0\}$ 可以任意确定，但为了便于计算，尽量使连杆参数为 0，通常设定坐标系 $\{0\}$ 与坐标系 $\{1\}$ 的初始状态重合。

对于机器人最末端的关节 n，若关节 n 为转动关节，则设定 $\theta_n=0$ 时，$\boldsymbol{X}_n$ 与 $\boldsymbol{X}_{n-1}$的方向相同，并确定坐标系 $\{N\}$ 的原点使 $d_n=0$。若关节 n 为移动关节，则设定 $\boldsymbol{X}_n$ 方向使 $\theta_n=0$，并设定当 $d_n=0$ 时，坐标系 $\{N\}$ 的原点确定为 $\boldsymbol{X}_n$ 轴与关节轴 n 的交点。

3.3 典型机器人的正运动举例

例 3.1

如图 3.3 所示为一个平面 3 连杆机械臂，由于 3 个关节均为转动关节，因此该机械臂也称 RRR（或 3R）机构。在此机构上建立连杆坐标系并写出 D－H 参数表，计算该机构的运动学方程。

根据 3. 1 节所述，建立坐标系如图 3. 4 所示。

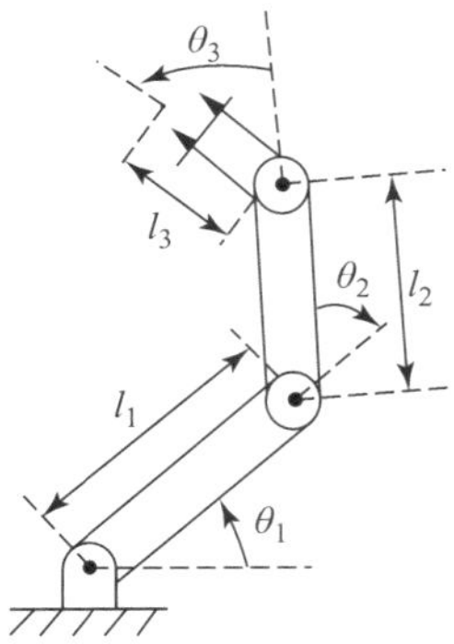

图 3. 3　平面 3 连杆机械臂

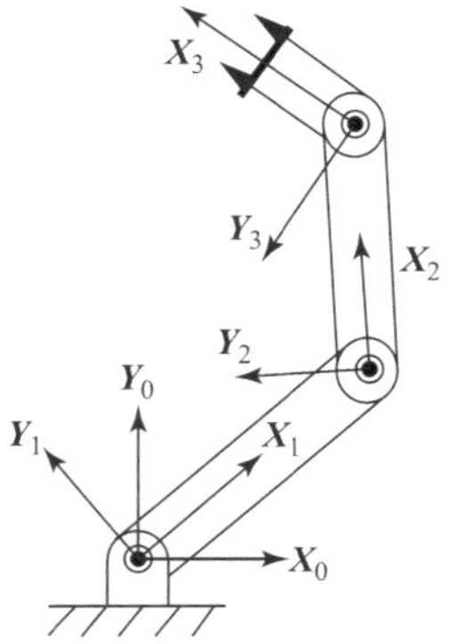

图 3. 4　平面 3 连杆机械臂的坐标系

根据坐标系的建立情况，写出 D－H 参数表如表 3. 1 所示：

表 3. 1　平面 3 连杆机械臂的 D－H 参数表

	α_{i-1}	a_{i-1}	d_i	θ_i
1	0	0	0	θ_1
2	0	l_1	0	θ_2
3	0	l_2	0	θ_3

根据 D－H 参数表可以计算出各相邻两坐标系之间的变换矩阵：①

$$ {}_1^0\boldsymbol{T}=\begin{bmatrix} c_1 & -s_1 & 0 & 0 \\ s_1 & c_1 & 0 & 0 \\ 0 & 0 & 1 & 0 \\ 0 & 0 & 0 & 1 \end{bmatrix} \tag{3-4} $$

$$ {}_2^1\boldsymbol{T}=\begin{bmatrix} c_2 & -s_2 & 0 & l_1 \\ s_2 & c_2 & 0 & 0 \\ 0 & 0 & 1 & 0 \\ 0 & 0 & 0 & 1 \end{bmatrix} \tag{3-5} $$

$$ {}_3^2\boldsymbol{T}=\begin{bmatrix} c_3 & -s_3 & 0 & l_2 \\ s_3 & c_3 & 0 & 0 \\ 0 & 0 & 1 & 0 \\ 0 & 0 & 0 & 1 \end{bmatrix} \tag{3-6} $$

由 ${}_3^0\boldsymbol{T}={}_1^0\boldsymbol{T}\,{}_2^1\boldsymbol{T}\,{}_3^2\boldsymbol{T}$ 可计算出该平面 3 连杆机械臂的正运动学方程为：

① 公式中的 c_1，s_1，c_{123}，s_{123} 等分别表示 $\cos\theta_1$，$\sin\theta_1$，$\cos(\theta_1+\theta_2+\theta_3)$，$\sin(\theta_1+\theta_2+\theta_3)$，这是在机器人学里的通用表示方法。其他诸如 c_2，s_2 等可同理得之。

$$
{}_3^0\boldsymbol{T}=\begin{bmatrix} c_{123} & -s_{123} & 0 & l_1c_1+l_2c_{12} \\ s_{123} & c_{123} & 0 & l_1s_1+l_2s_{12} \\ 0 & 0 & 1 & 0 \\ 0 & 0 & 0 & 1 \end{bmatrix} \tag{3-7}
$$

例 3.2

如图 3.5 所示为一个包含一个移动关节的 RPR 型三自由度机器人，其中 P 表示关节 2 为一个移动关节。在此机构上建立连杆坐标系并写出 D－H 参数表，计算该机构的运动学方程。

作出该机器人的机构简图并建立连杆坐标系如图 3.6 所示。

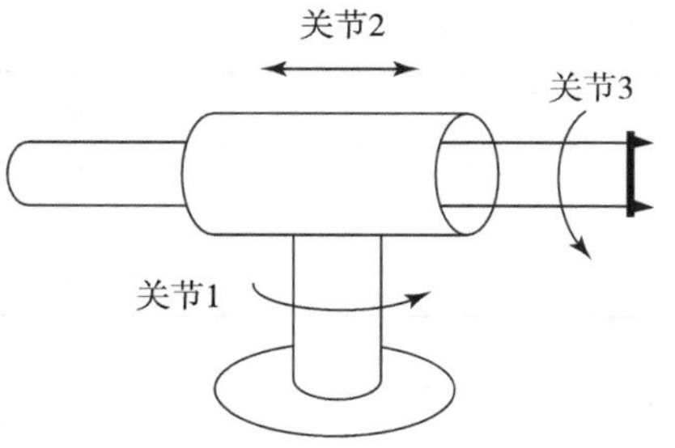

图 3.5　RPR 型三自由度机器人

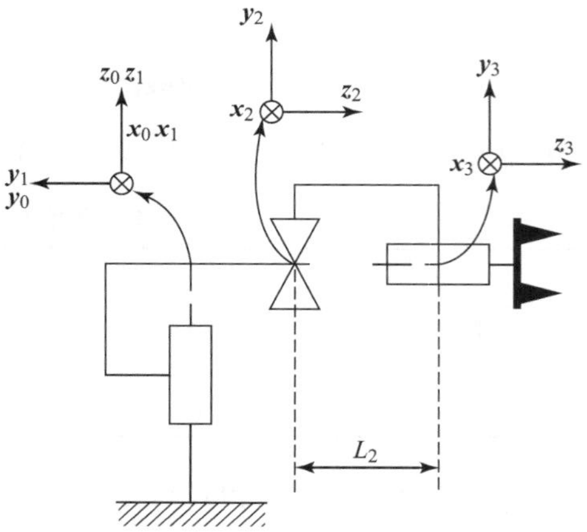

图 3.6　RPR 型三自由度机器人的机构简图及其连杆坐标系

根据图 3.6 所建立坐标系，写出 D－H 参数表如表 3.2 所示。

表 3.2　RPR 型三自由度机器人的 D－H 参数表

	α_{i-1}	a_{i-1}	d_i	θ_i
1	0	0	0	θ_1
2	90°	0	d_2	0
3	0	0	L_2	θ_3

则可以计算出各相邻两坐标系之间的齐次变换矩阵：

$$
{}_1^0\boldsymbol{T}=\begin{bmatrix} c_1 & -s_1 & 0 & 0 \\ s_1 & c_1 & 0 & 0 \\ 0 & 0 & 1 & 0 \\ 0 & 0 & 0 & 1 \end{bmatrix} \tag{3-8}
$$

$$
{}_2^1\boldsymbol{T}=\begin{bmatrix} 1 & 0 & 0 & 0 \\ 0 & 0 & -1 & -d_2 \\ 0 & 1 & 0 & 0 \\ 0 & 0 & 0 & 1 \end{bmatrix} \tag{3-9}
$$

$$
{}_{3}^{2}\boldsymbol{T}=\begin{bmatrix} c_3 & -s_3 & 0 & 0 \\ s_3 & c_3 & 0 & 0 \\ 0 & 0 & 1 & L_2 \\ 0 & 0 & 0 & 1 \end{bmatrix} \tag{3-10}
$$

值得注意的是，由于关节 2 是移动关节，其关节变量为 d_2。由${}_{3}^{0}\boldsymbol{T}={}_{1}^{0}\boldsymbol{T}\ {}_{2}^{1}\boldsymbol{T}\ {}_{3}^{2}\boldsymbol{T}$ 可计算出该机器人的正运动学方程为：

$$
{}_{3}^{0}\boldsymbol{T}=\begin{bmatrix} c_1c_3 & -c_1s_3 & s_1 & L_2s_1+d_2s_1 \\ c_3s_1 & -s_1s_3 & -c_1 & -L_2c_1-d_2c_1 \\ s_3 & c_3 & 0 & 0 \\ 0 & 0 & 0 & 1 \end{bmatrix} \tag{3-11}
$$

例 3.3

图 3.7 所示为日本川崎公司制造的 RS10N 型工业机器人，它具有典型的工业机器人构型，共有 6 个自由度，其中前 3 个关节决定机器人末端的位置，后 3 个关节轴相交于一点，决定机器人末端的姿态。

机器人的连杆坐标系建立如图 3.8 所示。由于坐标系 {6} 的原点位于腕部，在实际应用中为了直观地描述机器人末端执行器的位置，通常在机器人末端点处建立一个与坐标系 {6} 姿态完全相同的工具坐标系，即图 3.8 中的坐标系 {7}。

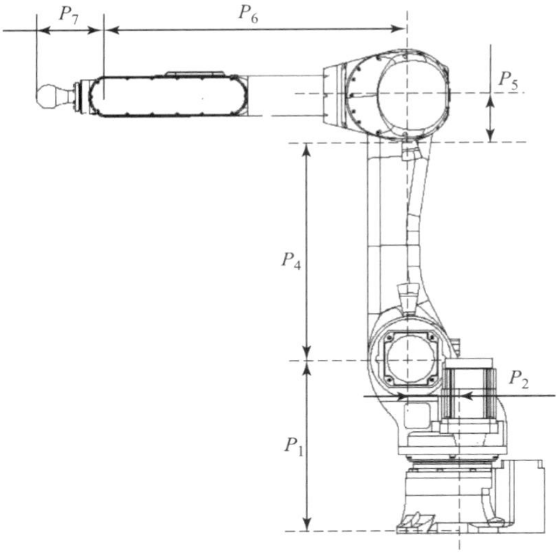

图 3.7　RS10N 型工业机器人构型与杆件参数

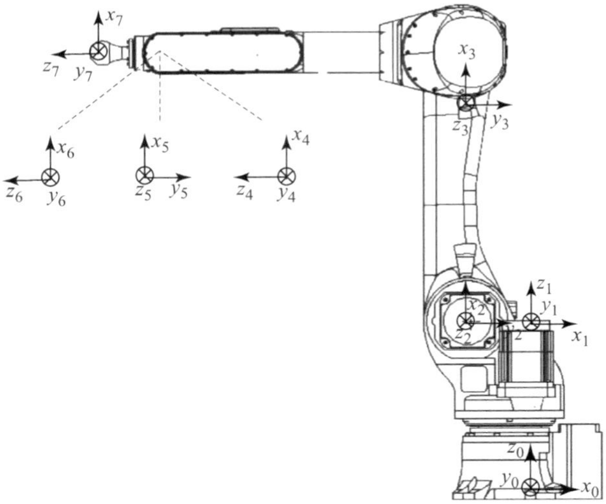

图 3.8　RS10N 型工业机器人连杆坐标系

通过机器人关节坐标系的建立与杆件参数的定义，得到机器人的 D－H 参数表如表 3.3 所示。

表 3.3　RS10N 型工业机器人 D－H 参数表

	α_{i-1}	a_{i-1}	d_i	θ_i
1	0	0	P_1	θ_1
2	$-90°$	$-P_2$	0	$\theta_2-90°$
3	0	P_4	0	θ_3
4	$90°$	P_5	P_6	θ_4
5	$-90°$	0	0	θ_5
6	$90°$	0	0	θ_6
7	0	0	P_7	0

由机械臂的坐标系可以计算得到相邻两坐标系之间的变换矩阵${}^{i-1}_{i}\boldsymbol{T}$，其中

$$ {}^{0}_{1}T=\begin{bmatrix} c_1 & -s_1 & 0 & 0 \\ s_1 & c_1 & 0 & 0 \\ 0 & 0 & 1 & P_1 \\ 0 & 0 & 0 & 1 \end{bmatrix} \tag{3-12} $$

$$ {}^{1}_{2}\boldsymbol{T}=\begin{bmatrix} s_2 & c_2 & 0 & -P_2 \\ 0 & 0 & 1 & 0 \\ c_2 & -s_2 & 0 & 0 \\ 0 & 0 & 0 & 1 \end{bmatrix} \tag{3-13} $$

$$ {}^{2}_{3}\boldsymbol{T}=\begin{bmatrix} c_3 & -s_3 & 0 & P_4 \\ s_3 & c_3 & 0 & 0 \\ 0 & 0 & 1 & 0 \\ 0 & 0 & 0 & 1 \end{bmatrix} \tag{3-14} $$

$$ {}^{3}_{4}\boldsymbol{T}=\begin{bmatrix} c_4 & -s_4 & 0 & P_5 \\ 0 & 0 & -1 & -P_6 \\ s_4 & c_4 & 0 & 0 \\ 0 & 0 & 0 & 1 \end{bmatrix} \tag{3-15} $$

$$ {}^{4}_{5}\boldsymbol{T}=\begin{bmatrix} c_5 & -s_5 & 0 & 0 \\ 0 & 0 & 1 & 0 \\ -s_5 & -c_5 & 0 & 0 \\ 0 & 0 & 0 & 1 \end{bmatrix} \tag{3-16} $$

$$ {}^{5}_{6}\boldsymbol{T}=\begin{bmatrix} c_6 & -s_6 & 0 & 0 \\ 0 & 0 & -1 & 0 \\ s_6 & c_6 & 0 & 0 \\ 0 & 0 & 0 & 1 \end{bmatrix} \tag{3-17} $$

$$
{}_7^6\boldsymbol{T}=\begin{bmatrix}1&0&0&0\\0&1&0&0\\0&0&1&P_7\\0&0&0&1\end{bmatrix} \tag{3-18}
$$

则可以计算出机械臂末端相对于基坐标系的位姿矩阵为：

$$
{}_7^0\boldsymbol{T}={}_1^0\boldsymbol{T}\,{}_2^1\boldsymbol{T}\,{}_3^2\boldsymbol{T}\,{}_4^3\boldsymbol{T}\,{}_5^4\boldsymbol{T}\,{}_6^5\boldsymbol{T}\,{}_7^6\boldsymbol{T}=\begin{bmatrix}r_{11}&r_{12}&r_{13}&p_x\\r_{21}&r_{22}&r_{23}&p_y\\r_{31}&r_{32}&r_{33}&p_z\\0&0&0&1\end{bmatrix} \tag{3-19}
$$

其中：

$$
\begin{aligned}r_{11}=&c_6(s_5(c_1c_2c_3-c_1s_2s_3)-c_5(s_1s_4-c_4(c_1c_2s_3+c_1c_3s_2)))-\\&s_6(s_4(c_1c_2s_3+c_1c_3s_2)+c_4s_1)\end{aligned} \tag{3-20}
$$

$$
\begin{aligned}r_{12}=&-s_6(s_5(c_1c_2c_3-c_1s_2s_3)-c_5(s_1s_4-c_4(c_1c_2s_3+c_1c_3s_2)))-\\&c_6(s_4(c_1c_2s_3+c_1c_3s_2)+c_4s_1)\end{aligned} \tag{3-21}
$$

$$
r_{13}=-s_5(s_1s_4-c_4(c_1c_2s_3+c_1c_3s_2))-c_5(c_1c_2c_3-c_1s_2s_3) \tag{3-22}
$$

$$
\begin{aligned}r_{21}=&c_6(s_5(c_2c_3s_1-s_1s_2s_3)+c_5(c_1s_4+c_4(c_2s_1s_3+c_3s_1s_2)))-\\&s_6(s_4(c_2s_1s_3+c_3s_1s_2)-c_1c_4)\end{aligned} \tag{3-23}
$$

$$
\begin{aligned}r_{22}=&-s_6(s_5(c_2c_3s_1-s_1s_2s_3)+c_5(c_1s_4+c_4(c_2s_1s_3+c_3s_1s_2)))-\\&c_6(s_4(c_2s_1s_3+c_3s_1s_2)-c_1c_4)\end{aligned} \tag{3-24}
$$

$$
r_{23}=s_5(c_1s_4+c_4(c_2s_1s_3+c_3s_1s_2))-c_5(c_2c_3s_1-s_1s_2s_3) \tag{3-25}
$$

$$
r_{31}=s_4s_6(s_2s_3-c_2c_3)-c_6(s_5(c_2s_3+c_3s_2)+c_4c_5(s_2s_3-c_2c_3)) \tag{3-26}
$$

$$
r_{32}=c_6s_4(s_2s_3-c_2c_3)+s_6(s_5(c_2s_3+c_3s_2)+c_4c_5(s_2s_3-c_2c_3)) \tag{3-27}
$$

$$
r_{33}=c_5(c_2s_3+c_3s_2)-c_4s_5(s_2s_3-c_2c_3) \tag{3-28}
$$

$$
P_x=-P_2c_1+P_4c_1s_2+P_5c_1s_{23}-P_6c_1c_{23}-P_7((s_1s_4-c_1s_{23}c_4)s_5+c_1c_{23}c_5) \tag{3-29}
$$

$$
P_y=-P_2s_1+P_4s_1s_2+P_5s_1s_{23}-P_6s_1c_{23}-P_7(-(c_1s_4+s_1s_{23}c_4)s_5+s_1c_{23}c_5) \tag{3-30}
$$

$$
P_z=P_1+P_4c_2+P_5c_{23}+P_6s_{23}+P_7(s_{23}c_5+c_{23}c_4s_5) \tag{3-31}
$$

依照上述内容，采用美国 MathWorks 公司出品的 Matlab 软件，编写了 RS10N 型六自由度工业机器人正运动学的完整求解实例，利用此程序可以依据工业机器人各关节角求解其末端位姿。具体程序见附录－第 3 章。

3.4　坐标系的命名

为了保证描述的规范性与通用性，规定了专门的“标准”坐标系命名方式。如图 3.9 所示，机器人末端安装了特定的工具，需要将工具末端移动到指定位置。图 3.9 标注了以下 5 个坐标系。

1. 基坐标系 {*B*}

基坐标系 {*B*} 即为坐标系 {0}，与机器人的基座固连。

2. 工作台坐标系 {*S*}

工作台坐标系 {*S*} 的选取与机器人的任务相关，机器人的运动都是相对它来进行的，

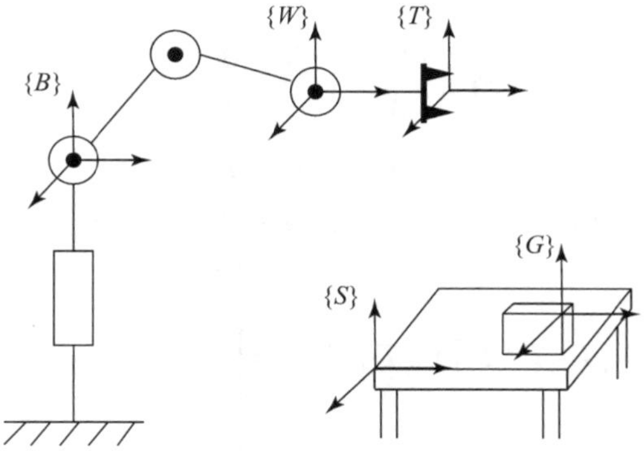

图 3.9 “标准”坐标系

也称任务坐标系、世界坐标系或通用坐标系。

3. 腕部坐标系 {W}

腕部坐标系 {W} 与机械臂的末端连杆固连，其原点位于机械臂的手腕位置。

4. 工具坐标系 {T}

工具坐标系 {T} 与安装在机器人末端的工具固连，通常根据腕部坐标系来确定。

5. 目标坐标系 {G}

目标坐标系 {G} 用来描述机器人运动结束时工具的位置，通常根据工作台坐标系来确定。

习 题

3.1 连杆参数包括哪几个参数？分别表示什么含义？

3.2 连杆坐标系的建立步骤是什么？

3.3 相邻连杆之间的齐次变换矩阵的一般表达式是什么？

3.4 图 3.10 为三自由度机械臂，其中关节 1 和关节 2 相互垂直，试建立该机械臂的连杆坐标系，写出 D-H 参数，并计算运动学方程。

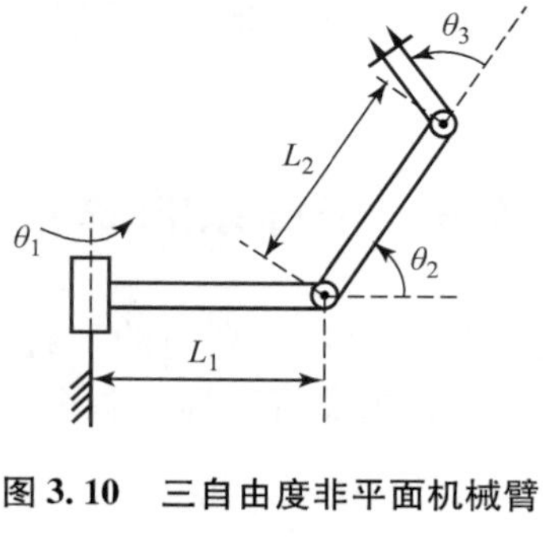

图 3.10 三自由度非平面机械臂

3.5 图 3.11 所示为三自由度机械臂，关节 1 和关节 2 相互垂直，关节 2 和关节 3 相互平行。试画出该机械臂的自由度简图，建立连杆坐标系，标注所需连杆参数，并计算运动学方程。

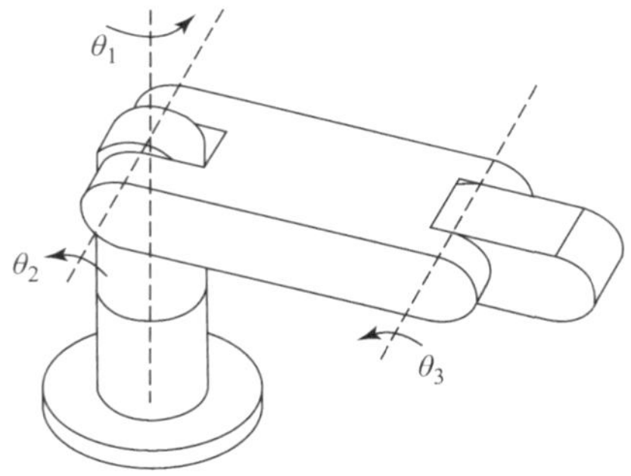

图 3.11　三自由度机械臂

3.6　试建立图 3.12 中 RPR 型平面机器人的连杆坐标系，标注所需连杆参数，并计算运动学方程。

3.7　试建立图 3.13 中的 RRP 型三连杆机器人的连杆坐标系，标注所需连杆参数，并计算运动学方程。

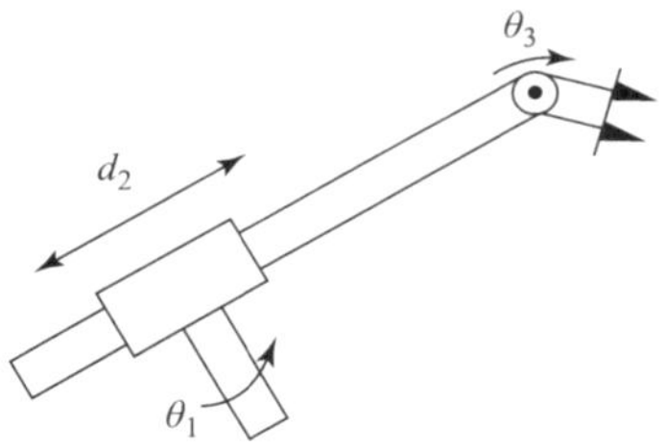

图 3.12　RPR 型平面机器人

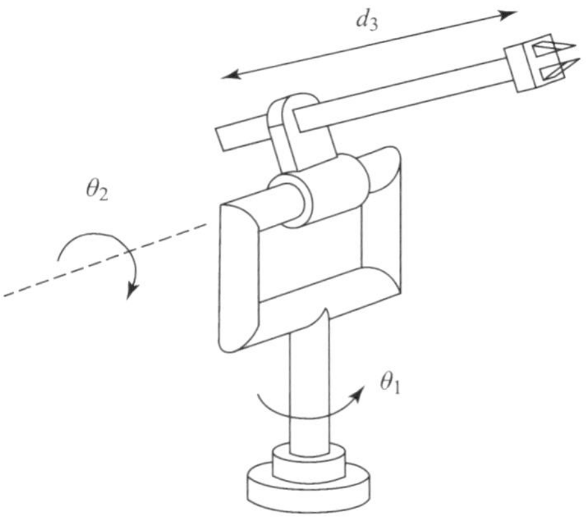

图 3.13　RRP 型三连杆机器人

3.8　试建立图 3.14 中 RPP 型三连杆机器人的连杆坐标系，标注所需连杆参数，并计算运动学方程。

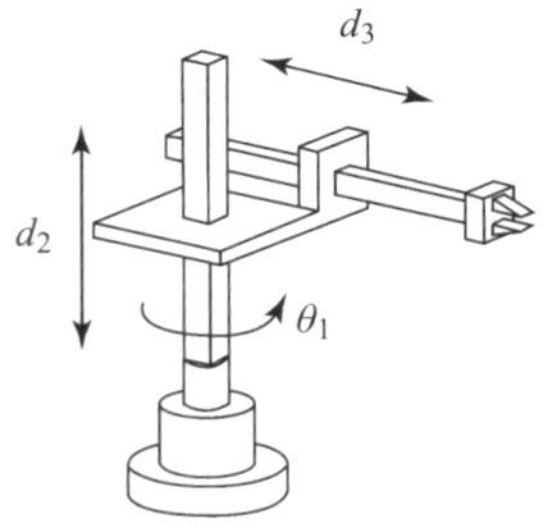

图 3.14　RPP 型三连杆机器人

第4章

机器人逆运动学

第4章　程序实例

机器人逆运动学是正运动学的逆过程，是在已知末端位姿矩阵的条件下求解满足条件的关节角的问题。逆运动学求解是对机器人进行轨迹规划、运动控制的基础，是机器人控制领域特别重要的问题。

4.1　逆运动学解的存在性与多重解

逆运动学是一个非线性问题，相比正运动学更加复杂，存在可解性、多解性等问题，并且非线性方程组没有通用的求解方法。例如，对于如图3.7所示的RS10N型工业机器人来说，其逆运动学问题可以具体描述为：已知${}^0_6\boldsymbol{T}$中16个元素的值，求解其6个关节变量θ_1 ~ θ_6。由于${}^0_6\boldsymbol{T}$中有4个元素为常量，根据式（3－19）可以得到12个方程。在这12个方程中，根据旋转矩阵得到的9个矩阵只有3个相互独立，加上根据位置矢量得到的3个方程，该逆运动学问题共可以得到6个相互独立的非线性超越方程。

4.1.1　解的存在性

解的存在性问题取决于机器人的工作空间。简单地说，工作空间是指机器人末端执行器所能达到的范围。只有目标位姿在工作空间内，逆运动学的解才存在。机器人的工作空间分为可达工作空间、灵活工作空间与次工作空间。可达工作空间是指机器人正常运行时，末端执行器坐标系的原点能在空间活动的最大范围。灵活工作空间是指在总工作空间内，末端执行器可以任意姿态达到的点。次工作空间是指总工作空间中去掉灵活工作空间所余下的部分所构成的工作空间。

当一个机器人少于6自由度时，它在三维空间内不能达到全部位姿。对于所有包含转动关节和移动关节的串联型6自由度机构，其逆运动学均是可解的。

4.1.2　多重解问题

除了解的存在性问题，求解逆运动学时容易遇到的另一个问题就是多解问题。例如对于一个具有3个旋转关节的平面机械臂来说，在具有合适的杆长和较大的关节运动范围时，它从任何方位均可到达工作空间内的任何位置，即它的逆运动学存在无数组解。

多解问题就要求在进行逆运动学求解时，需要根据一定的标准选择一组合适的解，常用的选解标准有“最短行程”“最小能量”等原则。“最短行程”解即为在关节的运动范围内选择一组使得各个关节角的变化量最小的解。根据“最短行程”原则选择运动学逆解时也存在多种选择方式，例如对各关节的变化量进行加权，使得选择的解尽量移动靠近末端执行器的小连杆。此外，对于具有多重解的机器人，尤其是具有冗余自由度的机器人来说，选择运动学逆解时也需要考虑避障问题。

4.2　三个相邻关节轴线交于一点的逆运动学求解

逆运动学没有通用的求解算法，通常将机器人的逆运动学解法分为数值解法和解析解法两类。数值解法是指通过迭代的方法对运动学方程进行求解，此种方法求解速度较慢，且不能保证求出全部的解。解析法是指通过代数或者几何的方法，得到关节角的数学表达式，本书主要讨论解析解法。解析法中几何法与代数法并不完全区别，几何法中可以引入代数描述，代数法可以通过几何性质来简化求解过程，二者仅是求解过程不同。

根据可解性的定义，研究表明，所有包含转动关节和移动关节的串联型 6 自由度机构均是可解的。但是这种解一般是数值解，对于 6 自由度机器人来说，只有在特殊情况下才有解析解：例如存在几个正交关节轴或者有多个 α_i 为 0°或 ±90°。一般计算数值解比计算解析解耗时，因此，在设计机械臂时重要的问题是使封闭解存在。

具有 6 个旋转关节的操作臂存在封闭解的充分条件是相邻的三个关节轴线相交于一点，下面对图 4.1 所示三个相邻关节轴线交于一点的逆运动学进行求解。

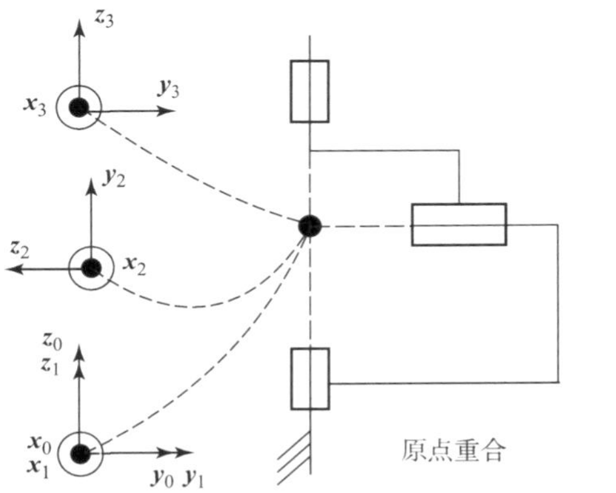

图 4.1　三个相邻关节轴线交于一点的连杆坐标系

给定末端位姿矩阵如下

$$
{}_3^0\boldsymbol{T}=\begin{bmatrix} r_{11} & r_{12} & r_{13} & 0 \\ r_{21} & r_{22} & r_{23} & 0 \\ r_{31} & r_{32} & r_{33} & 0 \\ 0 & 0 & 0 & 1 \end{bmatrix} \tag{4-1}
$$

根据第 3 章的正运动学可以求解出图 4.1 所示机构的正运动学表达式：

$$
{}_3^0\boldsymbol{T}=\begin{bmatrix} \mathrm{c}_1\mathrm{c}_2\mathrm{c}_3-\mathrm{s}_1\mathrm{s}_3 & -\mathrm{c}_1\mathrm{c}_2\mathrm{s}_3-\mathrm{s}_1\mathrm{c}_3 & -\mathrm{c}_1\mathrm{s}_2 & 0 \\ \mathrm{s}_1\mathrm{c}_2\mathrm{c}_3+\mathrm{c}_1\mathrm{s}_3 & -\mathrm{s}_1\mathrm{c}_2\mathrm{s}_3+\mathrm{c}_1\mathrm{c}_3 & -\mathrm{s}_1\mathrm{s}_2 & 0 \\ \mathrm{s}_2\mathrm{c}_3 & -\mathrm{s}_2\mathrm{s}_3 & \mathrm{c}_2 & 0 \\ 0 & 0 & 0 & 1 \end{bmatrix} \tag{4-2}
$$

令式（4－1）和式（4－2）相等，可以得到：

$$
\mathrm{c}_2=r_{33} \tag{4-3}
$$

解得

$$
\theta_2=\pm\arccos(r_{33}) \tag{4-4}
$$

当 $\theta_2\neq 0$ 时，可以解得：

$$\theta_1 = \operatorname{atan2}\left(-\frac{r_{23}}{s_2},\ -\frac{r_{13}}{s_2}\right) \tag{4-5}$$

$$\theta_3 = \operatorname{atan2}\left(-\frac{r_{32}}{s_2},\ \frac{r_{31}}{s_2}\right) \tag{4-6}$$

当 $\theta_2 = 0$ 时，${}_3^0\boldsymbol{T}$ 可以化作如下形式：

$$ {}_3^0\boldsymbol{T} = \begin{bmatrix} c_1c_3 - s_1s_3 & -c_1s_3 - s_1c_3 & 0 & 0 \\ s_1c_3 + c_1s_3 & -s_1s_3 + c_1c_3 & 0 & 0 \\ 0 & 0 & 1 & 0 \\ 0 & 0 & 0 & 1 \end{bmatrix} \tag{4-7}$$

即：

$$ {}_3^0\boldsymbol{T} = \begin{bmatrix} c_{13} & -s_{13} & 0 & 0 \\ s_{13} & c_{13} & 0 & 0 \\ 0 & 0 & 1 & 0 \\ 0 & 0 & 0 & 1 \end{bmatrix} \tag{4-8}$$

可以解得：

$$\theta_1 + \theta_3 = \operatorname{atan2}(r_{21},\ r_{11}) \tag{4-9}$$

同理当 $\theta_2 = \pi$ 时，可以解得：

$$\theta_1 - \theta_3 = \operatorname{atan2}(-r_{21},\ -r_{11}) \tag{4-10}$$

4.3 逆运动学的几何解法

下面以平面三连杆机器人为例来说明逆运动学的几何解法。针对如图 4.2 所示的一个平面三连杆机构，其逆运动学问题可以描述为：给定末端坐标系原点的位置坐标 x、y 和末端连杆的方位角 ϕ，计算满足条件的 3 个关节角 $\theta_1 \sim \theta_3$。图 4.2 中用实线和虚线画出了一个末端位姿对应的两组解。

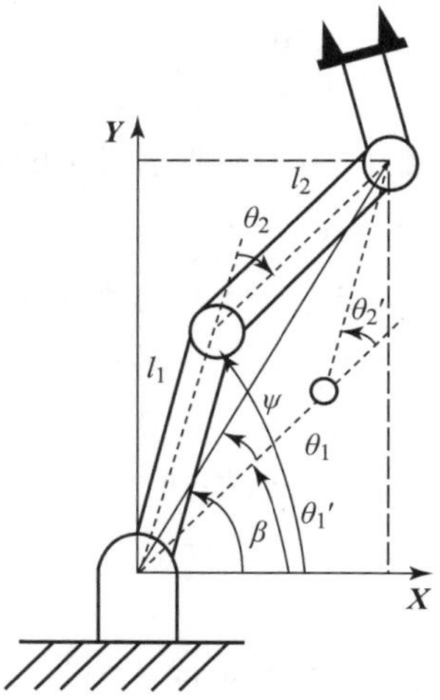

图 4.2　平面三连杆机构的几何参数

针对实线表示的一组解，根据余弦定理可以得到：

$$\cos(\theta_2+180^\circ)=\frac{x^2+y^2-(l_1^2+l_2^2)}{2l_1l_2} \tag{4-11}$$

式（4-11）中，l_1 和 l_2 分别表示连杆 1 和连杆 2 的长度。

则可以求解 θ_2：

$$c_2=-\frac{l_1^2+l_2^2-(x^2+y^2)}{2l_1l_2} \tag{4-12}$$

此种情况下解得的 θ_2 在 $0^\circ\sim-180^\circ$ 的范围内，虚线代表的解可以通过 $\theta_2'=\theta_2$ 得到。

求解 θ_1 需要先得到 β 和 ψ 的表达式：

$$\beta=\mathrm{atan2}(y,\ x) \tag{4-13}$$

$$\cos\psi=\frac{x^2+y^2+l_1^2-l_2^2}{2l_1\sqrt{x^2+y^2}} \tag{4-14}$$

则当 $\theta_2<0$ 时，对应图中实线解：

$$\theta_1=\beta+\psi \tag{4-15}$$

则当 $\theta_2>0$ 时，对应图中虚线解：

$$\theta_1=\beta-\psi \tag{4-16}$$

又因为该连杆机构始终位于平面内，角度可以直接相加，则三个连杆的转角之和即为末端连杆的姿态。

$$\theta_1+\theta_2+\theta_3=\phi \tag{4-17}$$

根据上式求解 θ_3 则可以完成该机械臂的逆运动学求解。

4.4 逆运动学的代数解法

针对如图 3.4 所示的机械臂，已知末端坐标系原点的位置坐标 x、y 和末端连杆的方位角 ϕ，则可以给定末端位姿矩阵如下：

$$ {}_3^0\boldsymbol{T}=\begin{bmatrix} c_\phi & -s_\phi & 0 & x\\ s_\phi & c_\phi & 0 & y\\ 0 & 0 & 1 & 0\\ 0 & 0 & 0 & 1 \end{bmatrix} \tag{4-18}$$

根据第 3 章的正运动学理论，求得正运动学方程：

$$ {}_3^0\boldsymbol{T}=\begin{bmatrix} c_{123} & -s_{123} & 0 & l_1c_1+l_2c_{12}\\ s_{123} & c_{123} & 0 & l_1s_1+l_2s_{12}\\ 0 & 0 & 1 & 0\\ 0 & 0 & 0 & 1 \end{bmatrix} \tag{4-19}$$

令式（4-18）和式（4-19）相等，可以得到 4 个非线性方程：

$$c_\phi=c_{123} \tag{4-20}$$

$$s_\phi=s_{123} \tag{4-21}$$

$$x=l_1c_1+l_2c_{12} \tag{4-22}$$

$$y = l_1 s_1 + l_2 s_{12} \tag{4-23}$$

将式（4－22）和式（4－23）平方相加得到：

$$x^2 + y^2 = l_1^2 + l_2^2 + 2 l_1 l_2 c_2 \tag{4-24}$$

则可以求解出

$$c_2 = \frac{x^2 + y^2 - (l_1^2 + l_2^2)}{2 l_1 l_2} \tag{4-25}$$

此时为了使 θ_2 有解需要保证 $|c_2| \leqslant 1$，如果不满足此约束条件，则说明此时目标点不在机械臂的工作空间内。如果满足约束条件，则：

$$s_2 = \pm \sqrt{1 - c_2^2} \tag{4-26}$$

可以解得：

$$\theta_2 = \mathrm{atan2}(s_2, c_2) \tag{4-27}$$

将式（4－22）和式（4－23）写成如下形式：

$$x = (l_1 + l_2 c_2) c_1 - (l_2 s_2) s_1 \tag{4-28}$$

$$y = (l_1 + l_2 c_2) s_1 + (l_2 s_2) c_1 \tag{4-29}$$

令：

$$k_1 = l_1 + l_2 c_2 \tag{4-30}$$

$$k_2 = l_2 s_2 \tag{4-31}$$

则式（4－28）和式（4－29）可以写作：

$$x = k_1 c_1 - k_2 s_1 \tag{4-32}$$

$$y = k_1 s_1 + k_2 c_1 \tag{4-33}$$

式（4－32）和式（4－33）可以看作一个二元一次方程组，则可以解出：

$$s_1 = \frac{k_1 y - k_2 x}{2 k_1^2} \tag{4-34}$$

$$c_1 = \frac{k_1 x + k_2 y}{k_1^2 + k_2^2} \tag{4-35}$$

根据式（4－34）和式（4－35）解得：

$$\theta_1 = \mathrm{atan2}(s_1, c_1) \tag{4-36}$$

最后，由式（4－20）和式（4－21）可得：

$$\theta_1 + \theta_2 + \theta_3 = \phi \tag{4-37}$$

此时 θ_1 和 θ_2 为已知量，根据式（4－37）则可以最终求解出 θ_3。需要注意的是，由于根据式（4－26）和式（4－27）求解 θ_2 时有两组解，所以此平面三连杆机械臂最终可以解出两组解。

4.5 典型机器人的逆运动学举例

例 4.1

针对例 3.2 中的 RPR 型三自由度机器人，求解其逆运动学。

设给定机器人末端位姿矩阵为：

$$
{}_3^0\boldsymbol{T}=\begin{bmatrix} r_{11} & r_{12} & r_{13} & p_x \\ r_{21} & r_{22} & r_{23} & p_y \\ r_{31} & r_{32} & r_{33} & 0 \\ 0 & 0 & 0 & 1 \end{bmatrix} \tag{4-38}
$$

令式（3－11）和式（4－38）相等，可以得到6个非线性方程：

$$r_{13}=s_1 \tag{4-39}$$

$$r_{23}=-c_1 \tag{4-40}$$

$$r_{31}=s_3 \tag{4-41}$$

$$r_{32}=c_3 \tag{4-42}$$

$$p_x=L_2s_1+d_2s_1 \tag{4-43}$$

$$p_y=-L_2c_1-d_2c_1 \tag{4-44}$$

根据式（4－39）～式（4－42）可以解得：

$$\theta_1=\operatorname{atan2}(r_{13},\ -r_{23}) \tag{4-45}$$

$$\theta_3=\operatorname{atan2}(r_{31},\ r_{32}) \tag{4-46}$$

根据式（4－43）和式（4－44）可以解得，

当 $c_1=0$ 时

$$d_2=\frac{p_x}{s_1}-L_2 \tag{4-47}$$

当 $s_1=0$ 时

$$d_2=-\frac{p_y}{c_1}-L_2 \tag{4-48}$$

例 4.2

对于例 3.3 中的 6 自由度工业机器人来说，其逆运动学在工作空间内一般存在 8 组解。以下对其逆运动学进行求解。

求解逆运动学时，给定末端位姿矩阵${}_7^0\boldsymbol{T}$，根据式（3－18）所给${}_7^6\boldsymbol{T}$，可以计算${}_6^0\boldsymbol{T}={}_7^0\boldsymbol{T}\,{}_7^6\boldsymbol{T}^{-1}$。令：

$$
{}_6^0\boldsymbol{T}=\begin{bmatrix} & {}_6^0\boldsymbol{R} & & \begin{matrix} P_x \\ P_y \\ P_z \end{matrix} \\ 0 & 0 & 0 & 1 \end{bmatrix} \tag{4-49}
$$

①求 θ_1。

通过式（3－29）～式（3－31）可得到：

$$P_x=P_5c_1s_{23}-P_2c_1-P_6c_1c_{23}+P_4c_1s_2 \tag{4-50}$$

$$P_y=P_5s_1s_{23}-P_2s_1-P_6s_1c_{23}+P_4s_1s_2 \tag{4-51}$$

$$P_z=P_1+P_5c_{23}+P_6s_{23}+P_4c_2 \tag{4-52}$$

令：

$$M=P_5s_{23}-P_2-P_6c_{23}+P_4s_2 \tag{4-53}$$

$$N=P_5c_{23}+P_6s_{23}+P_4c_2 \tag{4-54}$$

因此，有：

$$P_x = c_1 M \tag{4-55}$$

$$P_y = s_1 M \tag{4-56}$$

$$P_z = N + P_1 \tag{4-57}$$

由式（4-50）和式（4-51）得：

$$\theta_1 = \text{atan2}(P_y,\ P_x) \tag{4-58}$$

或

$$\theta_1 = \text{atan2}(-P_y,\ -P_x) \tag{4-59}$$

②求 θ_3。

由式（4-53）~式（4-55）得：

$$M = \frac{P_x}{c_1} \tag{4-60}$$

$$M + P_2 = P_5 s_{23} - P_6 c_{23} + P_4 s_2 \tag{4-61}$$

$$(M + P_2)^2 + N^2 = P_4^2 + P_5^2 + P_6^2 + 2P_4P_6 s_3 + 2P_4P_5 c_3 \tag{4-62}$$

将式（4-62）改写为如下形式：

$$\frac{(M + P_2)^2 + N^2 - P_4^2 - P_5^2 - P_6^2}{2P_4} = P_6 s_3 + P_5 c_3 \tag{4-63}$$

令：

$$\rho = \sqrt{P_5^2 + P_6^2} \tag{4-64}$$

$$\lambda = \frac{(M + P_2)^2 + N^2 - P_4^2 - P_5^2 - P_6^2}{2P_4} \tag{4-65}$$

则式（4-63）可以化为：

$$\frac{P_5}{\rho} c_3 + \frac{P_6}{\rho} s_3 = \frac{\lambda}{\rho} \tag{4-66}$$

令：

$$\sin\beta = \frac{P_5}{\rho} \tag{4-67}$$

$$\cos\beta = \frac{P_6}{\rho} \tag{4-68}$$

则式（4-66）可以化为：

$$\sin(\beta + \theta_3) = \frac{\lambda}{\rho} \tag{4-69}$$

则可以解得：

$$\theta_3 = \arctan\left(\frac{\lambda}{\rho},\ \pm\sqrt{1 - \frac{\lambda^2}{\rho^2}}\right) - \beta \tag{4-70}$$

③求 θ_2。

令：

$$s_2 P + c_2 Q = K \tag{4-71}$$

$$c_2 P - s_2 Q = N \tag{4-72}$$

其中：

$$P = P_5 c_3 + P_6 s_3 + P_4 \tag{4-73}$$

$$Q = P_5 s_3 - P_6 c_3 \tag{4-74}$$

$$K = M + P_2 \tag{4-75}$$

整理得：

$$s_2 = \frac{KP - NQ}{P^2 + Q^2} \tag{4-76}$$

$$c_2 = \frac{KQ + NP}{P^2 + Q^2} \tag{4-77}$$

因此可得：

$$\theta_2 = \arctan(s_2, \ c_2) \tag{4-78}$$

④求 θ_5。

由机械臂关节位姿矩阵推导可知：

$$ {}^3_6\boldsymbol{R} = {}^3_4\boldsymbol{R}\ {}^4_5\boldsymbol{R}\ {}^5_6\boldsymbol{R} = \begin{bmatrix} c_4c_5c_6 - s_4s_6 & -s_4c_6 - c_4c_5s_6 & c_4s_5 \\ s_5c_6 & -s_5s_6 & -c_5 \\ c_4s_6 + s_4c_5c_6 & c_4c_6 - s_5c_5s_6 & s_4s_5 \end{bmatrix} \tag{4-79}$$

由于前文已经求解出 $\theta_1 \sim \theta_3$，根据式（3－12）～式（3－14）可以求解出${}^1_3\boldsymbol{R}$，则根据${}^3_6\boldsymbol{R} = {}^0_3\boldsymbol{R}^{-1}\,{}^0_6\boldsymbol{R}$ 可以求解出${}^3_6\boldsymbol{R}$ 的数值。令：

$$ {}^3_6\boldsymbol{R} = \begin{bmatrix} r_{11} & r_{12} & r_{13} \\ r_{21} & r_{22} & r_{23} \\ r_{31} & r_{32} & r_{22} \end{bmatrix} \tag{4-80}$$

由式（4－79）和式（4－80）得：

$$c_5 = -r_{23} \tag{4-81}$$

$$s_5 = \pm\sqrt{1 - r_{23}^2} \tag{4-82}$$

由式（4－81）和式（4－82）得，

$$\theta_5 = \arctan\left(\pm\sqrt{1 - r_{23}^2}, \ -r_{23}\right) \tag{4-83}$$

下面分两种情况讨论 θ_4 和 θ_6 的解法。

当 $\theta_5 \neq 0°$时：

⑤求 θ_4。

由式（4－79）和式（4－80）得：

$$c_4 = \frac{r_{13}}{s_5} \tag{4-84}$$

$$s_4 = \frac{r_{33}}{s_5} \tag{4-85}$$

因此可得：

$$\theta_4 = \arctan(s_4, \ c_4) \tag{4-86}$$

⑥求 θ_6。

由式（4－79）和式（4－80）得：

$$c_6 = \frac{r_{21}}{s_5} \tag{4-87}$$

$$s_6 = -\frac{r_{22}}{s_5} \tag{4-88}$$

因此可得：

$$\theta_6 = \arctan(s_6,\ c_6) \tag{4-89}$$

当 $\theta_5 = 0°$时，$s_5 = 0$，$c_5 = 1$，式（4－79）可以化为：

$$ {}^3_6\boldsymbol{R} = \begin{bmatrix} c_{46} & -s_{46} & 0 \\ 0 & 0 & -1 \\ s_{46} & c_{46} & 0 \end{bmatrix} \tag{4-90}$$

此时只能求出 θ_4 和 θ_6 的和，这种情况可以先任意选取 θ_4，再根据和角确定 θ_6 的值。在实际应用中，通常选择 θ_4 的值与当前值保持不变。

至此完成了 RS10N 型 6 自由度工业机器人逆运动学的完整求解。

依照上述内容，采用美国 MathWorks 公司出品的 Matlab 软件，编写了 RS10N 型 6 自由度工业机器人逆运动学的完整求解实例，利用此程序可以依据工业机器人末端位姿求解各关节角度。具体程序见附录－第 4 章。

4.6 逆运动学对机器人的设计约束

根据 4.1 节的内容可以知道，对于 6 自由度机器人来说，当存在几个正交关节轴或者有多个 α_i 为 0°或 90°，可能得到解析解。所以当设计 6 自由度机械臂时，通常会有 3 根相交轴，并尽量使 α_i 为 0°或 90°。

此外，为了使机械臂有更大的灵巧工作空间，通常将机械臂的末端连杆设计得短一些。

习　题

4.1　机器人的工作空间分为哪几种？如何定义？

4.2　6 自由度的机器人在何种条件下可能存在解析解？

4.3　试分析解析解和数值解各自的优点与局限性。

4.4　对于存在多重解的逆运动学问题，有哪些典型的选解标准？

4.5　图 4.3 所示为一个具有旋转关节的两连杆平面操作臂，对于这个操作臂，第二连杆长度为第一个连杆长度的一半，即$l_1 = 2l_2$。关节的运动范围（单位为角度）为 $0° < \theta_1 < 180°$，$-90° < \theta_2 < 180°$。试画出第二个连杆端部近似可达工作空间的简图。

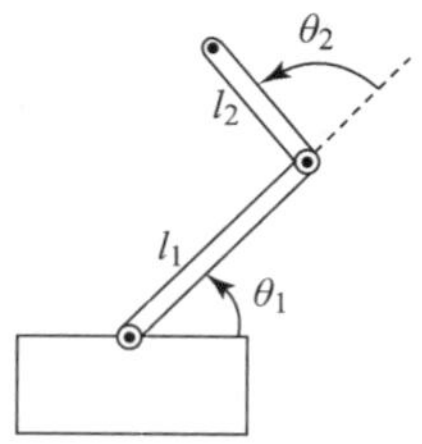

图 4.3　两连杆平面操作臂

4.6　试对图 3.13 所示的 RRP 操作臂进行逆运动学求解。

4.7　试对图 3.14 所示的 RPP 操作臂进行逆运动学求解。

第 5 章

速度与雅可比矩阵

第 5 章　程序实例

由机器人的逆运动学可知，在机器人的末端位置到机器人的关节位置的映射十分复杂，尤其是对于自由度多的机器人，有时可能没有解析解。而雅可比矩阵（Jacobian Matrix）可以实现末端速度和关节速度之间的映射。使用雅可比矩阵可以实现机器人末端静力与关节力矩之间的映射，同时也可以对冗余自由度机器人进行轨迹优化。

5.1　速度与角速度

如图 5.1 所示，P 为坐标系 $\{B\}$ 上一点，其在坐标系 $\{B\}$ 的位置为 ${}^{B}\boldsymbol{P}$，P 相对于坐标系 $\{B\}$ 运动，坐标系 $\{B\}$ 相对于坐标系 $\{A\}$ 运动，坐标系 $\{B\}$ 相对于坐标系 $\{A\}$ 的姿态为 ${}^{A}_{B}\boldsymbol{R}$，坐标系 $\{B\}$ 的原点在坐标系 $\{A\}$ 中的位置为 ${}^{A}\boldsymbol{O}_B$。由机器人的数学基础可知，P 点在坐标系 $\{A\}$ 下的坐标为

$$
{}^{A}\boldsymbol{P} = {}^{A}\boldsymbol{O}_B + {}^{A}_{B}\boldsymbol{R}{}^{B}\boldsymbol{P} \tag{5-1}
$$

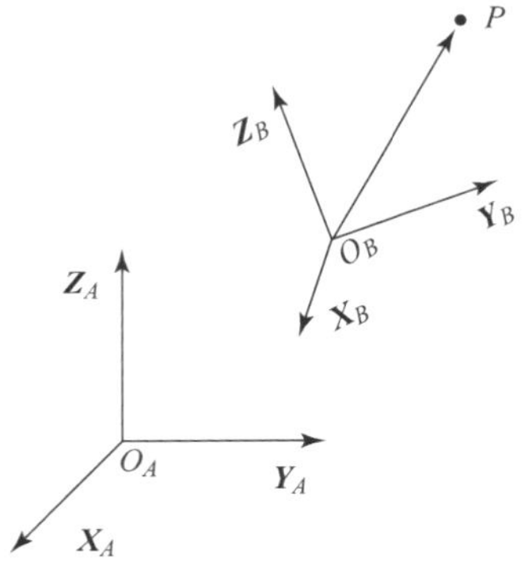

图 5.1　坐标系 $\{B\}$ 及其上一点 P 相对于坐标系 $\{A\}$ 运动

通过速度的定义可知，P 点相对于坐标系 $\{A\}$ 的速度为式（5－1）的微分。

$$
{}^{A}\boldsymbol{V}_P = \frac{\mathrm{d}{}^{A}\boldsymbol{O}_B}{\mathrm{d}t} + \frac{\mathrm{d}({}^{A}_{B}\boldsymbol{R}{}^{B}\boldsymbol{P})}{\mathrm{d}t} = {}^{A}\boldsymbol{V}_{BO} + {}^{A}_{B}\boldsymbol{R}{}^{B}\boldsymbol{V}_P + {}^{A}_{B}\dot{\boldsymbol{R}}{}^{B}\boldsymbol{P} \tag{5-2}
$$

式（5－2）为坐标系 $\{B\}$ 中某点速度的普遍表示，其中 ${}^{A}\boldsymbol{V}_{BO}$ 为坐标系 $\{B\}$ 原点相对于坐标系 $\{A\}$ 的速度，${}^{A}_{B}\boldsymbol{R}{}^{B}V_P$ 为 P 点相对于坐标系 $\{B\}$ 的运动速度在坐标系 $\{A\}$ 下的表示，${}^{A}_{B}\dot{\boldsymbol{R}}{}^{B}\boldsymbol{P}$ 为坐标系 $\{B\}$ 相对于坐标系 $\{A\}$ 的角速度产生的 P 点的速度。

定义　当坐标系 $\{B\}$ 相对于坐标系 $\{A\}$ 的姿态不变时，坐标系 $\{B\}$ 上固连刚体的

任意点的速度称为线速度。此时${}^A_B\dot{\boldsymbol{R}}=0_{3\times3}$，坐标系｛$B$｝上固连刚体相对于坐标系｛$A$｝的速度简化为

$$ {}^A\boldsymbol{V}_P={}^A\boldsymbol{V}_{BO}+{}^A_B\boldsymbol{R}{}^B\boldsymbol{V}_P \tag{5-3}$$

定义 当坐标系｛B｝与坐标系｛A｝的原点重合，且坐标系｛B｝原点相对于坐标系｛A｝线速度为0，坐标系｛B｝上的刚体相对于坐标系｛B｝固连无相对运动，坐标系｛B｝相对于坐标系｛A｝旋转，规定角速度用矢量${}^A\boldsymbol{\Omega}_B$表示，其中旋转速度为$|{}^A\boldsymbol{\Omega}_B|$，旋转轴对应的单位矢量为$\dfrac{{}^A\boldsymbol{\Omega}_B}{|{}^A\boldsymbol{\Omega}_B|}$。此时求坐标系｛$B$｝上固连刚体上一点$P$相对于坐标系｛$A$｝的速度有两种方法：一种是矩阵法，另一种是矢量法。

①由坐标系旋转引起的速度的矩阵解法：

$$ {}^A\boldsymbol{V}_P={}^A_B\dot{\boldsymbol{R}}{}^B\boldsymbol{P} \tag{5-4}$$

$$ {}^A\dot{\boldsymbol{P}}_B=\lim_{\Delta t\to 0}\frac{{}^AP_B(t+\Delta t)-{}^AP_B(t)}{\Delta t} \tag{5-5}$$

当坐标系｛B｝与坐标系｛A｝的原点重合，坐标系｛B｝相对于坐标系｛A｝绕坐标系｛A｝中表示的单位矢量$\boldsymbol{r}=[r_x\quad r_y\quad r_z]^{\mathrm{T}}$旋转$\Delta\theta$，由公式（2-41）可得

$$ {}^A_B\boldsymbol{R}(t+\Delta t)=$$
$$\begin{bmatrix} r_x^2(1-\cos\Delta\theta)+\cos\Delta\theta & r_xr_y(1-\cos\Delta\theta)-r_z\sin\Delta\theta & r_xr_z(1-\cos\Delta\theta)+r_y\sin\Delta\theta \\ r_xr_y(1-\cos\Delta\theta)+r_z\sin\Delta\theta & r_y^2(1-\cos\Delta\theta)+\cos\Delta\theta & r_yr_z(1-\cos\Delta\theta)-r_x\sin\Delta\theta \\ r_xr_z(1-\cos\Delta\theta)-r_y\sin\Delta\theta & r_yr_z(1-\cos\Delta\theta)+r_x\sin\Delta\theta & r_z^2(1-\cos\Delta\theta)+\cos\Delta\theta \end{bmatrix}{}^A\boldsymbol{P}_B(t) \tag{5-6}$$

当$\Delta\theta$趋近于0时，$\lim\limits_{\Delta\theta\to 0}\cos\Delta\theta=1$，$\lim\limits_{\Delta\theta\to 0}\sin\Delta\theta=\Delta\theta$，式（5-6）可以简化为

$$ {}^A_B\boldsymbol{R}(t+\Delta t)=\begin{bmatrix} 1 & -r_z\Delta\theta & r_y\Delta\theta \\ r_z\Delta\theta & 1 & -r_x\Delta\theta \\ -r_y\Delta\theta & r_x\Delta\theta & 1 \end{bmatrix}{}^A_B\boldsymbol{R}(t) \tag{5-7}$$

将式（5-7）代入式（5-5），可得

$$ \begin{aligned} {}^A_B\dot{\boldsymbol{R}} &= \lim_{\Delta t\to 0}\frac{\left(\begin{bmatrix} 1 & -r_z\Delta\theta & r_y\Delta\theta \\ r_z\Delta\theta & 1 & -r_x\Delta\theta \\ -r_y\Delta\theta & r_x\Delta\theta & 1 \end{bmatrix}-I_{3\times3}\right){}^A_B\boldsymbol{R}(t)}{\Delta t} \\ &= \lim_{\Delta t\to 0}\frac{\begin{bmatrix} 0 & -r_z\Delta\theta & r_y\Delta\theta \\ r_z\Delta\theta & 0 & -r_x\Delta\theta \\ -r_y\Delta\theta & r_x\Delta\theta & 0 \end{bmatrix}{}^A_B\boldsymbol{R}(t)}{\Delta t} \end{aligned} \tag{5-8}$$

对式（5-8）取极限可得

$$ {}^A_B\dot{\boldsymbol{R}}=\begin{bmatrix} 0 & -r_z\dot{\theta} & r_y\dot{\theta} \\ r_z\dot{\theta} & 0 & -r_x\dot{\theta} \\ -r_y\dot{\theta} & r_x\dot{\theta} & 0 \end{bmatrix}{}^A_BR(t) \tag{5-9}$$

记 $\boldsymbol{r}=\dfrac{{}^{A}\boldsymbol{\Omega}_B}{|{}^{A}\boldsymbol{\Omega}_B|}$，$\dot{\theta}=|{}^{A}\boldsymbol{\Omega}_B|$，则可以得到

$$ {}^{A}\boldsymbol{\Omega}_B=\begin{bmatrix}\Omega_x\\ \Omega_y\\ \Omega_z\end{bmatrix}=\begin{bmatrix}r_x\\ r_y\\ r_z\end{bmatrix}\dot{\theta}=\boldsymbol{r}\dot{\theta} \tag{5-10}$$

将（5－10）代入式（5－9）则可得到

$$ {}_{B}^{A}\dot{\boldsymbol{R}}=\begin{bmatrix}0 & -\Omega_z & \Omega_y\\ \Omega_z & 0 & -\Omega_x\\ -\Omega_y & \Omega_x & 0\end{bmatrix}{}_{B}^{A}\boldsymbol{R}(t) \tag{5-11}$$

整理（5－11），可得到

$$ {}_{B}^{A}\dot{\boldsymbol{R}}{}_{B}^{A}\boldsymbol{R}^{-1}=\begin{bmatrix}0 & -\Omega_z & \Omega_y\\ \Omega_z & 0 & -\Omega_x\\ -\Omega_y & \Omega_x & 0\end{bmatrix} \tag{5-12}$$

将式（5－11）代入（5－4），可得到

$$ {}^{A}\boldsymbol{V}_P={}_{B}^{A}\dot{\boldsymbol{R}}{}^{B}\boldsymbol{P}=\begin{bmatrix}0 & -\Omega_z & \Omega_y\\ \Omega_z & 0 & -\Omega_x\\ -\Omega_y & \Omega_x & 0\end{bmatrix}{}_{B}^{A}\boldsymbol{R}{}^{B}\boldsymbol{P} \tag{5-13}$$

令

$$ {}^{A}\tilde{\boldsymbol{\Omega}}=\begin{bmatrix}0 & -\Omega_z & \Omega_y\\ \Omega_z & 0 & -\Omega_x\\ -\Omega_y & \Omega_x & 0\end{bmatrix} \tag{5-14}$$

将式（5－14）代入式（5－13）可得

$$ {}^{A}\boldsymbol{V}_P={}^{A}\tilde{\boldsymbol{\Omega}}{}_{B}^{A}\boldsymbol{R}{}^{B}\boldsymbol{P} \tag{5-15}$$

由 ${}^{A}\boldsymbol{P}={}_{B}^{A}\boldsymbol{R}{}^{B}\boldsymbol{P}$，代入式（5－15），可以得到

$$ {}^{A}\boldsymbol{V}_P={}^{A}\tilde{\boldsymbol{\Omega}}{}^{A}\boldsymbol{P} \tag{5-16}$$

②由坐标系旋转引起的速度的矢量解法：

如图 5.2 所示，坐标系 $\{B\}$ 与坐标系 $\{A\}$ 的原点重合，坐标系 $\{B\}$ 相对于坐标系 $\{A\}$ 绕矢量 ${}^{A}\boldsymbol{\Omega}_B$ 旋转，旋转速度为 $|{}^{A}\boldsymbol{\Omega}_B|$，旋转轴对应的单位矢量为 $\dfrac{{}^{A}\Omega_B}{|{}^{A}\Omega_B|}$。$P$ 为坐标系 $\{B\}$ 上固连的一点，当 $\Delta t\to 0$ 时，$\Delta\boldsymbol{P}$ 在方向上垂直于矢量 $\boldsymbol{P}$ 和 ${}^{A}\boldsymbol{\Omega}_B$，数值上

$$ \Delta\boldsymbol{P}=(|{}^{A}\boldsymbol{\Omega}_B|\Delta t)({}^{A}\boldsymbol{P}\sin\alpha) \tag{5-17}$$

将式（5－17）两边都除以 Δt，可得到

$$ {}^{A}\boldsymbol{V}_P=|{}^{A}\boldsymbol{\Omega}_B|{}^{A}\boldsymbol{P}\sin\alpha \tag{5-18}$$

则根据矢量的定义，可以将式（5－18）写为矢量积的形式

$$ {}^{A}\boldsymbol{V}_P={}^{A}\boldsymbol{\Omega}_B\times{}^{A}\boldsymbol{P} \tag{5-19}$$

P 点在坐标系 $\{B\}$ 下的表示为

$$ {}^{B}\boldsymbol{P}={}_{B}^{A}\boldsymbol{R}{}^{A}\boldsymbol{P} \tag{5-20}$$

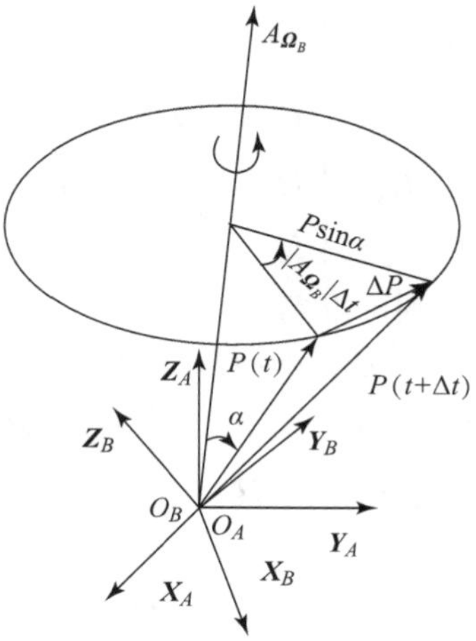

图 5.2　角速度与线速度的关系

将式（5－20）代入式（5－19）可得到

$$ {}^A\boldsymbol{V}_P = {}^A\boldsymbol{\Omega}_B \times ({}^A_B\boldsymbol{R}\,{}^B\boldsymbol{P}) \tag{5-21}$$

对比式（5－16）和式（5－20），可知

$$ {}^A\boldsymbol{V}_P = {}^A\boldsymbol{\Omega}_B \times {}^A\boldsymbol{P} = \tilde{\boldsymbol{\Omega}}\,{}^A\boldsymbol{P} \tag{5-22}$$

通过计算很容易证明对于任意矢量 $\boldsymbol{P}$

$$\tilde{\boldsymbol{\Omega}}\boldsymbol{P} = \boldsymbol{\Omega} \times \boldsymbol{P} \tag{5-23}$$

公式（5－23）可以将矢量积运算转换为矩阵运算，从而利用矩阵的特性简化运算。

由前述讨论可知，坐标系｛B｝在坐标系｛A｝下的旋转矩阵为${}^A_B\boldsymbol{R}$，刚体的旋转在坐标系｛B｝下的角速度为${}^B\boldsymbol{\omega}$，根据角速度的定义，则刚体在坐标系｛A｝下的角速度

$$ {}^A\boldsymbol{\omega} = {}^A_B\boldsymbol{R}\,{}^B\boldsymbol{\omega} \tag{5-24}$$

5.2　角速度的特性

通过式（5－7），可以计算得到坐标系绕自身的三个轴线做微小旋转后相对于坐标系的姿态矩阵。

绕坐标系的 $\boldsymbol{X}$ 轴旋转，旋转角度为 $\Delta\alpha$

$$\boldsymbol{R}(\boldsymbol{X},\ \Delta\alpha) = \begin{bmatrix} 1 & 0 & 0 \\ 0 & 1 & -\Delta\alpha \\ 0 & \Delta\alpha & 1 \end{bmatrix} \tag{5-25}$$

绕坐标系的 $\boldsymbol{Y}$ 轴旋转，旋转速度为 $\Delta\beta$

$$\boldsymbol{R}(\boldsymbol{Y},\ \Delta\beta) = \begin{bmatrix} 1 & 0 & \Delta\beta \\ 0 & 1 & 0 \\ -\Delta\beta & 0 & 1 \end{bmatrix} \tag{5-26}$$

绕坐标系的 $\boldsymbol{Z}$ 轴旋转，旋转速度为 $\Delta\gamma$

$$\boldsymbol{R}(Z,\ \Delta\gamma)=\begin{bmatrix}1 & -\Delta\gamma & 0\\ \Delta\gamma & 1 & 0\\ 0 & 0 & 1\end{bmatrix} \tag{5-27}$$

坐标系 $\{A\}$ 与坐标系 $\{B\}$ 初始位置重合，坐标系 $\{B\}$ 绕坐标系 $\{A\}$ 的 $\boldsymbol{X}$ 轴旋转 $\Delta\alpha$，再绕坐标系 $\{A\}$ 的 $\boldsymbol{Y}$ 轴旋转 $\Delta\beta$，最后绕坐标系 $\{A\}$ 的 $\boldsymbol{Z}$ 轴旋转 $\Delta\gamma$，此时坐标系 $\{B\}$ 在坐标系 $\{A\}$ 下的表示为

$$\begin{aligned}{}^{A}_{B}\boldsymbol{R} &= \boldsymbol{R}(z,\ \Delta\gamma)\boldsymbol{R}(y,\ \Delta\beta)\boldsymbol{R}(z,\ \Delta\alpha)\\ &=\begin{bmatrix}1 & \Delta\alpha\Delta\beta-\Delta\gamma & \Delta\beta+\Delta\alpha\Delta\gamma\\ \Delta\gamma & \Delta\alpha\Delta\beta\Delta\gamma+1 & \Delta\beta\Delta\gamma-\Delta\alpha\\ -\Delta\beta & \Delta\alpha & 1\end{bmatrix}\end{aligned} \tag{5-28}$$

当 $\Delta\alpha$、$\Delta\beta$、$\Delta\gamma$ 趋近于无穷小时，其任意两项或者三项的乘积相对于其自身为高阶无穷小，因此式（5-28）可以化简为

$${}^{A}_{B}\boldsymbol{R}=\begin{bmatrix}1 & -\Delta\gamma & \Delta\beta\\ \Delta\gamma & 1 & -\Delta\alpha\\ -\Delta\beta & \Delta\alpha & 1\end{bmatrix} \tag{5-29}$$

同理，交换坐标系 $\{B\}$ 绕坐标系 $\{A\}$ 的坐标轴的旋转顺序，可以得到

$${}^{A}_{B}\boldsymbol{R}\begin{aligned}&=\boldsymbol{R}(Z,\ \Delta\gamma)\boldsymbol{R}(Y,\ \Delta\beta)\boldsymbol{R}(X,\ \Delta\alpha)\\ &=\boldsymbol{R}(Z,\ \Delta\gamma)\boldsymbol{R}(X,\ \Delta\alpha)\boldsymbol{R}(Y,\ \Delta\beta)\\ &=\boldsymbol{R}(X,\ \Delta\alpha)\boldsymbol{R}(Y,\ \Delta\beta)\boldsymbol{R}(Z,\ \Delta\gamma)\\ &= \qquad\vdots\end{aligned}=\begin{bmatrix}1 & -\Delta\gamma & \Delta\beta\\ \Delta\gamma & 1 & -\Delta\alpha\\ -\Delta\beta & \Delta\alpha & 1\end{bmatrix} \tag{5-30}$$

由式（5-30）可知，当转动角度趋于无穷小时，机器人旋转矩阵相乘具有可交换性。

令 $\lim\limits_{\Delta t\to 0}\dfrac{\Delta\alpha}{\Delta t}=\dot{\alpha}$，$\lim\limits_{\Delta t\to 0}\dfrac{\Delta\beta}{\Delta t}=\dot{\beta}$，$\lim\limits_{\Delta t\to 0}\dfrac{\Delta\gamma}{\Delta t}=\dot{\gamma}$，对式（5-30）求导，可得到

$${}^{A}_{B}\dot{\boldsymbol{R}}=\begin{bmatrix}1 & -\Omega_z & \Omega_y\\ \Omega_z & 1 & -\Omega_x\\ -\Omega_y & \Omega_x & 1\end{bmatrix}-\boldsymbol{I}_{3\times 3}=\begin{bmatrix}0 & -\Omega_z & \Omega_y\\ \Omega_z & 0 & -\Omega_x\\ -\Omega_y & \Omega_x & 0\end{bmatrix} \tag{5-31}$$

由式（5-16）、式（5-30）和式（5-31）可知，对任意单位矢量 $\boldsymbol{r}=[r_x \quad r_y \quad r_z]^{\mathrm{T}}$，定义角速度

$$\omega=\begin{bmatrix}r_x\\ r_y\\ r_z\end{bmatrix}\dot{\theta}=\begin{bmatrix}\dot{\alpha}\\ \dot{\beta}\\ \dot{\gamma}\end{bmatrix} \tag{5-32}$$

对绕任意矢量 $\boldsymbol{r}$，以速度 $\dot{\boldsymbol{\theta}}$ 旋转，与分别绕 $\boldsymbol{x}$ 轴旋转速度 $\dot{\boldsymbol{\alpha}}$，绕 $\boldsymbol{y}$ 轴旋转速度 $\dot{\boldsymbol{\beta}}$，绕 $\boldsymbol{z}$ 轴旋转速度 $\dot{\boldsymbol{\gamma}}$ 任意组合等效。由此可知，速度具有可加性的特点，即当某一坐标系绕着各个坐标轴均有旋转速度，则角速度为绕各个轴旋转速度的矢量和。

5.3 机器人连杆间速度的传递

由于串联型机器人是链式结构，机器人每个连杆的运动均与其相邻的连杆有关，基于链

式结构的特点，可以由机器人从基坐标系依次向后计算各个连杆的速度。

对于转动关节，由于角速度有可加性，关节 $i+1$ 的角速度等于关节 i 的角速度加上关节 $i+1$ 自身的角速度。由正运动学可知，关节的旋转方向只能是绕 $\boldsymbol{Z}$ 轴旋转，因为两个相邻关节间角速度关系为

$$^{i}\boldsymbol{\omega}_{i+1}={}^{i}\boldsymbol{\omega}_{i}+\dot{\theta}_{i+1}{}^{i}_{i+1}\boldsymbol{R}^{i+1}\boldsymbol{Z}_{i+1} \tag{5-33}$$

其中

$$^{i+1}\boldsymbol{Z}_{i+1}=\begin{bmatrix}0\\0\\1\end{bmatrix} \tag{5-34}$$

对于转动关节，因为两个相邻关节间线速度关系为

$$^{i}\boldsymbol{v}_{i+1}={}^{i}\boldsymbol{v}_{i}+{}^{i}\boldsymbol{\omega}_{i}\times{}^{i}\boldsymbol{O}_{i+1} \tag{5-35}$$

其中，$^{i}\boldsymbol{O}_{i+1}$为坐标系 $\{i+1\}$ 的原点在坐标系 $\{i\}$ 中的位置。

对于关节 $i+1$ 为移动关节的情况，可得到相应的关系

$$\begin{cases}^{i}\boldsymbol{\omega}_{i+1}={}^{i}\boldsymbol{\omega}_{i}\\ ^{i}\boldsymbol{v}_{i+1}={}^{i}\boldsymbol{v}_{i}+{}^{i}\boldsymbol{\omega}_{i}\times{}^{i}\boldsymbol{O}_{i+1}+{}^{i}_{i+1}\boldsymbol{R}(\dot{d}^{i+1}\boldsymbol{Z}_{i+1})\end{cases} \tag{5-36}$$

由式（5－33）、式（5－35）和式（5－36）得到相邻关节间速度传递的关系，但是式（5－33）、式（5－35）和式（5－36）的表达方式递推困难，因此在上式等式的左右两边各乘以$^{i+1}\boldsymbol{R}_{i}$，得到

关节 $\{i+1\}$ 为旋转关节时，两个关节的速度关系

$$\begin{cases}^{i+1}\boldsymbol{\omega}_{i+1}={}^{i+1}\boldsymbol{R}_{i}^{i}\boldsymbol{\omega}_{i}+\dot{\theta}_{i+1}{}^{i+1}\boldsymbol{Z}_{i+1}\\ ^{i+1}\boldsymbol{v}_{i+1}={}^{i+1}\boldsymbol{R}_{i}({}^{i}\boldsymbol{v}_{i}+{}^{i}\boldsymbol{\omega}_{i}\times{}^{i}\boldsymbol{O}_{i+1})\end{cases} \tag{5-37}$$

关节 $\{i+1\}$ 为移动关节时，两个关节的速度关系

$$\begin{cases}^{i+1}\boldsymbol{\omega}_{i+1}={}^{i+1}\boldsymbol{R}_{i}^{i}\boldsymbol{\omega}_{i}\\ ^{i+1}\boldsymbol{v}_{i+1}={}^{i+1}\boldsymbol{R}_{i}({}^{i}\boldsymbol{v}_{i}+{}^{i}\boldsymbol{\omega}_{i}\times{}^{i}\boldsymbol{O}_{i+1})+\dot{d}^{i+1}\boldsymbol{Z}_{i+1}\end{cases} \tag{5-38}$$

由公式（5－37）和公式（5－38），可以实现从一个连杆到下一个连杆的速度传递，最终计算出机器人末端的线速度和角速度。

5.4 雅可比矩阵的求解

机器人的雅可比矩阵 $\boldsymbol{J}$ 是指从机器人的关节空间速度向机器人末端笛卡尔空间速度的映射，即

$$\boldsymbol{V}=\boldsymbol{J}\dot{\boldsymbol{\theta}} \tag{5-39}$$

其中 $\boldsymbol{V}$ 为机器人末端笛卡尔空间的速度矢量，$\boldsymbol{V}$ 是 6×1 的矢量，包含机器人末端笛卡尔空间的线速度矢量和角速度矢量

$$\boldsymbol{V}=\begin{bmatrix}\boldsymbol{v}\\ \boldsymbol{\omega}\end{bmatrix} \tag{5-40}$$

实际上，机器人的雅可比矩阵 $\boldsymbol{J}$ 也可以实现机器人关节空间力矩与机器人末端笛卡尔空间的力/力矩映射，具体见 5.6 节。

5.4.1　基于连杆间速度传递的雅可比矩阵求解算法

由公式（5－37）和公式（5－38），可以计算出机器人末端的线速度和角速度与机器人关节角速度之间的数学关系，通过整理可以得到式（5－39）的形式，从而得到雅可比矩阵。但是该方法不能到雅可比矩阵的显式形式，还需要整理，使用不是很方便。

5.4.2　基于矢量积的雅可比矩阵求解算法

机器人的每个关节运动都会对机器人的末端运动速度产生影响，因此通过计算关节速度与末端速度的关系，便可以写出雅可比矩阵。

对于转动关节 i，其转动在机器人末端产生的角速度为

$$\boldsymbol{\omega}_i = \boldsymbol{Z}_i \dot{\theta}_i \tag{5-41}$$

其中 $\boldsymbol{Z}_i$ 为机器人坐标系 $\{i\}$ 的 $\boldsymbol{Z}$ 轴。

关节 i 转动导致机器人末端产生的线速度为

$$\boldsymbol{v} = (\boldsymbol{Z}_i \times {}^i\boldsymbol{P}_n)\dot{\theta}_i \tag{5-42}$$

其中 ${}^i\boldsymbol{P}_n$ 为机器人末端坐标系原点在坐标系 $\{i\}$ 中的位置。

则此时雅可比矩阵的第 i 列为

$$\boldsymbol{J}_i = \begin{bmatrix} \boldsymbol{Z}_i \times {}^i\boldsymbol{P} \\ \boldsymbol{Z}_i \end{bmatrix} \tag{5-43}$$

对于移动关节 i，其移动在机器人末端产生的角速度为

$$\omega = 0 \tag{5-44}$$

关节 i 移动在机器人产生的线速度为

$$\boldsymbol{v} = \boldsymbol{Z}_i \dot{d}_i \tag{5-45}$$

则此时雅可比矩阵的第 i 列为

$$\boldsymbol{J}_i = \begin{bmatrix} \boldsymbol{Z}_i \\ 0 \end{bmatrix} \tag{5-46}$$

根据式（5－43）和式（5－46），便可以直接写出雅可比矩阵的各列。而 ${}^i\boldsymbol{P}_n$ 的计算十分复杂，导致该方法计算雅可比矩阵也比较复杂。

5.4.3　基于全微分的雅可比矩阵求解算法

由机器人的正运动学可以得到机器人末端相对于机器人基坐标系的位置

$${}^0\boldsymbol{P}_n = f(\theta_1,\ \theta_2,\ \cdots,\ \theta_n) \tag{5-47}$$

将式（5－47）展开

$${}^0\boldsymbol{P}_n = \begin{bmatrix} P_x \\ P_y \\ P_z \end{bmatrix} = \begin{bmatrix} f_x(\theta_1,\ \theta_2,\ \cdots,\ \theta_n) \\ f_y(\theta_1,\ \theta_2,\ \cdots,\ \theta_n) \\ f_z(\theta_1,\ \theta_2,\ \cdots,\ \theta_n) \end{bmatrix} \tag{5-48}$$

根据雅可比矩阵的定义可知，对 ${}^0\boldsymbol{P}_n$ 求全微分，便可以计算出机器人线速度与机器人关节角间的映射。

$$\begin{aligned}\delta P_x&=\frac{\delta f_x}{\delta\theta_1}\delta\theta_1+\frac{\delta f_x}{\delta\theta_2}\delta\theta_2+\cdots+\frac{\delta f_x}{\delta\theta_n}\delta\theta_n\\ \delta P_y&=\frac{\delta f_y}{\delta\theta_1}\delta\theta_1+\frac{\delta f_y}{\delta\theta_2}\delta\theta_2+\cdots+\frac{\delta f_y}{\delta\theta_n}\delta\theta_n\\ \delta P_z&=\frac{\delta f_z}{\delta\theta_1}\delta\theta_1+\frac{\delta f_z}{\delta\theta_2}\delta\theta_2+\cdots+\frac{\delta f_z}{\delta\theta_n}\delta\theta_n\end{aligned}\tag{5-49}$$

整理式（5－49），可得

$$\begin{bmatrix}\delta P_x\\ \delta P_y\\ \delta P_z\end{bmatrix}=\begin{bmatrix}\dfrac{\delta f_x}{\delta\theta_1}&\dfrac{\delta f_x}{\delta\theta_2}&\cdots&\dfrac{\delta f_x}{\delta\theta_n}\\ \dfrac{\delta f_y}{\delta\theta_1}&\dfrac{\delta f_y}{\delta\theta_2}&\cdots&\dfrac{\delta f_y}{\delta\theta_n}\\ \dfrac{\delta f_z}{\delta\theta_1}&\dfrac{\delta f_z}{\delta\theta_2}&\cdots&\dfrac{\delta f_z}{\delta\theta_n}\end{bmatrix}\begin{bmatrix}\delta\theta_1\\ \delta\theta_2\\ \vdots\\ \delta\theta_n\end{bmatrix}\tag{5-50}$$

对式（5－50）两侧同时除以 Δt，可得到

$$\begin{bmatrix}v_x\\ v_y\\ v_z\end{bmatrix}=\begin{bmatrix}\dfrac{\delta f_x}{\delta\theta_1}&\dfrac{\delta f_x}{\delta\theta_2}&\cdots&\dfrac{\delta f_x}{\delta\theta_n}\\ \dfrac{\delta f_y}{\delta\theta_1}&\dfrac{\delta f_y}{\delta\theta_2}&\cdots&\dfrac{\delta f_y}{\delta\theta_n}\\ \dfrac{\delta f_z}{\delta\theta_1}&\dfrac{\delta f_z}{\delta\theta_2}&\cdots&\dfrac{\delta f_z}{\delta\theta_n}\end{bmatrix}\begin{bmatrix}\dot\theta_1\\ \dot\theta_2\\ \vdots\\ \dot\theta_n\end{bmatrix}\tag{5-51}$$

由式（5－51），可得到雅可比矩阵的线速度相关前三行矩阵元素，该方法只需对末端在基坐标系下的位置求全微分即可，算法简单。

5.5 雅可比矩阵的特性

5.5.1 雅可比矩阵在不同参考坐标系下的变换

雅可比矩阵是指从机器人的关节空间速度向机器人末端笛卡尔空间速度的映射。而机器人末端笛卡尔空间速度在不同的坐标系下有不同的表示，因此机器人雅可比矩阵在不同坐标系下会不同。

坐标系｛B｝在坐标系｛A｝下的旋转矩阵为${}^A_B\boldsymbol{R}$，机器人末端速度在坐标系｛B｝下的速度为

$${}^B\boldsymbol{V}=\begin{bmatrix}{}^B\boldsymbol{v}\\ {}^B\boldsymbol{\omega}\end{bmatrix}={}^B\boldsymbol{J}\dot{\boldsymbol{\theta}}\tag{5-52}$$

则机器人末端速度在坐标系｛A｝下的线速度为${}^A\boldsymbol{v}={}^A_B\boldsymbol{R}{}^B\boldsymbol{v}$，角速度为${}^A\boldsymbol{\omega}={}^A_B\boldsymbol{R}{}^B\boldsymbol{\omega}$。

$${}^A\boldsymbol{V}=\begin{bmatrix}{}^A\boldsymbol{v}\\ {}^A\boldsymbol{\omega}\end{bmatrix}=\begin{bmatrix}{}^A_B\boldsymbol{R}&0\\ 0&{}^A_B\boldsymbol{R}\end{bmatrix}\begin{bmatrix}{}^B\boldsymbol{v}\\ {}^B\boldsymbol{\omega}\end{bmatrix}\tag{5-53}$$

将式（5-52）代入式（5-53），可得到

$$^{A}\boldsymbol{V}=\begin{bmatrix} {}^{A}_{B}\boldsymbol{R} & 0 \\ 0 & {}^{A}_{B}\boldsymbol{R} \end{bmatrix} {}^{B}\boldsymbol{J}\dot{\boldsymbol{\theta}} \tag{5-54}$$

在坐标系 $\{A\}$ 中雅可比矩阵 $^{A}\boldsymbol{J}$ 为

$$^{A}\boldsymbol{J}=\begin{bmatrix} {}^{A}_{B}\boldsymbol{R} & 0 \\ 0 & {}^{A}_{B}\boldsymbol{R} \end{bmatrix} {}^{B}\boldsymbol{J} \tag{5-55}$$

由式（5-55）可得到雅可比矩阵在不同参考坐标系下的变换。

例 5.1

对于两自由度平面机器人，写出其基坐标下的雅可比矩阵和末端坐标系下的雅可比矩阵。

根据图 5.3 所示，机器人的末端坐标系在基坐标系下的齐次矩阵为

$$^{0}\boldsymbol{T}_{3}=\begin{bmatrix} c_{12} & -s_{12} & 0 & l_1 c_1 + l_2 c_{12} \\ s_{12} & c_{12} & 0 & l_1 s_1 + l_2 s_{12} \\ 0 & 0 & 1 & 0 \\ 0 & 0 & 0 & 1 \end{bmatrix} \tag{5-56}$$

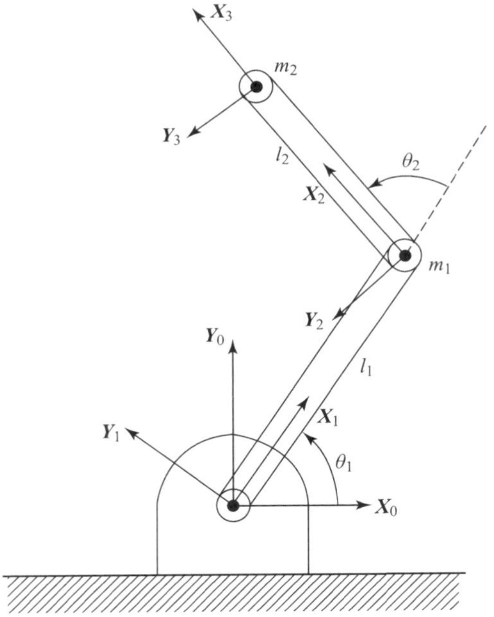

图 5.3　两自由度平面机器人坐标系

由式（5-56）可知

$$\begin{aligned} P_x &= l_1 c_1 + l_2 c_{12} \\ P_y &= l_1 s_1 + l_2 s_{12} \end{aligned} \tag{5-57}$$

采用基于全微分的雅可比矩阵求解算法，可以计算得到该两自由度机器人在基坐标下的雅可比矩阵。

$$
{}^{0}\boldsymbol{J}=\begin{bmatrix}\dfrac{\partial P_x}{\partial\theta_1} & \dfrac{\partial P_x}{\partial\theta_2}\\ \dfrac{\partial P_y}{\partial\theta_1} & \dfrac{\partial P_y}{\partial\theta_2}\end{bmatrix}=\begin{bmatrix}-l_1 s_1-l_2 s_{12} & -l_2 s_{12}\\ l_1 c_1+l_2 c_{12} & l_2 c_{12}\end{bmatrix} \tag{5-58}
$$

由式（5－56）可知，末端坐标系在基坐标系下的姿态矩阵为

$$
{}_{3}^{0}\boldsymbol{R}=\begin{bmatrix}c_{12} & -s_{12}\\ s_{12} & c_{12}\end{bmatrix} \tag{5-59}
$$

则基坐标系在末端坐标系下的姿态矩阵为

$$
{}_{0}^{3}\boldsymbol{R}=\begin{bmatrix}c_{12} & s_{12}\\ -s_{12} & c_{12}\end{bmatrix} \tag{5-60}
$$

由式（5－55）可得两自由度机器人在末端坐标下的雅可比矩阵

$$
{}^{3}\boldsymbol{J}={}_{0}^{3}\boldsymbol{R}\,{}^{0}\boldsymbol{J}=\begin{bmatrix}c_{12} & s_{12}\\ -s_{12} & c_{12}\end{bmatrix}\begin{bmatrix}-l_1 s_1-l_2 s_{12} & -l_2 s_{12}\\ l_1 c_1+l_2 c_{12} & l_2 c_{12}\end{bmatrix}=\begin{bmatrix}l_2 s_2 & 0\\ l_1 c_2+l_2 & l_2\end{bmatrix} \tag{5-61}
$$

例 5.2

参考图 5.4，求 RS10N 型工业机器人在基坐标系下的雅可比矩阵。

由第 3 章运动学中可知，RS10N 型工业机器人末端坐标系原点在基坐标下的位置为

$$
\begin{cases}P_x=-P_2 c_1+P_4 c_1 s_2+P_5 c_1 s_{23}-P_6 c_1 c_{23}-P_7[(s_1 s_4-c_1 s_{23} c_4)s_5+c_1 c_{23} c_5]\\ P_y=-P_2 s_1+P_4 s_1 s_2+P_5 s_1 s_{23}-P_6 s_1 c_{23}-P_7[-(c_1 s_4+s_1 s_{23} c_4)s_5+s_1 c_{23} c_5]\\ P_z=P_1+P_4 c_2+P_5 c_{23}+P_6 s_{23}+P_7(s_{23} c_5+c_{23} c_4 s_5)\end{cases} \tag{5-62}
$$

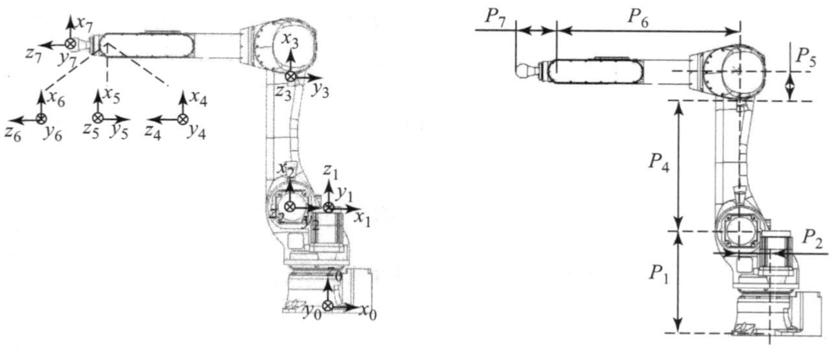

图 5.4 RS10N 型工业机器人连杆坐标系

由式（5－62）可知，雅可比矩阵的前 3 行为

$$^0\boldsymbol{J}_{(1\sim3)\times6}=\begin{bmatrix}\dfrac{\partial P_x}{\partial\theta_1} & \dfrac{\partial P_x}{\partial\theta_2} & \dfrac{\partial P_x}{\partial\theta_3} & \dfrac{\partial P_x}{\partial\theta_4} & \dfrac{\partial P_x}{\partial\theta_5} & \dfrac{\partial P_x}{\partial\theta_6}\\ \dfrac{\partial P_y}{\partial\theta_1} & \dfrac{\partial P_y}{\partial\theta_2} & \dfrac{\partial P_y}{\partial\theta_3} & \dfrac{\partial P_y}{\partial\theta_4} & \dfrac{\partial P_y}{\partial\theta_5} & \dfrac{\partial P_y}{\partial\theta_6}\\ \dfrac{\partial P_z}{\partial\theta_1} & \dfrac{\partial P_z}{\partial\theta_2} & \dfrac{\partial P_z}{\partial\theta_3} & \dfrac{\partial P_z}{\partial\theta_4} & \dfrac{\partial P_z}{\partial\theta_5} & \dfrac{\partial P_z}{\partial\theta_6}\end{bmatrix} \tag{5-63}$$

$$^0\boldsymbol{J}_{11}=\frac{\partial P_x}{\partial\theta_1}=P_2\mathrm{s}_1-P_4\mathrm{s}_1\mathrm{s}_2-P_5\mathrm{s}_1\mathrm{s}_{23}+P_6\mathrm{s}_1\mathrm{c}_{23}-P_7[(-\mathrm{c}_1\mathrm{s}_4+\mathrm{s}_1\mathrm{s}_{23}\mathrm{c}_4)\mathrm{s}_5-\mathrm{s}_1\mathrm{c}_{23}\mathrm{c}_5] \tag{5-64}$$

$$^0\boldsymbol{J}_{12}=\frac{\partial P_x}{\partial\theta_2}=P_4\mathrm{c}_1\mathrm{c}_2+P_5\mathrm{c}_1\mathrm{c}_{23}+P_6\mathrm{c}_1\mathrm{s}_{23}-P_7(-\mathrm{c}_1\mathrm{c}_{23}\mathrm{c}_4\mathrm{s}_5-\mathrm{c}_1\mathrm{s}_{23}\mathrm{c}_5) \tag{5-65}$$

$$^0\boldsymbol{J}_{13}=\frac{\partial P_x}{\partial\theta_3}=P_5\mathrm{c}_1\mathrm{c}_{23}+P_6\mathrm{c}_1\mathrm{s}_{23}-P_7(-\mathrm{c}_1\mathrm{c}_{23}\mathrm{c}_4\mathrm{s}_5-\mathrm{c}_1\mathrm{s}_{23}\mathrm{c}_5) \tag{5-66}$$

$$^0\boldsymbol{J}_{14}=\frac{\partial P_x}{\partial\theta_4}=-P_7(\mathrm{s}_1\mathrm{c}_4+\mathrm{c}_1\mathrm{s}_{23}\mathrm{s}_4)\mathrm{s}_5 \tag{5-67}$$

$$^0\boldsymbol{J}_{15}=\frac{\partial P_x}{\partial\theta_5}=-P_7\ [(\mathrm{s}_1\mathrm{s}_4-\mathrm{c}_1\mathrm{s}_{23}\mathrm{c}_4)\mathrm{c}_5-\mathrm{c}_1\mathrm{c}_{23}\mathrm{s}_5] \tag{5-68}$$

$$^0\boldsymbol{J}_{16}=\frac{\partial P_x}{\partial\theta_6}=0 \tag{5-69}$$

$$^0\boldsymbol{J}_{21}=\frac{\partial P_y}{\partial\theta_1}=-P_2\mathrm{c}_1+P_4\mathrm{c}_1s_2+P_5\mathrm{c}_1\mathrm{s}_{23}-P_6\mathrm{c}_1\mathrm{c}_{23}-P_7\ [-(-\mathrm{s}_1\mathrm{s}_4+\mathrm{c}_1\mathrm{s}_{23}\mathrm{c}_4)\mathrm{s}_5+\mathrm{c}_1\mathrm{c}_{23}\mathrm{c}_5] \tag{5-70}$$

$$^0\boldsymbol{J}_{22}=\frac{\partial P_y}{\partial\theta_2}=P_4\mathrm{s}_1\mathrm{c}_2+P_5\mathrm{s}_1\mathrm{c}_{23}+P_6\mathrm{s}_1\mathrm{s}_{23}-P_7(-\mathrm{s}_1\mathrm{c}_{23}\mathrm{c}_4\mathrm{s}_5-\mathrm{s}_1\mathrm{s}_{23}\mathrm{c}_5)$$

$$^0\boldsymbol{J}_{23}=\frac{\partial P_y}{\partial\theta_3}=P_5\mathrm{s}_1\mathrm{c}_{23}+P_6\mathrm{s}_1\mathrm{s}_{23}+P_7(\mathrm{s}_1\mathrm{c}_{23}\mathrm{c}_4\mathrm{s}_5+\mathrm{s}_1\mathrm{s}_{23}\mathrm{c}_5) \tag{5-72}$$

$$^0\boldsymbol{J}_{24}=\frac{\partial P_y}{\partial\theta_4}=P_7(\mathrm{c}_1\mathrm{c}_4-\mathrm{s}_1\mathrm{s}_{23}\mathrm{s}_4)\mathrm{s}_5 \tag{5-73}$$

$$^0\boldsymbol{J}_{25}=\frac{\partial P_y}{\partial\theta_5}=-P_7\ [-(\mathrm{c}_1\mathrm{s}_4+\mathrm{s}_1\mathrm{s}_{23}\mathrm{c}_4)\mathrm{c}_5-\mathrm{s}_1\mathrm{c}_{23}\mathrm{s}_5] \tag{5-74}$$

$$^0\boldsymbol{J}_{26}=\frac{\partial P_y}{\partial\theta_6}=0 \tag{5-75}$$

$$^0\boldsymbol{J}_{31}=\frac{\partial P_z}{\partial\theta_1}=0 \tag{5-76}$$

$$^0\boldsymbol{J}_{32}=\frac{\partial P_z}{\partial\theta_2}=-P_4\mathrm{s}_2-P_5\mathrm{s}_{23}+P_6\mathrm{c}_{23}+P_7(\mathrm{c}_{23}\mathrm{c}_5-\mathrm{s}_{23}\mathrm{c}_4\mathrm{s}_5) \tag{5-77}$$

$$^0\boldsymbol{J}_{33}=\frac{\partial P_z}{\partial\theta_3}=-P_5\mathrm{s}_{23}+P_6\mathrm{c}_{23}+P_7(\mathrm{c}_{23}\mathrm{c}_5-\mathrm{s}_{23}\mathrm{c}_4\mathrm{s}_5) \tag{5-78}$$

$$^0\boldsymbol{J}_{34}=\frac{\partial P_z}{\partial\theta_4}=-P_7\mathrm{c}_{23}\mathrm{s}_4\mathrm{s}_5 \tag{5-79}$$

$$ {}^0J_{35}=\frac{\partial P_z}{\partial \theta_5}=P_7(-s_{23}s_5+c_{23}c_4c_5) \tag{5-80}$$

$$ {}^0J_{36}=\frac{\partial P_z}{\partial \theta_6}=0 \tag{5-81}$$

其中，${}^0J_{ij}$代表雅可比矩阵的第 i 行，第 j 列元素。

由${}^0_1\boldsymbol{R}$、${}^1_2\boldsymbol{R}$、${}^2_3\boldsymbol{R}$、${}^3_4\boldsymbol{R}$、${}^4_5\boldsymbol{R}$、${}^5_6\boldsymbol{R}$，可以计算出机器人各关节坐标系在基坐标系下的姿态矩阵：

$$\begin{cases} {}^0_1\boldsymbol{R}={}^0_1\boldsymbol{R} \\ {}^0_2\boldsymbol{R}={}^0_1\boldsymbol{R}\ {}^1_2\boldsymbol{R} \\ {}^0_3R={}^0_2\boldsymbol{R}\ {}^2_3\boldsymbol{R} \\ {}^0_4\boldsymbol{R}={}^0_3\boldsymbol{R}\ {}^3_4\boldsymbol{R} \\ {}^0_5\boldsymbol{R}={}^0_4\boldsymbol{R}\ {}^4_5\boldsymbol{R} \\ {}^0_6\boldsymbol{R}={}^0_5\boldsymbol{R}\ {}^5_6\boldsymbol{R} \end{cases} \tag{5-82}$$

由式（5-82），可得

$$ {}^0\boldsymbol{Z}_1=\begin{bmatrix}0\\0\\1\end{bmatrix} \tag{5-83}$$

$$ {}^0\boldsymbol{Z}_2=\begin{bmatrix}-s_1\\c_1\\0\end{bmatrix} \tag{5-84}$$

$$ {}^0\boldsymbol{Z}_3=\begin{bmatrix}-s_1\\c_1\\0\end{bmatrix} \tag{5-85}$$

$$ {}^0\boldsymbol{Z}_4=\begin{bmatrix}-c_1c_{23}\\-s_1c_{23}\\s_{23}\end{bmatrix} \tag{5-86}$$

$$ {}^0\boldsymbol{Z}_5=\begin{bmatrix}-s_1c_4-c_1s_{23}s_4\\c_1c_4-s_1s_{23}s_4\\-c_{23}s_4\end{bmatrix} \tag{5-87}$$

$$ {}^0\boldsymbol{Z}_6=\begin{bmatrix}-s_5(s_1s_4-c_1s_{23}c_4)-c_1c_{23}c_5\\s_5(c_1s_4+s_1s_{23}c_4)-s_1c_{23}c_5\\s_{23}c_5+c_{23}c_4s_5\end{bmatrix} \tag{5-88}$$

雅可比矩阵的第 4 到 6 行为

$$ {}^0\boldsymbol{J}_{(4\sim6)\times6}=[{}^0\boldsymbol{Z}_1\quad {}^0\boldsymbol{Z}_2\quad {}^0\boldsymbol{Z}_3\quad {}^0\boldsymbol{Z}_4\quad {}^0\boldsymbol{Z}_5\quad {}^0\boldsymbol{Z}_6] \tag{5-89}$$

结合式（5-63）和式（5-89）可以得到 RS10N 型机器人在基坐标系下的雅可比矩阵：

$$
{}^{7}\boldsymbol{J}=\begin{bmatrix} {}^{7}_{0}\boldsymbol{R} & 0 \\ 0 & {}^{7}_{0}\boldsymbol{R} \end{bmatrix} {}^{0}\boldsymbol{J} \tag{5-90}
$$

依据式（5-90），可以计算得到 RS10N 型机器人在末端坐标系下的雅可比矩阵。采用美国 MathWorks 公司出品的 Matlab 软件，给出了 RS10N 型 6 自由度工业机器人在末端坐标系下的雅可比矩阵。具体程序见附录-第 5 章。

5.5.2 运动学的奇异

根据机器人雅可比矩阵的定义，由雅可比矩阵可以得到机器人的关节空间速度向机器人末端笛卡尔空间速度的映射。对 6 自由度机器人，由式（5-39）可以得

$$
\dot{\theta}=\boldsymbol{J}^{-1}\boldsymbol{V} \tag{5-91}
$$

由式（5-91），已知机器人末端速度 $\boldsymbol{V}$ 情况下，由雅可比矩阵的逆可以计算出机器人关节的速度。然而雅可比矩阵不是在机器人所有的工作空间内都有逆矩阵。

6 自由度机器人的雅可比矩阵为方阵，机械臂的位形是不断变化的，而机器人的雅可比矩阵是机器人关节变量的函数，因此在机器人的某些位置会发生雅可比矩阵降秩的情况，此时雅可比矩阵的秩会小于6，即机械臂发生运动学“奇异”。雅可比矩阵奇异的位置称为机器人的奇异位形或者称为奇异状态。

当机器人处于奇异位置时，机器人会失去一个或者多个自由度。此时机器人末端在某个方向上，无论以多大的速度运动，机器人末端在这个方向都不能产生运动。

机器人雅可比矩阵的奇异位置通常出现下面两种情况：

（1）机器人工作空间的边界。

（2）机器人两个或者两个以上的关节轴线共线。

例 5.3

如图 5.3 所示，当机器人两个连杆 $l_1=l_2$，机器人末端沿基坐标系 $\boldsymbol{X}$ 轴从基坐标系原点以速度 $\boldsymbol{v}$ 移动到 $2l_1$ 的位置，求机器人的关节速度。

计算两自由度机器人在坐标系 {0} 中的雅可比矩阵的逆：

$$
{}^{0}\boldsymbol{J}^{-1}=\frac{1}{l_1 l_2 s_2}\begin{bmatrix} l_2 c_{12} & l_2 s_{12} \\ -l_1 c_1 - l_2 c_{12} & -l_1 s_1 - l_2 s_{12} \end{bmatrix} \tag{5-92}
$$

机器人的关节速度为：

$$
\begin{bmatrix} \dot{\theta}_1 \\ \dot{\theta}_2 \end{bmatrix} = {}^{0}\boldsymbol{J}^{-1}\begin{bmatrix} v \\ 0 \end{bmatrix} = \begin{bmatrix} \dfrac{l_2 c_{12}}{l_1 l_2 s_2} v \\ \dfrac{-l_1 c_1 - l_2 c_{12}}{l_1 l_2 s_2} v \end{bmatrix} \tag{5-93}
$$

当 θ_2 为 0°和 180°时，机器人的雅可比矩阵奇异，机器人的两个关节速度均趋近于无穷大。当 $l_1=l_2=1$ m、$v=1$ m/s 时。机器人的关节运动速度如图 5.5 所示。

当机器人在奇异位形附近时，机器人末端即使在某方向运动的速度不大，其关节速度也可能很大，因此，机器人要尽量避免在奇异位形及其附近工作。

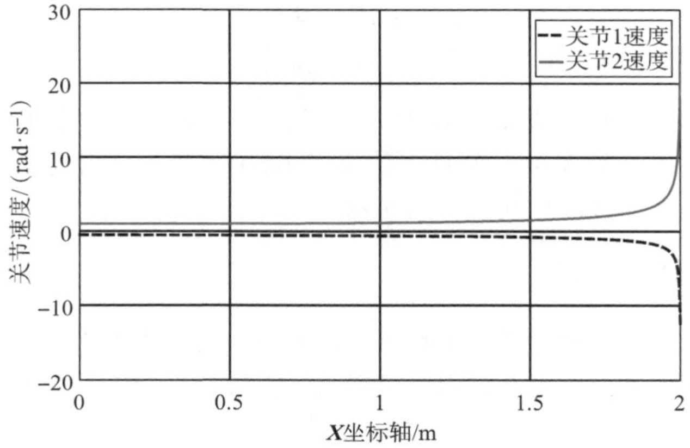

图 5.5　两自由度平面机器人的关节速度在 X 轴位置关系图

5.6　力域中的雅可比

在机器人静止状态下，不考虑机器人运动产生的力。根据虚功原理，在机器人末端施加一个力 $\boldsymbol{F}=[\boldsymbol{f}^{\mathrm{T}}\quad \boldsymbol{T}^{\mathrm{T}}]^{\mathrm{T}}$ 推动机器人末端移动一个无穷小的位移$\partial \boldsymbol{x}$ 所做的功，等于机器人各个关节的力矩 $\boldsymbol{\tau}=[\tau_1\quad \cdots\quad \tau_n]^{\mathrm{T}}$ 驱动机器人各个关节运动相应的关节转动 $\partial\boldsymbol{\theta}=[\partial\boldsymbol{\theta}_1\quad \cdots\quad \partial\boldsymbol{\theta}_n]^{\mathrm{T}}$。其中 $\boldsymbol{f}$ 为机器人末端的三个力矢量，$\boldsymbol{T}$ 为机器人末端的三个力矩矢量。n 为机器人的自由度数。

由虚功原理可知

$$\boldsymbol{F}^{\mathrm{T}}\partial\boldsymbol{x}=\boldsymbol{\tau}^{\mathrm{T}}\partial\boldsymbol{\theta} \tag{5-94}$$

根据雅可比矩阵的定义

$$\partial\boldsymbol{x}=\boldsymbol{J}\partial\boldsymbol{\theta} \tag{5-95}$$

将式（5-95）代入式（5-94），可得到

$$\boldsymbol{F}^{\mathrm{T}}\boldsymbol{J}\partial\boldsymbol{\theta}=\boldsymbol{\tau}^{\mathrm{T}}\partial\boldsymbol{\theta} \tag{5-96}$$

整理式（5-96），可得

$$\boldsymbol{\tau}=\boldsymbol{J}^{\mathrm{T}}\boldsymbol{F} \tag{5-97}$$

式（5-97）是机器人末端力与关节力矩之间的映射关系。

例 5.4

如图 5.6 所示，两自由度平面机器人在末端施加一个力，该力在其末端坐标系｛3｝下的表示为 ${}^{3}\boldsymbol{F}$，不考虑重力，求此时机器人由于外力 ${}^{3}\boldsymbol{F}$ 导致的关节力矩。

由式（5-61）可知该机器人在末端坐标系｛3｝下的雅可比矩阵 ${}^{3}\boldsymbol{J}$，由式（5-97）可知

$$\boldsymbol{\tau}={}^{3}\boldsymbol{J}^{\mathrm{T}3}\boldsymbol{F}=\begin{bmatrix} l_2\mathrm{s}_2 & l_1\mathrm{c}_2+l_2 \\ 0 & l_2 \end{bmatrix}{}^{3}\boldsymbol{F} \tag{5-98}$$

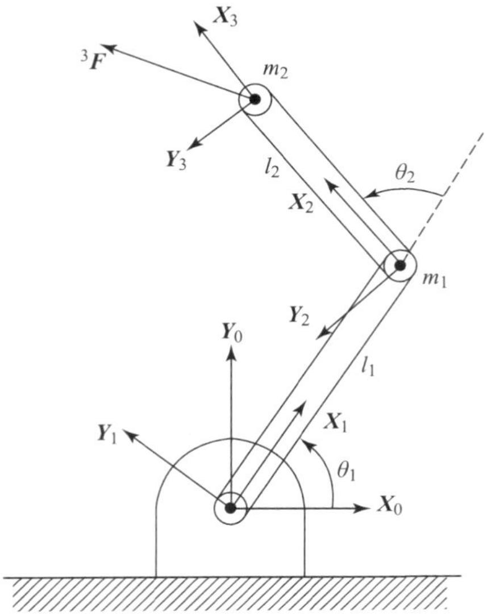

图 5.6　两自由度平面机器人及其坐标系

由式（5－98）得到

$$\begin{bmatrix} \tau_1 \\ \tau_2 \end{bmatrix} = \begin{bmatrix} l_2 s_2 & l_1 c_2 + l_2 \\ 0 & l_2 \end{bmatrix} \begin{bmatrix} {}^3F_x \\ {}^3F_y \end{bmatrix} \tag{5-99}$$

习　　题

5.1　在图 5.7 所示的 3 自由度机器人末端 P 点，建立机器人坐标系，求出在基坐标系下笛卡尔空间速度与关节空间速度的映射，并写出此时的雅可比矩阵。

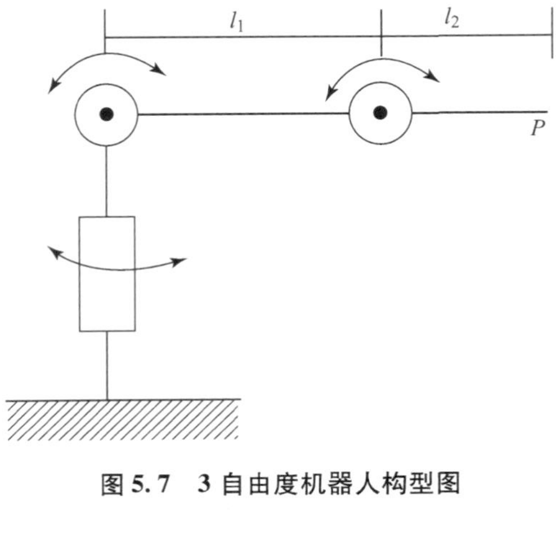

图 5.7　3 自由度机器人构型图

5.2 在图5.8所示3自由度机器人末端 P 点，建立机器人坐标系，写出在基坐标系下笛卡尔空间速度与关节空间速度的映射和雅可比矩阵。

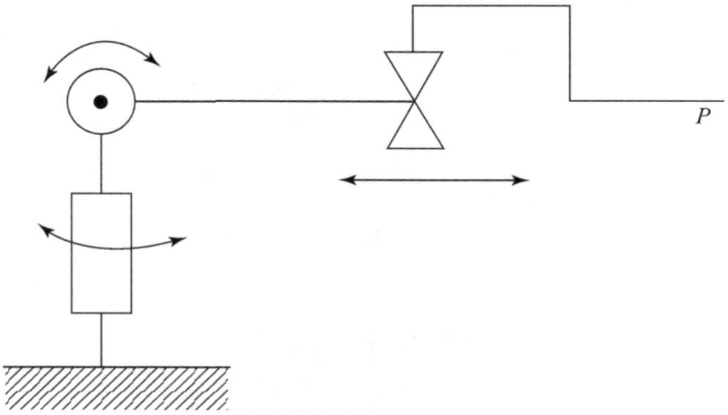

图5.8 3自由度机器人构型图

第 6 章

轨迹规划

第 6 章　程序实例

机器人轨迹是指机器人在运动过程中的位移、速度和加速度，确定了机器人的轨迹便能确定机器人的运动状态。轨迹规划是指根据作业任务的要求，计算出机器人实现预期动作的运动轨迹，这在机器人的控制中具有重要的作用，直接影响机器人的作业任务的实现效果。通过本章的学习，可以从关节空间与笛卡尔空间两个层面实现机器人在不同位置间的平滑运动。

6.1　轨迹规划概述

在大多数情况下，将操作臂的运动看作是工具坐标系 $\{\boldsymbol{T}\}$ 相对于工作台坐标系 $\{\boldsymbol{S}\}$ 的运动。轨迹规划的基本问题是将操作臂从初始位置移动到某个最终期望位置，即将工具坐标系从当前值 $\{\boldsymbol{T}_{\text{initial}}\}$ 移动到最终期望值 $\{\boldsymbol{T}_{\text{final}}\}$。要注意，运动包括工具坐标系相对于工作台坐标系的姿态变化和位置变化。为了完成这个运动，一般有两种方法：第一种是将 $\{\boldsymbol{T}\}$ 的运动转化为机械臂各个关节角的运动，生成关节角的变化曲线，称为关节空间轨迹规划；第二种方法是直接规划 $\{\boldsymbol{T}\}$ 的笛卡尔位姿，例如齐次变换矩阵或者四元数，称为笛卡尔空间轨迹规划。

有时需要指定运动的更多细节而不只是简单地指定最终的期望位形。一种方法是在路径描述中给出一系列的期望中间点（位于初始位置和最终期望位置之间的过渡点）。运动过程中，工具坐标系必须经过中间点所描述的一系列过渡位姿。路径点这个术语包括了所有的中间点以及初始点和最终点。需要注意的是，术语“点”实际上指的是描述位置和姿态的坐标系。除了运动中的这些空间约束之外，用户可能还希望指定运动的瞬时属性。例如，在路径描述中可能还需要指定各中间点之间的时间间隔。

操作臂期望运动的位移、速度必须是连续的，有时还希望加速度也是连续的。对应于数学上，位移函数必须具有连续的一阶导数，有时还希望二阶导数也是连续的。另外，急速的运动会加剧机构的磨损，激起操作臂共振。为此，还必须在各中间点之间，对路径的空间和时间特性给出一些限制条件。

在上述约束条件下要指定和规划路径，仍然有很多种选择，例如，任何通过中间点的光滑函数都可以用来指定精确的路径。在 6.2 节将会看到，可以使用多项式函数或者多项式函数的混合作为插值函数来确定路径。

6.2 一般轨迹规划方法

无论是关节空间轨迹规划还是笛卡尔空间轨迹规划，最终都会转化为多个标量的轨迹规划，即某个标量按照某种插值函数从初始位置变化到最终位置，并且经过给定的中间点。例如，在关节空间进行轨迹规划时，规划问题可以归结为 n 个关节角变量的轨迹规划。轨迹规划的原则为：加速度为有限值且尽量连续，速度与位置必须连续。在这里速度、加速度可以理解为标量的一阶导数和二阶导数。

因此，本节将先研究标量的轨迹规划方法。先介绍两点插值方法，然后推广到多点插值方法。

6.2.1 三次多项式

下面考虑在一定时间内，某个关节角变量 $\theta(t)$ 从初始位置移动到目标位置的问题。现在需要确定 $\theta(t)$ 的运动函数，其在 $t_0=0$ 时刻的值为该关节的初始位置，在 t_f 时刻的值为该关节的期望目标位置。如图 6.1 所示，有多种光滑函数均可用于对 $\theta(t)$ 进行插值。最常见的光滑函数便是多项式函数，在多项式函数决定的路径中，位置、速度、加速度必定是连续的，加速度当然也是有限的。故可以考虑使用多项式对变量 $\theta(t)$ 进行插值。

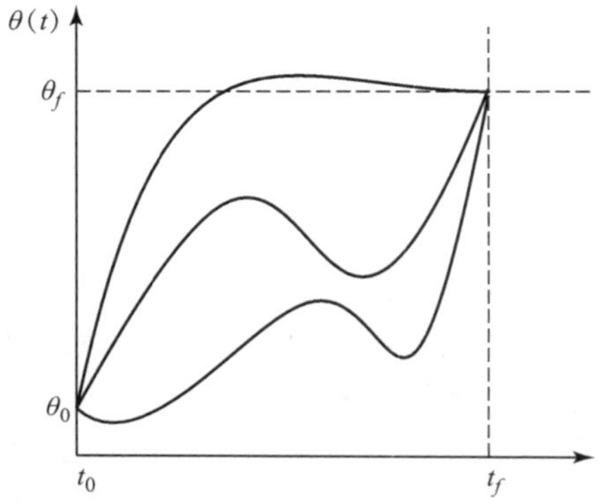

图 6.1 $\theta(t)$ 的几种可能的路径曲线

为了获得一条确定的多项式曲线，需要对 $\theta(t)$ 施加约束条件。如果仅限制初始时刻和最终时刻的位置与速度，总共可以得到四个约束条件。

通过选择初始值和最终值可得到对函数值的两个约束条件：

$$\begin{aligned}\theta(0)&=\theta_0\\ \theta(t_f)&=\theta_f\end{aligned} \tag{6-1}$$

另外两个约束条件需要保证速度函数连续，即在初始时刻和终止时刻速度为零：

$$\begin{aligned}\dot{\theta}(0)&=0\\ \dot{\theta}(t_f)&=0\end{aligned} \tag{6-2}$$

次数至少为3 的多项式才能满足这四个约束条件（一个三次多项式有四个系数，可以证明在满足以上四个约束条件情况下，一个三次多项式的四个系数的解存在且唯一）。这些约束条件唯一确定了一个三次多项式。该三次多项式具有如下形式

$$\theta(t)=a_0+a_1t+a_2t^2+a_3t^3 \tag{6-3}$$

所以对应于该路径的关节速度和加速度显然有

$$\begin{aligned}\dot{\theta}(t)&=a_1+2a_2t+3a_3t^2\\ \ddot{\theta}(t)&=2a_2+6a_3t\end{aligned} \tag{6-4}$$

把四个约束条件代入式（6-3）与式（6-4）可以得到含有四个未知量的四个方程：

$$\theta_0=a_0 \tag{6-5}$$

$$\theta_f = a_0 + a_1 t_f + a_2 t_f^2 + a_3 t_f^3$$
$$0 = a_1$$
$$0 = a_1 + 2a_2 t_f + 3a_3 t_f^2$$

解此方程组，可以得到：

$$a_0 = \theta_0$$
$$a_1 = 0$$
$$a_2 = \frac{3}{t_f^2}(\theta_f - \theta_0) \tag{6-6}$$
$$a_3 = -\frac{2}{t_f^3}(\theta_f - \theta_0)$$

应用式（6－6）可以求出从任何起始位置到期望终止位置的三次多项式。但是该解仅适用于起始关节角速度与终止关节角速度均为零的情况。

例 6.1

一个具有旋转关节的单杆机器人，处于静止状态时，$\theta = 15°$。期望在 3 s 内平滑地运动关节角至 $\theta = 75°$。求出满足该运动的一个三次多项式的系数，并且使操作臂在目标位置为静止状态。画出关节的位置、速度和加速度随时间变化的函数曲线。

将已知条件代入式（6－6），可以得到

$$a_0 = 15.0$$
$$a_1 = 0.0 \tag{6-7}$$
$$a_2 = 20.0$$
$$a_3 = -4.44$$

根据式（6－3）和式（6－4），可以求得

$$\theta(t) = 15.0 + 20.0t^2 - 4.44t^3$$
$$\dot{\theta}(t) = 40.0t - 13.32t^2 \tag{6-8}$$
$$\ddot{\theta}(t) = 40.0 - 26.64t$$

注意，任何三次函数的速度曲线为抛物线，加速度曲线为直线，读者可尝试画出该函数曲线。

6.2.2　高阶多项式

使用三阶多项式插值，无法指定初始时刻和最终时刻的加速度。故可以采用更高的五阶多项式进行插值，以确定路径段起始点和终止点的位置、速度和加速度，即

$$\theta(t) = a_0 + a_1 t + a_2 t^2 + a_3 t^3 + a_4 t^4 + a_5 t^5 \tag{6-9}$$

五次多项式拥有更多的系数，也需要更多的约束条件。通过限制初始时刻和最终时刻的加速度，约束条件可以增加到 6 个

$$\theta_0 = a_0$$
$$\theta_f = a_0 + a_1 t_f + a_2 t_f^2 + a_3 t_f^3 + a_4 t_f^4 + a_5 t_f^5$$
$$\dot{\theta}_0 = a_1$$
$$\dot{\theta}_f = a_1 + 2a_2 t_f + 3a_3 t_f^2 + 4a_4 t_f^3 + 5a_5 t_f^4 \tag{6-10}$$
$$\ddot{\theta}_0 = 2a_2$$
$$\ddot{\theta}_f = 2a_2 + 6a_3 t_f + 12a_4 t_f^2 + 20a_5 t_f^3$$

这些约束条件确定了一个具有 6 个方程和 6 个未知数的线性方程组，其解为

$$
\begin{aligned}
a_0 &= \theta_0 \\
a_1 &= \dot{\theta}_0 \\
a_2 &= \frac{\ddot{\theta}_0}{2} \\
a_3 &= \frac{20\theta_f - 20\theta_0 - (8\dot{\theta}_f + 12\dot{\theta}_0)t_f - (3\ddot{\theta}_0 - \ddot{\theta}_f)t_f^2}{2t_f^3} \\
a_4 &= \frac{30\theta_0 - 30\theta_f + (14\dot{\theta}_f + 16\dot{\theta}_0)t_f + (3\ddot{\theta}_0 - 2\ddot{\theta}_f)t_f^2}{2t_f^4} \\
a_5 &= \frac{12\theta_f - 12\theta_0 - (6\dot{\theta}_f + 6\dot{\theta}_0)t_f - (\ddot{\theta}_0 - \ddot{\theta}_f)t_f^2}{2t_f^5}
\end{aligned}
\tag{6-11}
$$

6.2.3 与抛物线拟合的线性函数

采用多项式函数插值的优点是在区间内速度、加速度永远是连续的，五次多项式甚至可以指定区间端点处加速度的值。但是区间内的速度是变化的，显然这对于机器人的工作效率是一个很大的限制，机器人以更快的速度运动，才能以更高的效率工作。

如图 6.2 所示，机器人要想以最快的速度到达目标点，就需要尽可能多地以最大的恒定速度运动，因此在中间部分轨迹形状应该是直线。然而，直接进行线性插值将导致在起始点和终止点的关节加速度无限大。为了生成一条加速度有限的平滑运动轨迹，需要在每个路径点附近增加一段抛物线拟合区域。

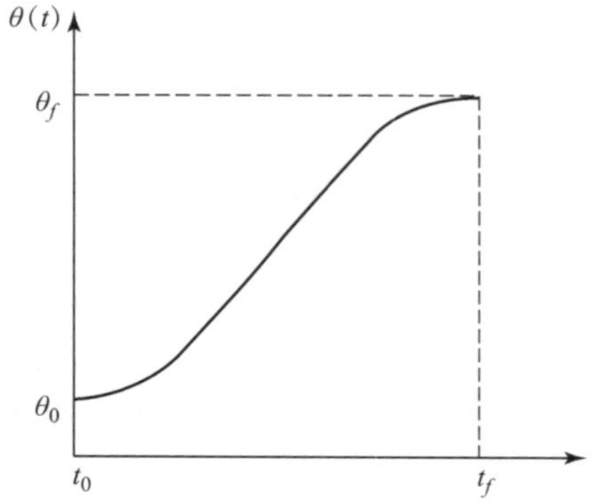

图 6.2 带有抛物线拟合的直线段

为了构造这样的路径段，增加一个约束条件，即两端的抛物线拟合区段具有相同的持续时间 t_b，并且在这两个拟合区段中采用相同的恒定加速度 $\ddot{\theta}$（符号相反）。现在来求解这二者之间的关系。

总位移 $\theta_f - \theta_0$ 是三段位移的和：

$$\theta_f - \theta_0 = \frac{1}{2}\ddot{\theta}t_b^2 + \ddot{\theta}t_b(t_f - 2t_b) + (\ddot{\theta}t_b)t_b - \frac{1}{2}\ddot{\theta}t_b^2 \tag{6-12}$$

整理可以得到：

$$\ddot{\theta}t_b^2 - \ddot{\theta}t_f t_b + (\theta_f - \theta_0) = 0 \tag{6-13}$$

式中，t_f 是期望的运动时间。对于任意给定的 θ_f，θ_0 和 t_f，可通过选取满足式（6－13）的 $\ddot{\theta}$ 和 t_b 来获得任意一条路径。通常，先选择加速度 $\ddot{\theta}$，再计算式（6－13），求解出相应的 t_b。选择的加速度必须足够大，否则解将不存在。

t_b 可以用其他已知参数表达：

$$t_b = \frac{t_f}{2} - \frac{\sqrt{\ddot{\theta}^2 t^2 - 4\ddot{\theta}(\theta_f - \theta_0)}}{2\ddot{\theta}} \tag{6-14}$$

因此，在拟合区段使用的加速度约束条件为

$$\ddot{\theta} \geqslant \frac{4(\theta_f - \theta_0)}{t^2} \tag{6-15}$$

当式（6-15）的等号成立时，直线部分的长度缩减为零，整个路径由两个拟合区段组成，且衔接处的斜率相等。如果加速度的取值越来越大，则拟合区段的长度将随之越来越短。当处于极限状态时，即：加速度无穷大，路径又回复到简单的线性插值情况。

6.2.4　连续路径的轨迹规划方法

到目前为止，我们已经讨论了三种从初始位置到期望位置的轨迹规划方法，利用上述方法能够得到一组两点间的运动轨迹。但在实际控制中，为了控制机械臂的运动轨迹，常常只是给出一组连续的期望位置，并不会给出每个点的运动速度。仅仅采用上述两点间的轨迹规划方法难以保证运动速度的连续变化，从而导致机械臂运动不连续。为了实现机械臂连续轨迹的路径规划，本书基于三次多项式插值，提出一种连续路径（位置点）轨迹规划方法。

对于连续路径规划，可以像前面一样构造出三次多项式。但是，这时在每一段的终止点的速度不再为零，而是一特定的速度。于是，式（6-2）的约束条件变成：

$$\begin{aligned} \dot{\theta}(0) &= \dot{\theta}_0 \\ \dot{\theta}(t_f) &= \dot{\theta}_f \end{aligned} \tag{6-16}$$

描述这个一般三次多项式的四个方程为：

$$\begin{aligned} \theta_0 &= a_0 \\ \theta_f &= a_0 + a_1 t_f + a_2 t_f^2 + a_3 t_f^3 \\ \dot{\theta}_0 &= a_1 \\ \dot{\theta}_f &= a_1 + 2a_2 t_f + 3a_3 t_f^2 \end{aligned} \tag{6-17}$$

求解方程组中的 a_i，可以得到

$$\begin{aligned} a_0 &= \theta_0 \\ a_1 &= \dot{\theta}_0 \\ a_2 &= \frac{3}{t_f^2}(\theta_f - \theta_0) - \frac{2}{t_f}\dot{\theta}_0 - \frac{1}{t_f}\dot{\theta}_f \\ a_3 &= -\frac{2}{t_f^3}(\theta_f - \theta_0) + \frac{1}{t_f^2}(\dot{\theta}_f + \dot{\theta}_0) \end{aligned} \tag{6-18}$$

通过上式，可以求得连续运动过程中，任意起始和终止位置以及任意起始和终止速度的三次多项式。

对于一组连续运动的轨迹点，可以通过构造的方法，得到连续运动点的速度值。对于连续运动轨迹，取一小段连续运动点为 $T_n = [x_{n+1} \quad \cdots \quad x_{n+m}]$，根据前 $m-1$ 个点可以计算得到第一个位置点：

$$p_{n1} = (\alpha_1 x_{n+1} + \alpha_2 x_{n+2} + \cdots + \alpha_{m-1} x_{n+m-1}) / (\alpha_1 + \alpha_2 + \cdots + \alpha_{m-1}) \tag{6-19}$$

α_i 为位置计算权重，通过设置不同的权重，可以对数据点起到不同的滤波效果。

对 T_n 也可以计算得到第一个位置点的速度：

$$v_{n1} = (x_{n+m-1} - x_{n+1}) / [(m-1)\Delta t] \tag{6-20}$$

式中 Δt 为给点连续数据点的时间间隔。

同理可以得到第二个位置点与第二个位置点的速度：

$$p_{n2} = (\alpha_1 x_{n+2} + \alpha_2 x_{n+3} + \cdots + \alpha_{m-1} x_{n+m}) / (\alpha_1 + \alpha_2 + \cdots + \alpha_{m-1}) \qquad (6-21)$$

$$v_{n2} = (x_{n+m} - x_{n+2}) / [(m-1)\Delta t] \qquad (6-22)$$

根据式（6－18）可以计算得到第一个位置点与第二个位置点之间的运动轨迹。

对于下一小段连续运动点 $T_{n+1} = [x_{n+2} \quad \cdots \quad x_{n+m+1}]$，也可以按照上述方法计算出运动轨迹。对于这两段运动轨迹，可以看出 $p_{n2} = p_{(n+1)1}$，$v_{n2} = v_{(n+1)1}$。因此，按照此种方法能够根据连续运动点计算出一组更加精细的连续运动轨迹。参见图 6. 3。

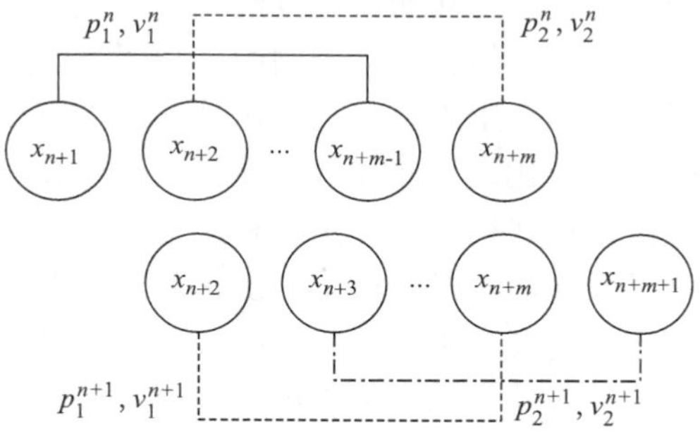

图 6. 3　连续运动路径点构造方法

6. 3　关节空间与笛卡尔空间轨迹规划方法

机器人从一个末端位置 $\boldsymbol{T}_1$ 移动到另外的一个末端位置 $\boldsymbol{T}_2$ 的过程有两种实现方式：一种是基于机器人关节空间进行运动，另一种是基于机器人末端笛卡尔空间进行运动。两种方式各有利弊，本节对这两种方式进行讲解说明。

6. 3. 1　规划方法比较

关节空间规划如图 6. 4 所示，首先采用逆运动学，将初始末端位姿与结束末端位姿转换为初始关节角与结束关节角。然后在初始关节角与结束关节角之间运用 6. 2 节提出的轨迹规划方法，得到规划的关节角，从而控制机器人进行运动。此种方式计算简单，且能够保证机器人运动过程中不会出现关节角奇异的问题。但运动过程中，机器人末端位姿无法控制，可能会与周围发生碰撞。

末端笛卡尔空间的规划如图 6. 5 所示，直接对机器人初始末端位姿到结束末端位姿进行

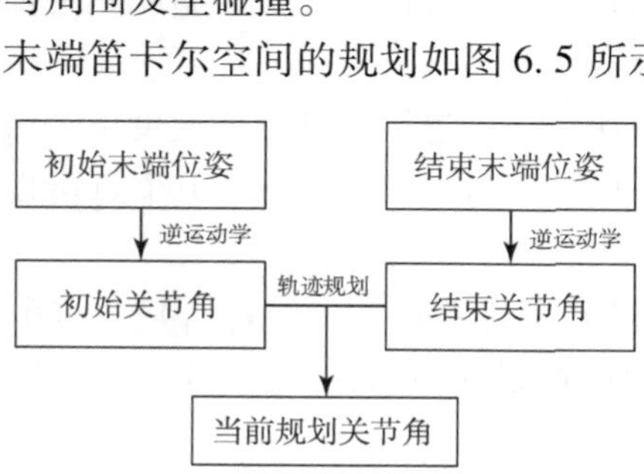

图 6. 4　关节空间规划方法

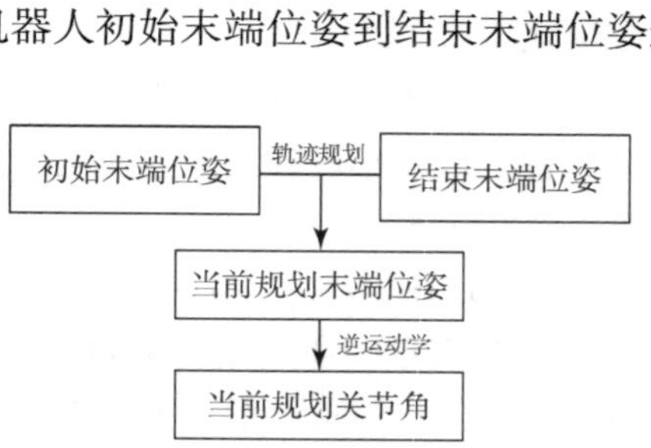

图 6. 5　末端笛卡尔空间规划方法

规划，得到规划的末端位姿，然后利用逆运动学得到当前规划的关节角，从而控制机器人进行运动。此种方式每一步运动都需要计算机器人的逆运动学，计算复杂，但能够对机器人末端的运动轨迹进行控制，保证其按照预定的方式进行运动。

6.3.2　笛卡尔空间姿态规划方法

对于末端笛卡尔空间的规划，其末端位置$[x \quad y \quad z]^T$中的三个元素均可以直接采用 6.2 节中提出的方法进行规划。但对于其末端姿态，在第 2 章中已经知道，可以采用旋转矩阵，欧拉角以及等效轴角坐标系等多种方式进行描述，下面讨论如何对其运用轨迹规划。

1. 旋转矩阵

首先考虑能否采用最基础的旋转矩阵进行描述。此时末端姿态表示为 3×3 的正交矩阵，其包括 9 个元素。由于其各行各列元素之间满足正交的关系，如果直接按照初始值到终止值进行轨迹规划，无法保证中间运动过程中生成的矩阵满足正交的特性，因此无法直接采用旋转矩阵的方式进行末端姿态的轨迹规划。

2. 欧拉角法

除了采用旋转矩阵表示姿态外，我们还可以采用一组带有顺序的旋转角变量对姿态进行描述，即采用欧拉角的方式，参见图 6.6。欧拉角有多种不同的组合方式，按照特定的组合方式对姿态进行描述后，可以将旋转矩阵 $\boldsymbol{R}$ 的 9 个元素变为 $[\alpha \quad \beta \quad \gamma]^T$ 三个元素。在进行规划时，我们根据初始末端姿态与结束末端姿态计算得到初始欧拉角与结束欧拉角，并对欧拉角运用轨迹规划，得到每一步规划的欧拉角，在此基础上得到规划的末端位姿，再利用逆运动学计算得到规划的关节角，从而对机器人进行控制。欧拉角法能够较好地解决末端姿态的规划问题，但由于欧拉角存在奇异的问题，而且欧拉角的旋转顺序对于最后的姿态影响很大，无法同时对三个欧拉角进行规划，因此无法广泛应用于末端姿态规划中。

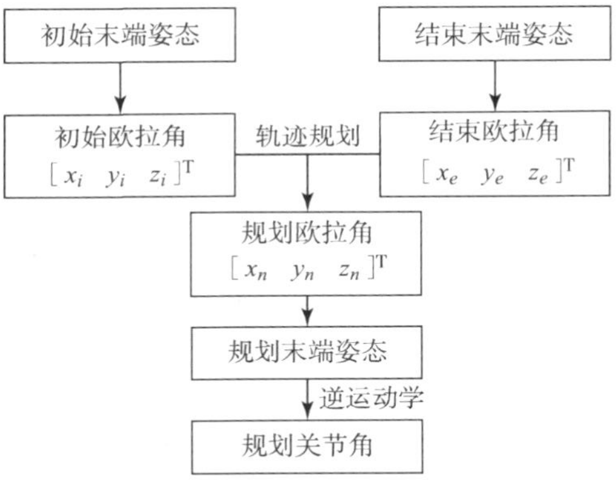

图 6.6　基于欧拉角的末端姿态规划

3. 等效轴角坐标系表示法

机器人末端从一个姿态变换到另一个姿态的过程可以等效地看做绕一单位矢量 $\boldsymbol{r}$ 旋转 θ 角的过程。此时单位矢量 $\boldsymbol{r}$ 成为等效轴，结束末端位姿相对于初始末端位姿的姿态变化可以用 $R(\boldsymbol{r}, \theta)$ 来表示。此时末端姿态的变化可以直接对 θ 角进行规划，其具体过程见图 6.7。首先根据初始末端姿态与结束末端姿态计算相对姿态矩阵；然后根据 2.3.3 节计算此矩阵对应的矢量 $\boldsymbol{r}$ 和角度 θ；然后对角度从 0 到 θ 应用轨迹规

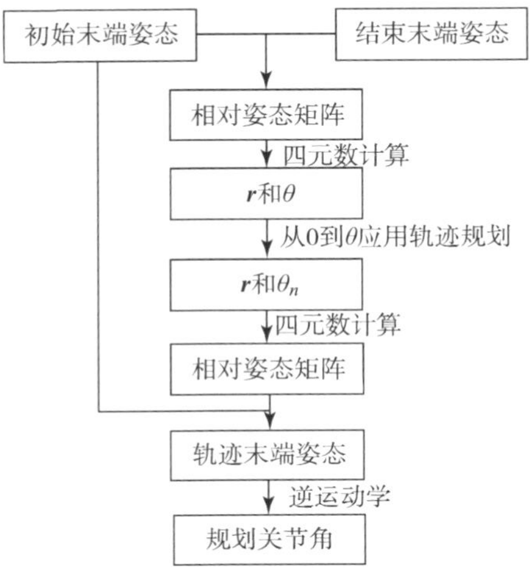

图 6.7　基于等效轴的末端姿态规划

划，计算一系列的中间规划角；然后根据矢量 $\boldsymbol{r}$ 和中间规划角度 θ_n 计算得到此时对应的相对姿态矩阵；然后基于初始末端姿态与变化相对姿态矩阵计算得到此时规划的末端姿态；最后通过逆运动学计算得到此时的规划角度，从而控制机器人进行运动。

6.3.3 笛卡尔路径的几何问题

使用关节空间轨迹规划，其优点是在关节空间中的描述非常简单，便于计算。然而末端执行器的路径不是直线，而且其路径的复杂程度取决于操作臂特定的结构特性。对其在笛卡尔空间进行规划，可以很好地保证末端执行器按预期的轨迹运动。但是笛卡尔空间的路径却容易出现与工作空间和奇异点有关的各种问题。基于笔者长时间的实际运动规划经验与相关文献资料，可以总结出以下几个问题。

1. 问题之一：不可达的中间点

由于机械臂的结构特点，两点之间的连线上可能存在不属于工作空间的点。如图 6.8，由于连杆 2 比连杆 1 短，所以在工作空间的中间存在一个空洞，其半径为两连杆长度之差。而在笛卡尔空间进行轨迹规划时，并未考虑这些约束条件。图 6.8 中，起始点 A 和目标点 B 均在工作空间中，笛卡尔空间轨迹规划的结果将得到一条通过 A、B 两点的直线，然而 A、B 两点的连线上存在不属于工作空间的点，在实际运动中，这种轨迹是不可能被实现的。

2. 问题之二：在奇异点附近的高关节速率

在操作臂的工作空间中，如果要在某些位置实现末端执行器在笛卡尔空间的期望速度，需要关节速度无限大。例如，如果一个操作臂沿笛卡尔直线路径接近机构的一个奇异位形时，则机器人的一个或多个关节速度可能增加至无穷大。显然，这是不可能实现的。

例如在图 6.9 中，操作臂由两根等长的操作杆组成，末端执行器需要从 A 点沿着直线路径运动到 B 点。图中画出了操作臂在运动过程中的一些中间位置。显然，路径上的所有点都可以到达，但是当机器人经过路径的中间部分时，第一个关节的速度非常高。路径越接近第一个关节的轴线，则该关节的速度就越大。可能的解决办法是减小这个路径上的所有笛卡尔空间运动速度，以使所有关节速度在其容许范围内。

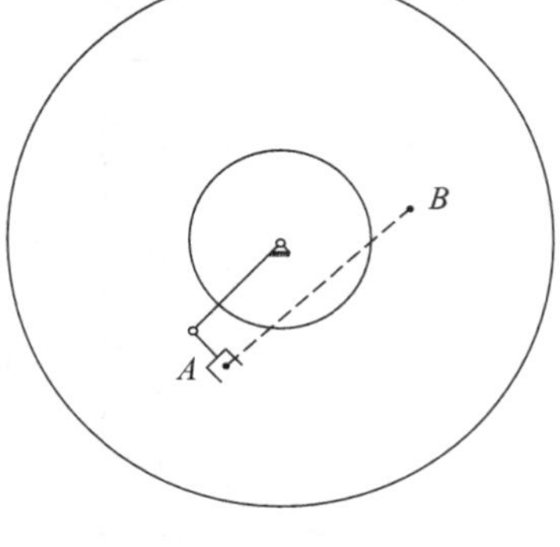

图 6.8　笛卡尔路径问题之一

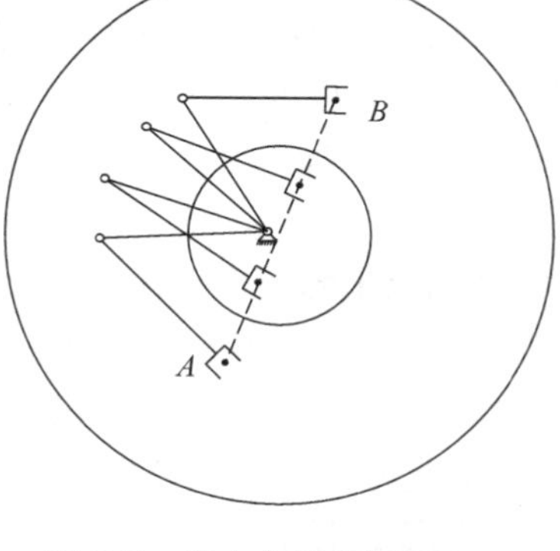

图 6.9　笛卡尔路径问题之二

3. 问题之三：不同解下的可达起点和终点

通常，使末端执行器到达某一点，相应的关节角有多个解，但是各点对应的解的数量不一定相同。图 6.10 可以说明这个问题。图中平面两杆操作臂的两个杆长度相等，但是由于关节存在约束，机器人到达空间给定点的解的数量减少。当操作臂不能使用与起始点相同的解到达终点时，就会出现问题。如图 6.10 所示，某些解可以使操作臂到达所有的路径点，但有些解不可以。对于这种问题，在机器人实际运动之前就可以检测出来。

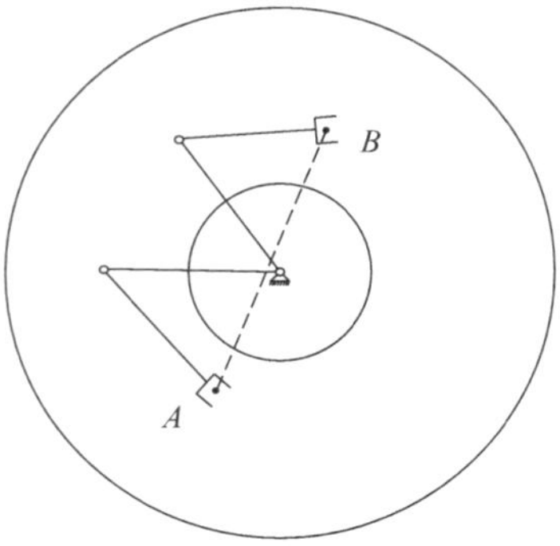

图 6.10　笛卡尔路径问题之三

为了处理笛卡尔空间路径规划的这些问题，大多数工业操作臂控制系统都同时具有在关节空间和在笛卡尔空间的路径规划功能。由于使用笛卡尔空间路径存在一些问题，所以一般默认使用关节空间路径。只有在必要时，才使用笛卡尔空间的路径规划方法。

6.4　冗余自由度机器人的规划

前文介绍了基于轨迹点的机器人规划方法，对于笛卡尔空间的运动规划，有可能遇到机器人具有冗余自由度的情况，此时基于末端位姿求解关节角度有无穷多组解。在这里介绍一种基于速度的冗余自由度机器人规划方法。

从第 5 章可以知道，机器人的关节速度 $\dot{\boldsymbol{q}}$ 与末端速度 $\boldsymbol{V}$ 满足 $\dot{\boldsymbol{q}}=\boldsymbol{J}^{-1}\boldsymbol{V}$ 的关系。因此可以通过雅可比的逆矩阵 $\boldsymbol{J}^{-1}$，将期望的末端笛卡尔空间运动转换到机器人关节空间进行规划。但当机器人具有冗余自由度，即机器人自由度 n 大于末端笛卡尔空间具有自由度 m 时，雅可比矩阵变为

$$\boldsymbol{J}\in\Re^{m\times n}(n>m) \tag{6-23}$$

此时雅可比矩阵 $\boldsymbol{J}$ 不是方阵，无法直接求逆，而且 $\boldsymbol{V}=\boldsymbol{J}\dot{\boldsymbol{q}}$ 方程个数少于未知数个数，因此有无穷组解。对于此类问题，需要设置一定的标准，使某种性能指标最优，从而获得一组确定的解。

设给定关节速度的二次型目标函数为：

$$G(\dot{\boldsymbol{q}})=\dot{\boldsymbol{q}}^{\mathrm{T}}\boldsymbol{W}\dot{\boldsymbol{q}} \tag{6-24}$$

式中 $\boldsymbol{W}\in\Re^{n\times n}$ 为事先给定的对称正定加权矩阵，用于设定各关节的权重。

此时，轨迹规划的问题就变成了给定机械臂末端期望速度，计算各关节速度使上式二次型目标函数最小，从而使机器人在消耗最小能量的条件下实现要求的末端运动。

利用拉格朗日乘子法解决这一问题，定义新的广义目标函数为

$$\tilde{G}(\dot{\boldsymbol{q}},\lambda)=\dot{\boldsymbol{q}}^{\mathrm{T}}\boldsymbol{W}\dot{\boldsymbol{q}}+\lambda^{\mathrm{T}}(\boldsymbol{V}-\boldsymbol{J}\dot{\boldsymbol{q}}) \tag{6-25}$$

式中 λ 为拉格朗日乘子。令 $\dfrac{\partial\tilde{G}}{\partial\dot{\boldsymbol{q}}}=0$，得到

$$2W\dot{q}-J^{\mathrm{T}}\lambda=0 \tag{6-26}$$

由此可解出

$$\dot{q}=\frac{1}{2}W^{-1}J^{\mathrm{T}}\lambda \tag{6-27}$$

代入条件 $V=J\dot{q}$ 后得到

$$V=J\dot{q}=\frac{1}{2}JW^{-1}J^{\mathrm{T}}\lambda \tag{6-28}$$

假定 J 为满秩矩阵，因此 $JW^{-1}J^{\mathrm{T}}$ 可逆，所以可以求得：

$$\lambda=2(JW^{-1}J^{\mathrm{T}})^{-1}V \tag{6-29}$$

代入式（6－28）后即求出所要求的解为

$$\dot{q}=W^{-1}J^{\mathrm{T}}(JW^{-1}J^{\mathrm{T}})^{-1}V \tag{6-30}$$

式中 $W^{-1}J^{\mathrm{T}}(JW^{-1}J^{\mathrm{T}})^{-1}=J^{+}$，即为雅可比矩阵的伪逆。

6.5　应用实例

对于工业机器人而言，其运动的平稳性十分重要。为了保证轨迹数据的平滑，通常对其设置两重轨迹插补，分别是粗插补与精插补。粗插补在任务层面规划得到机械臂为完成预定任务需要经过的轨迹点；精插补以粗插补得到的数据点作为输入，实现数据点间的轨迹平滑运动。因为机械臂在运动过程中，粗插补的值是不断更新的，因此精插补的轨迹规划是典型的具有中间点的路径规划，为了保证运动的平稳，常采用三次多项式作为轨迹规划的方法。

本书以第 3 章例 3.3 中的 RS10N 型工业机器人为例，进行轨迹规划。该机器人具有 6 个自由度，各关节初始关节角均为 0 rad。设定机器人各关节做幅值为 1 rad，周期为 10 s 的正弦运动，正弦运动时间为 15 s。粗插补的规划时间为 0.1 s，精插补的规划时间与进行伺服控制的时间相同，均为 0.01 s。

根据上述条件，可以利用 6.2.4 小节中提出的连续路径的轨迹规划方法实现正弦路径的连续规划。规划程序采用美国 MathWorks 公司出品的 Matlab 编写，具体程序内容见附录中的第 6 章应用实例程序，包括主程序文件 cubicMain. m，以及子函数文件 cubicAddPoint. m 与 cubicInterpolate. m。子函数 cubicAddPoint. m 主要用于添加新的规划点到规划器中，cubicInterpolate. m 主要用于计算当前的规划运动角度值。

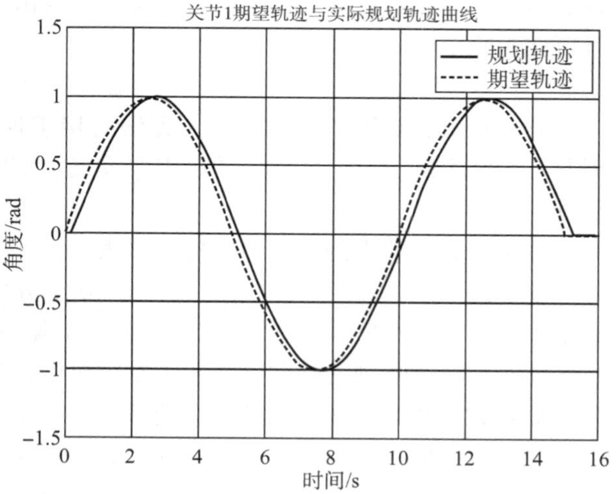

图 6.11　关节 1 轨迹规划曲线

运行程序可以得到如图 6.11 的曲线，图中间断点是期望运动点，实曲线为规划运动曲线。对初始运动及停止运动进行放大得到图6.12，从图中可以看到，规划运动的开始与停止都十分平滑，不会发生突变的情况，最终规划运动能够达到期望的运动位置。

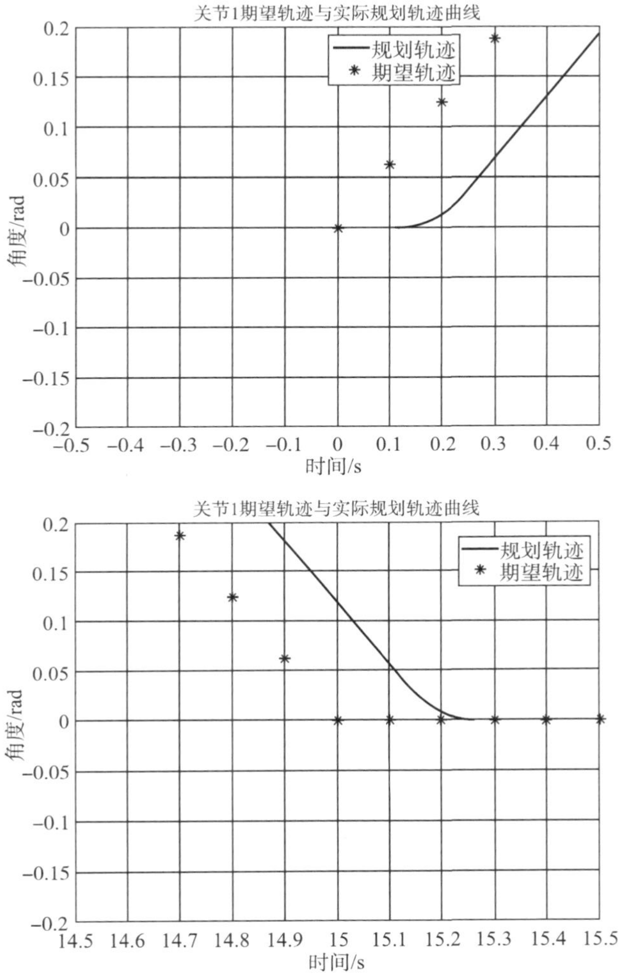

图6.12 开始运动与停止运动情况

习 题

6.1 一个6关节机器人沿着一条三次曲线通过两个中间点并停止在目标点，需要计算几个不同的三次曲线？描述这些三次曲线需要存储多少个系数？

6.2 一个单连杆转动关节机器人静止在关节角 $\theta = -5$ deg处。希望在4 s内平滑地将关节转动到 $\theta = 80$ deg。求出完成此运动并且是操作臂停在目标点的三次曲线的系数。画出关节的位置速度和加速度随时间变化的函数。

6.3　试将例 6.1 的运动用抛物线与直线组合的方法进行规划并绘出得到的路径。持续时间 t_b 与加速度 $\ddot{\theta}$ 自选。

6.4　在从 $t=0$ 到 $t=1$ 的时间区间，使用一条三次样条曲线轨迹：$\theta(t)=10+90t^2-60t^3$。求其起始点和终止点的位置、速度和加速度。

6.5　在从 $t=0$ 到 $t=1$ 的时间区间，使用一条三次样条曲线轨迹：$\theta(t)=10+5t+70t^2-45t^3$。求其起始点和终止点的位置、速度和加速度。

提　高　篇

第 7 章
机器人关节伺服运动控制

第 7 章　程序实例

伺服系统也叫随动系统，以精确运动控制和力矩输出为目的，综合运用机电能量变换与驱动控制、信号检测、自动化计算机控制技术等，实现执行机械对位置指令的准确跟踪。机器人关节伺服驱动系统，一般包括关节、动力源（电动机、液压及气动等）、驱动控制器、信号检测环节等部分。本章主要讲述动力源为电动机的机器人关节伺服运动控制，涉及电动机驱动及多环路 PID 调节器控制原理及控制范例。

7.1　机器人关节伺服系统组成

机器人关节（图 7.1）是机器人运动的动力源，主要包括电动机、减速器、传感器及机构等，通过关节伺服驱动控制器（图 7.2），实现机器人系统行为控制。

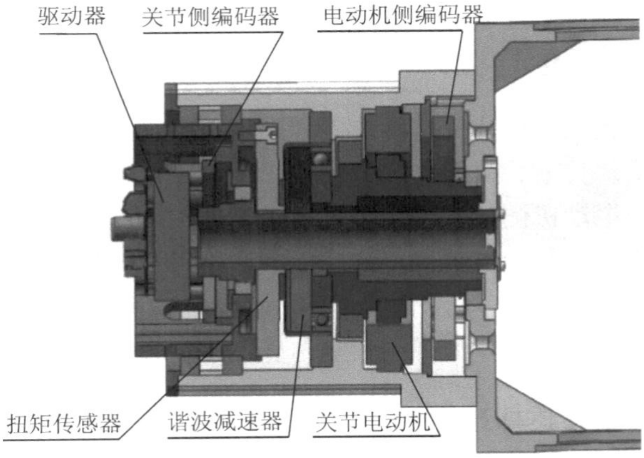

图 7.1　机器人关节剖视图

机器人关节伺服驱动控制器的主要功能是实现位置、速度、电流多环路闭环控制，通过功率放大，驱动电动机实现关节伺服运动控制。信号检测主要有位置传感器、电流传感器和扭矩传感器等，实现位置、速度、电流、力矩信号检测并进行闭环控制。

7.1.1　机器人关节伺服驱动电动机种类

用于机器人关节驱动的电动机，主要包括步进电动机、直流电动机、永磁同步电动机等，其中，永磁同步电动机按其感应电动势波形的不同可分为两类：梯形波时称为永磁无刷

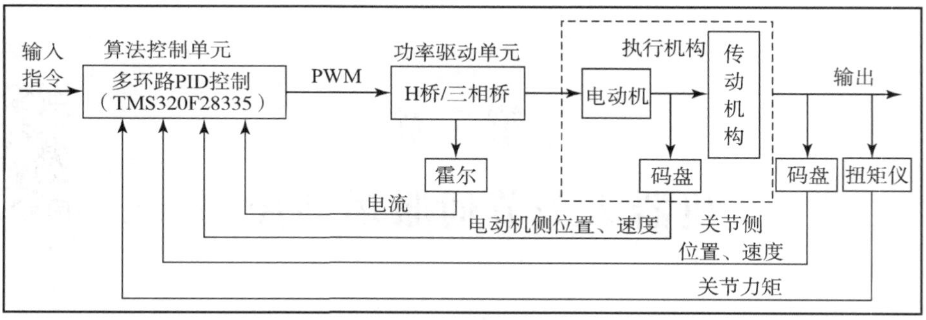

图 7.2　机器人关节伺服驱动控制器原理

直流电动机、正弦波时称为永磁同步电动机。步进电动机控制简单，但无法实现高精度闭环控制；直流电动机可以实现高精度闭环控制，但由于存在电刷，需要定期维护；永磁直流无刷电动机和永磁同步电动机，采用了电子换向取代了电刷，而且功率密度比普通的直流电动机高，即体积更小、功率密度更大，都可以实现高精度闭环控制。同时，由于永磁直流无刷电动机和永磁同步电动机的感应电动势波形特点，决定了永磁同步电动机的调速性能较佳。

为了实现机器人关节大的力矩输出，一般做法是采用齿轮、谐波及 RV 等减速器，对伺服电动机进行降速以提升力矩输出能力。同时，也可以采用力矩电动机对机器人关节进行直接驱动，实现大力矩输出。伺服电动机多用于高精度定位场合，功率相对较小，属于精密机械，需要闭环控制来实现驱动。力矩电动机多用于需要恒力矩的应用场合，并且功率也一般比较大。

7.1.2　机器人关节信号检测

机器人关节信号检测主要包括关节侧位置和速度、电动机侧位置和速度、电动机电流及关节扭矩等信号的检测。目前，机器人关节侧位置检测主要通过光电或磁的绝对码盘、旋转变压器以及电位计等，电动机侧位置检测主要通过光电或磁的增量及绝对码盘、旋转变压器以及电位计等。机器人关节侧和电动机侧的速度检测可以通过位置差分来获得。电动机电流可以通过霍尔传感器或电阻转换为电压来检测，实现电动机的电流环控制，即力矩输出控制。关节扭矩可以通过基于应变片原理的扭矩传感器进行检测，实现关节输出扭矩控制。

7.1.3　关节电动机驱动控制器

驱动控制器是机器人关节伺服系统的核心运算和能量控制单元，作用是给电动机提供一定规律的电能，对电动机的位置、速度、力矩等进行控制，实现机器人关节跟随输入指令进行伺服运动。电动机驱动控制器包含两个部分：功率驱动单元和算法控制单元。

电动机驱动控制器的功率驱动单元，目前典型有 H 桥和 3 相桥两种功率驱动器拓扑。

H 桥拓扑主要用于直流电动机功率驱动，3 相桥拓扑主要用于直流无刷电动机和永磁同步电动机功率驱动。电动机驱动控制器的算法控制单元，主要功能是实现电动机位置、转速和电流多环路闭环控制，目前用于机器人关节电动机算法控制单元的硬件，主要有单片机、DSP、FPGA 等嵌入式微处理器。其中，美国德州仪器公司专门针对电动机驱动控制，定制了 TMS320F2×××系列 DSP 控制器，不仅计算性能强大，更重要的是具备电动机控制专用的功能模块和硬件引脚设计，而且具有典型的电动机驱动控制范例，推动了电动机数字化控制技术的发展。

7.2　伺服电动机驱动控制原理

电动机是将电能转换为磁场并将其转换为机械能输出的一种装置，其基本构成是磁铁、线圈及机构等，其工作原理是基于电流的磁效应。由电流磁效应可知，通电导体周围会产生磁场，从而使得通电导体在磁场中受到安培力作用而运动（图 7.3），其受力方向可根据左手定则进行判断。

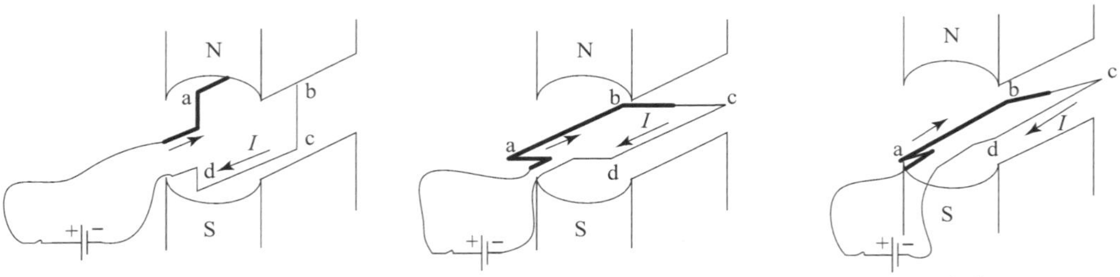

图 7.3　法拉第电磁感应定律

（a）逆时针运动；（b）惯性作用越过平衡位置；（c）顺时针运动

如图 7.3 所示，当通电线圈越过平衡位置后，由于通电线圈的供电电流的方向没有及时改变，那么线圈在转过一圈之前就会反向运动，即顺时针运动。如果加入电刷和换向器，以及时改变线圈的供电电流方向，就可以保证通电线圈在磁场中向着一个方向连续运转，这就是电动机的基本工作原理。

下面以直流电动机、直流无刷电动机、永磁同步电动机为例对其运动及控制原理进行详细介绍。

7.2.1　直流伺服电动机驱动原理

1. 直流伺服电动机工作原理

如图 7.4 为直流电动机的工作原理图。直流电动机由磁铁定子、转子绕组、电刷和换向器等部分组成。定子用作磁场，通电转子绕组在定子磁场作用下，得到转矩而旋转起来。电刷与换向器及时改变转子绕组电流方向，使转子能连续旋转下去，实现电动机正常旋转工作。

2. 直流伺服电动机调速原理

直流伺服电动机转速和状态量之间的关系满足如下关系式：

$$n = \frac{U - I \cdot R}{K_e \cdot \Phi} \tag{7-1}$$

式中 n 表示转速（r/min），U 表示转子绕组两端施加的电压即电枢电压（V），I 表示转子绕组内通过的电流即电枢电流（A），R 表示转子绕组内阻即电枢回路总电阻（Ω），Φ 表示励磁磁通（Wb），K_e 表示电动机结构决定的电动势常数。

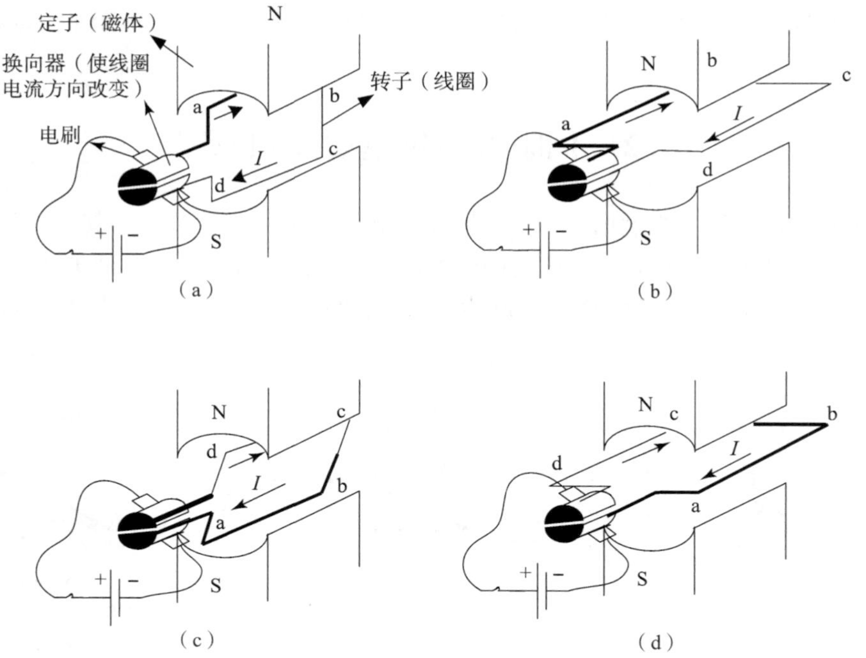

图 7.4　直流电动机工作原理

由式（7－1）可知，调节直流电动机的转速有三种方法：调节电枢供电电压、减弱励磁磁通和改变电枢回路电阻 R。对于要求在一定范围内无级平滑调速的系统来说，以调节电枢供电电压的方式为最好。改变电阻只能实现有级调速；减弱磁通虽然能够平滑调速，但调速范围不大，往往只是配合调压方案，在基速（额定转速）以上作小范围的弱磁升速。因此，电动机自动控制的直流调速系统往往以变压调速为主。

3. 直流伺服电动机 H 桥 PWM 调压驱动控制原理

直流伺服电动机电枢两端电压的大小和极性由一定的功率变换器进行控制。驱动控制分为双极式和单极式两种：双极性控制具有正反转动态响应性能好的优点，但存在损耗高的缺点；单极性控制具有正反转动态响应性不高的缺点，但效率相对较高。本章着重分析最常用的基于 H 桥的双极式 PWM 驱动控制方式。

H 桥是一种功率变换器拓扑，如图 7.5 所示。H 桥变换器有 4 个功率开关器件按照一定规律组合而成，其形状如 H 得名。按照一定规律控制 H 桥功率变换器的 4 个开关管的通断，可以得到期望的电枢电压，从而获得期望的速度进行伺服运动。

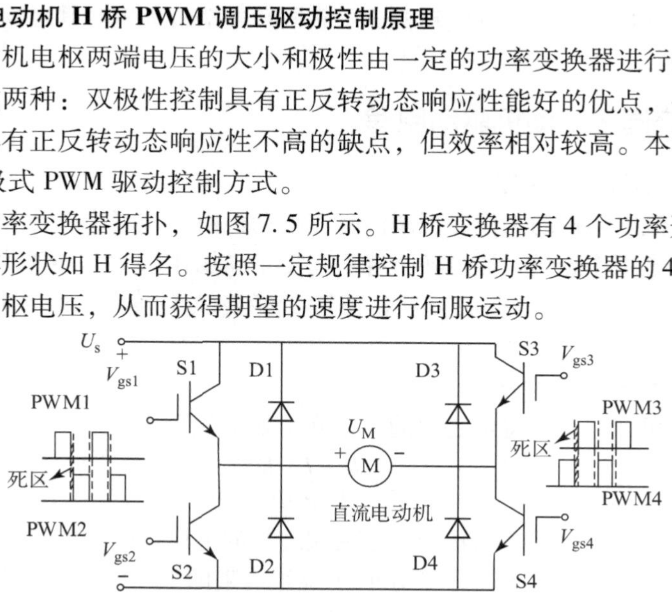

图 7.5　H 桥功率变换器

目前，脉宽调制（Pulse Width Modulation，PWM）是控制 H 桥功率变换器的 4 个开关管通断的具体方式，即在 4 个开关管的驱动端 $V_{gs1\sim4}$施加 PWM1 ~4 信号控制开关管开通或关断，实现电动机电枢电压的控制，对电动机进行伺服控制。同时，H 桥变换器的对桥开关器件可以采用同一个 PWM 驱动信号，比如开关器件 S1 和 S4 可以使用同一路 PWM 信号、S2 和 S3 可以使用同一路 PWM 信号。但是，由于开关器件在开通或关断过程都存在过渡过程，为了避免同一桥臂（S1 和 S2 组成左桥臂、S3 和 S4 组成右桥臂）出现短路导致故障，组成同一桥臂的上下开关器件的驱动信号 PWM 间需要加入死区，如图 7. 5 所示。

PWM 技术是利用一种数字信号来对模拟电路进行控制的一种非常有效的技术，广泛应用在功率控制与变换、测量和通信等领域中。在采样控制理论中有一个重要结论：冲量相等而形状不同的窄脉冲加在具有惯性环节的被控系统时，其效果基本相同。PWM 技术基于对开关器件的导通和关断进行控制，使输出端得到一系列幅值相等而宽度不相等的脉冲，按一定的规则对各脉冲的宽度进行调制，既可改变电路输出电压的大小，也可改变输出频率。PWM 信号产生原理如图 7. 6 所示。

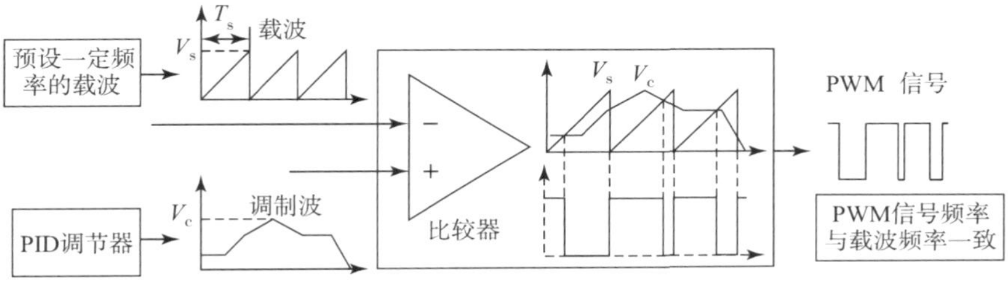

图 7. 6　PWM 信号产生原理

如图 7. 6 所示，在微处理器中有相关的寄存器进行一定频率载波设计，PID 调节器会根据输入信号指令进行实时控制，其输出为调制波，与预设的载波进行比较，产生控制所需的一定宽度一定频率的 PWM 信号，对上述 H 桥进行控制，实现对输入指令的伺服。需要指出的是，PWM 信号的频率与预设的载波频率是一致的，如果预设的载波频率是变化的，那么输出的 PWM 信号频率也是变化的，即实现变频控制，但在机器人关节电动机伺服控制中，该频率一般是固定不变的，即恒频控制。

PWM 实现电动机电枢电压控制的基本途径是通过占空比（duty，d）的变化来实现的。图 7. 7 显示了三种不同占空比的 PWM 信号。图 7. 7（a）是一个占空比为 10% 的 PWM 信号，即在信号周期中，10% 的时间通，其余 90% 的时间断；图（b）和图（c）显示的分别是占空比为 50% 和 90% 的 PWM 信号。

以 PWM 信号控制 H 桥功率变换器说明直流电动机双极性驱动原理。PWM1 ~4 信号控制 V_{gs1}，V_{gs2}，V_{gs3}，V_{gs4}信号电压从而控制四个开关管的导通和关断时间，H 桥变换器的驱动电压关系是 $V_{gs1}=V_{gs4}=-V_{gs2}=-V_{gs3}$，并且同一桥臂上下桥臂开关器件的 PWM 信号间设置必要的死区时间。如图 7. 8 所示，在一个 PWM 周期内，在 t_{on}时间内，电流沿 Loop1 流通，电枢电压 $U_M=U_s$；在死区时间内，左右桥臂开关器件实现电流转换，电流沿 Loop2 流通；在 t_{off}时间内，电流沿 Loop3 流通，电枢电压 $U_M=-U_s$；在死区时间内，左右桥臂开关器件实现电流转换，电流沿 Loop4 流通。因此，U_M 在一个周期内具有正负相间的脉冲波形，这就是双极式名称的由来。

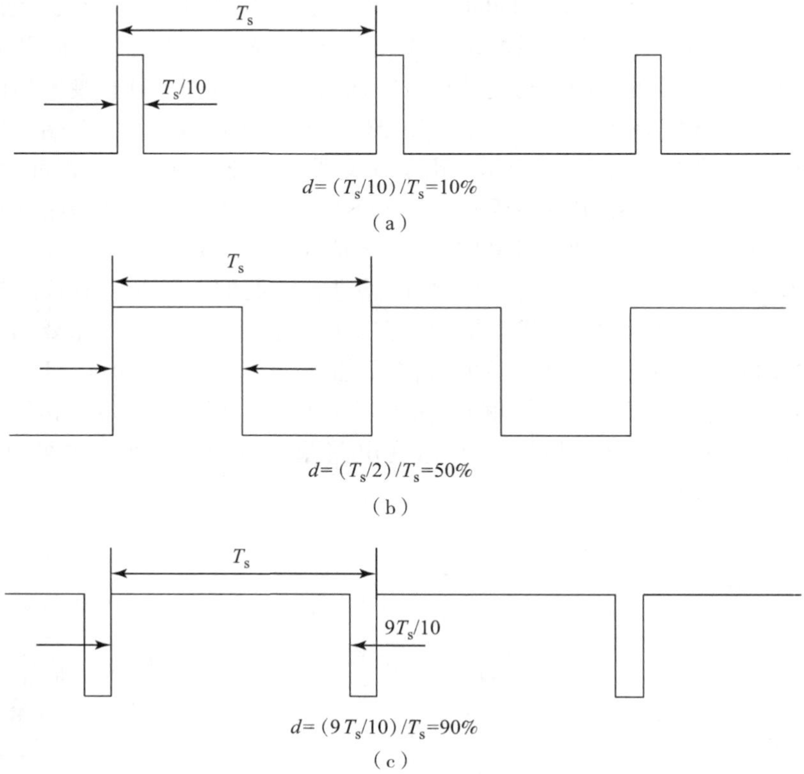

图 7.7　PWM 信号占空比定义

(a) 占空比为 10% 的 PWM 信号；(b) 占空比为 50% 的 PWM 信号；(c) 占空比为 90% 的 PWM 信号

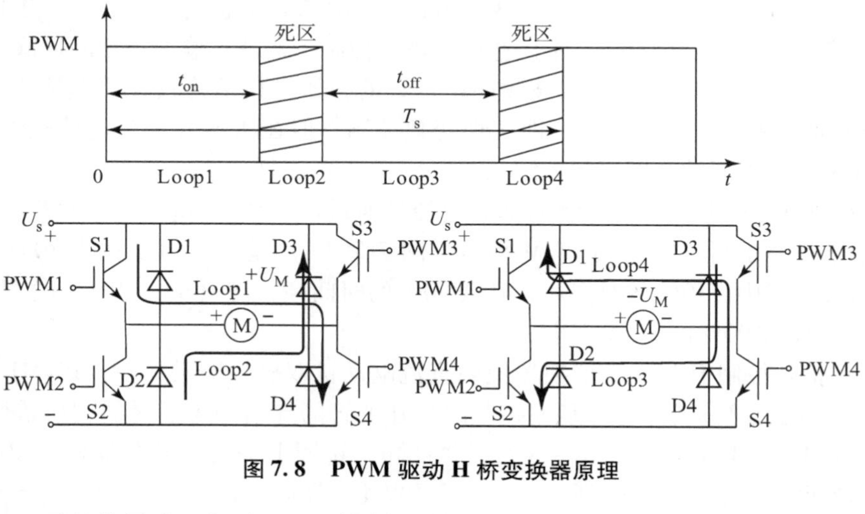

图 7.8　PWM 驱动 H 桥变换器原理

由图 7.8 可以推导出双极式 PWM 控制 H 桥变换器输出平均电压为：

$$U_d=\frac{t_{on}}{T_s}U_s-\frac{T_s-t_{on}}{T_s}U_s=(2d-1)U_s \tag{7-2}$$

式中 d 为占空比。

电动机调速时，d 的可调范围为［0，1］。由式（7－2）可知，当 $d>1/2$ 时，施加在电动机电枢上的平均电压>0，电动机正转；当 $d<1/2$ 时，施加在电动机电枢上的平均电压<0，电动机反转；当 $d=1/2$ 时，施加在电动机电枢上的平均电压为 0，电动机停转。

值得注意的是，电动机停止时电枢电压瞬时值并不等于零，而是正负脉宽相等的交变脉冲电压，因而电流也是交变的。这个交变电流的平均值为零，不产生平均转矩，但会增大电动机的损耗，这是双极式控制的缺点。电动机停止时仍有高频微振电流，从而消除了正、反向时的静摩擦死区，起着所谓“动力润滑”的作用，这是双极式控制的优点。

机器人关节直流伺服电动机基于多环路 PID 控制的 PWM 驱动原理如图 7.9 所示。

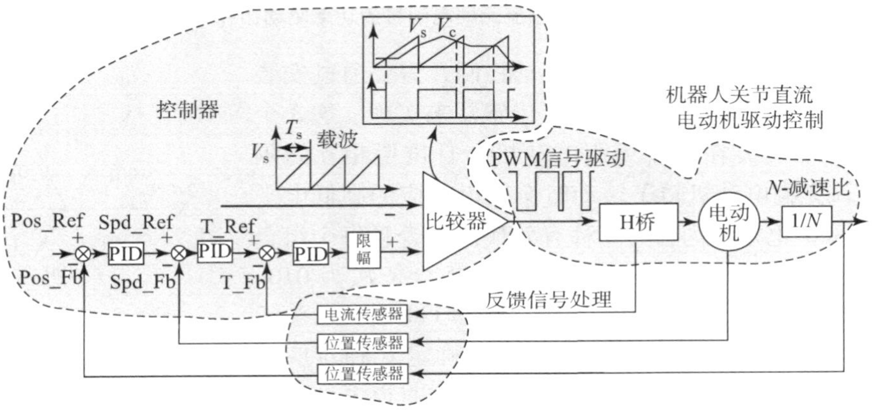

图 7.9　基于多环路 PID 控制的直流伺服电动机驱动原理

7.2.2　无刷直流电动机（BLDCM）驱动控制原理

1. 无刷直流电动机结构特点

无刷直流电动机在电磁结构上和有刷直流电动机基本一样，但它的通电电枢绕组放在定子上，转子为永磁体。其基本结构以及简化磁场分布如图 7.10 所示。

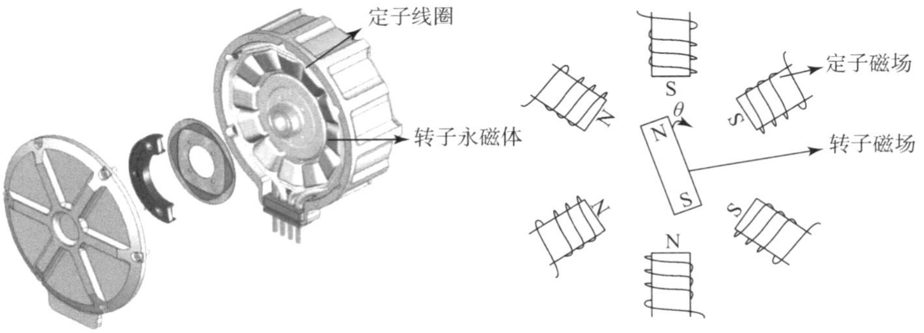

图 7.10　直流无刷电动机的基本结构

2. 无刷直流电动机驱动控制原理

在驱动控制上，无刷直流电动机与直流电动机本质一样，但无刷直流电动机为三相电动机，其驱动电路为 6 个开关器件组成的 3 相电压桥，即比 H 桥多了一个桥臂，如图 7. 11 所示。

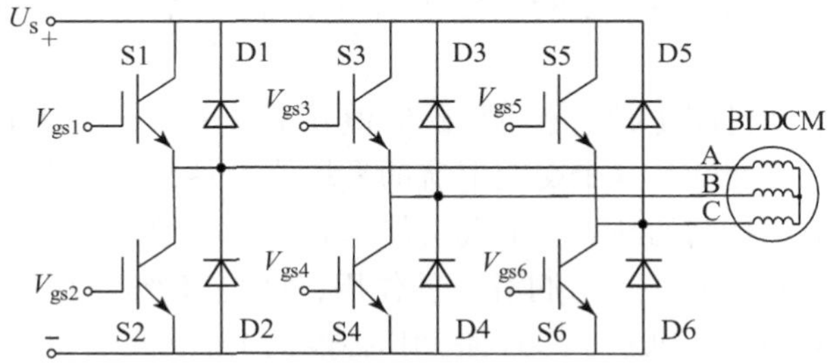

图 7. 11　直流无刷电动机的功率驱动拓扑

为了实现像直流电动机一样的驱动控制，需要通过安装在直流无刷电动机上的 3 个霍尔位置传感器来实现。这 3 个霍尔位置传感器安装在直流无刷电动机上且位置相互间隔 120°，当直流无刷电动机转子转动时会输出相应的高低电平信号。在每 360°电角度内会有 6 种有效代码组合且每个组合对应电角度范围为 60°。这 6 种有效代码组合依次为 010、011、001、101、100、110。当输出为 000 和 111 时，认为无效。根据 3 个霍尔以上的 6 种有效组合，确定 6 种对应的 PWM 信号组合，在每个 60°电角度范围内，与直流电动机驱动控制原理一样，实现直流无刷电动机的驱动控制。无刷直流电动机定子绕组和转子平面结构示意图如图 7. 12 所示。

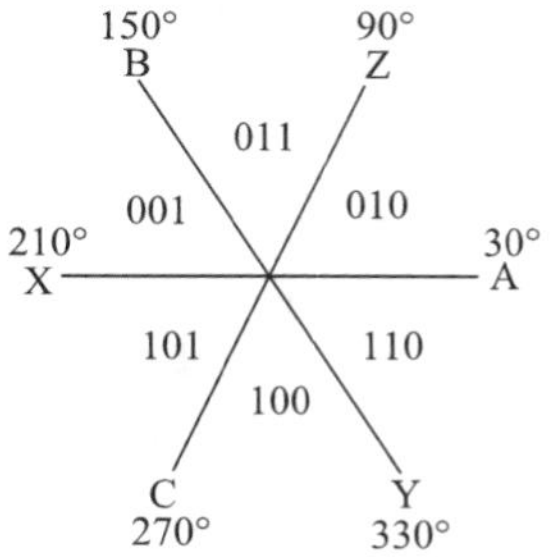

图 7. 12　无刷直流电动机定子绕组和转子平面结构示意图

图 7. 12 中，A – X 表示与 A 相绕组轴线相交的位置，B – Y 表示与 B 相绕组轴线相交的位置，C – Z 表示与 C 相绕组轴线相交的位置，这三者交叉形成了夹角为 60°的 6 个扇区，而且这 6 个扇区在控制过程中，可以通过霍尔的组合来判断。当转子运动到其中一个扇区时，A、B、C 三相中会导通其中两相，而另一相将被关断。据此，可以得到如图 7. 13 所示的 6 种工作模式。

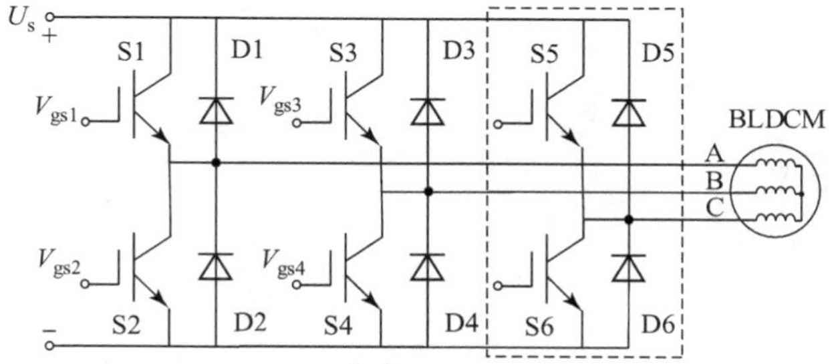

（a）

图 7. 13　三相电压桥对应霍尔 6 种有效组合的工作模式

（a）霍尔状态 010：第 1、第 2 桥臂工作（H 桥）、第 3 个桥臂停止工作；

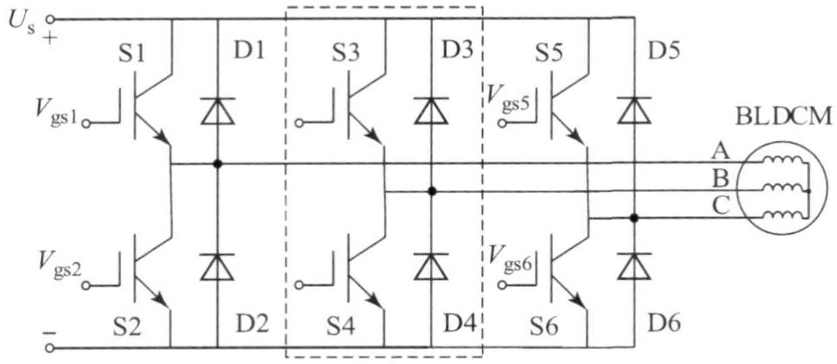

（b）

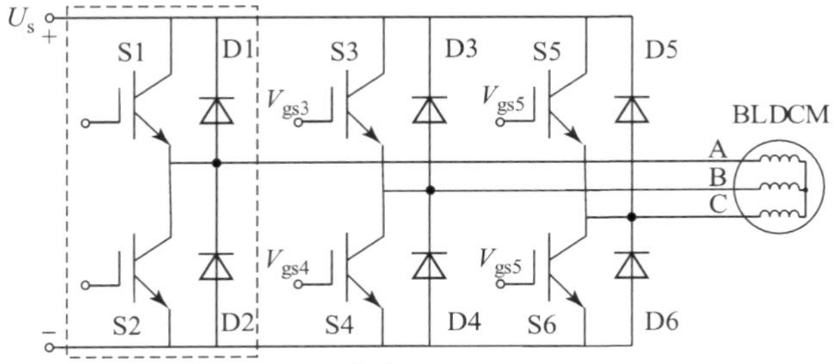

（c）

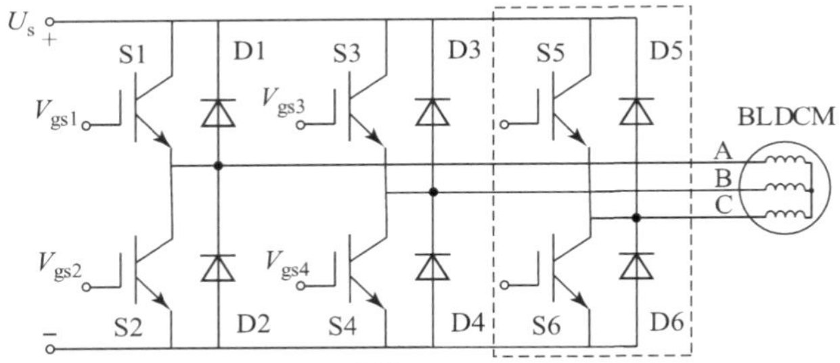

（d）

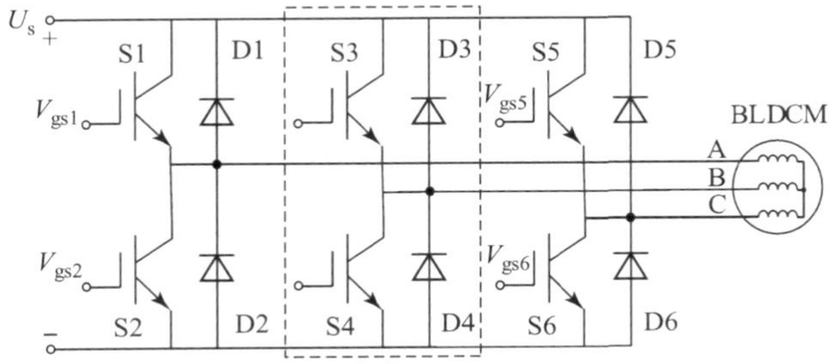

（e）

图 7.13　三相电压桥对应霍尔 6 种有效组合的工作模式（续）

（b）霍尔状态 011：第 1、第 3 桥臂工作（H 桥）、第 2 个桥臂停止工作；

（c）霍尔状态 001：第 2、第 3 桥臂工作（H 桥）、第 1 个桥臂停止工作；

（d）霍尔状态 101：第 1、第 2 桥臂工作（H 桥）、第 3 个桥臂停止工作；

（e）霍尔状态 100：第 1、第 3 桥臂工作（H 桥）、第 2 个桥臂停止工作；

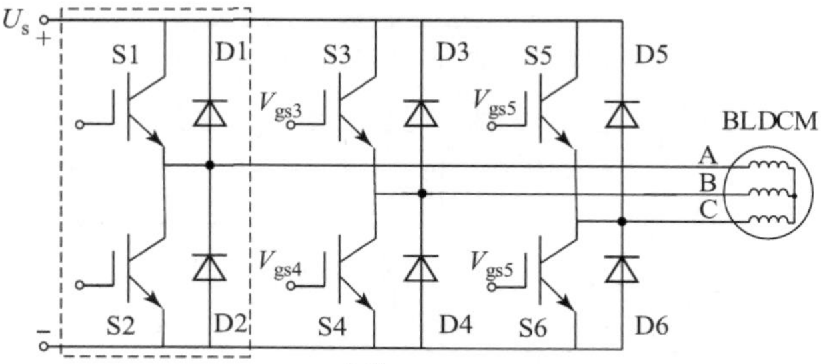

(f)

图 7.13　三相电压桥对应霍尔 6 种有效组合的工作模式（续）

(f) 霍尔状态 110：第 2、第 3 桥臂工作（H 桥）、第 1 个桥臂停止工作

综上所述，直流无刷电动机的驱动控制原理可以总结为表 7.1。

表 7.1　直流无刷电动机驱动霍尔信号与通电顺序

霍尔编号			电角度/(°)	逆时针旋转			顺时针旋转		
1	2	3		A 相	B 相	C 相	A 相	B 相	C 相
0	1	0	30 ~ 90	−	+	0	+	−	0
0	1	1	90 ~ 150	−	0	+	+	0	−
0	0	1	150 ~ 210	0	−	+	0	+	−
1	0	1	210 ~ 270	+	−	0	−	+	0
1	0	0	270 ~ 330	+	0	−	−	0	+
1	1	0	330 ~ 30	0	+	−	0	−	+

注：①表中“+”表示上桥臂开关器件 S(1/3/5) 开通将某相施加电源电压 U_s、“−”表示下桥臂开关器件 S(2/4/6) 开通将某相接地；

②表中的“电角度”目的是为了和“转子机械角度”进行区分。如果电动机的极对数为 1，那么“电角度”和“转子机械角度”相等，即转子旋转 360°时，转过的“电角度”和“机械角度”都是 360°。而在多极对数电动机中，每一个极对数对应的“电角度”为 360°，因此，当“转子机械角度”转过 360°时，“电角度” = 极对数 × 360°。而且，需要强调的是，对多极对数电动机控制过程中，实际是对每个极对数进行单独控制，每个极对数相当于一个电动机，在其 0° ~ 360°电角度范围内，3 个霍尔输出都是 6 种有效组合。因此，当电动机极对数不为 1 时，理解“电角度”和“转子机械角度”对实现电动机控制非常重要。

7.2.3　永磁同步电动机（PMSM）驱动控制原理

永磁同步电动机的结构与直流无刷电动机类似，结构简单、功率密度高、效率高，和直流电动机相比，它没有直流电动机的换向器和电刷等缺点，而且不需要励磁电流，具有功率因数高的优点；与异步电动机相比，存在成本高、启动困难等缺点。为了得到正弦波工作磁场和工作电流，实现高性能调速性能，使得永磁同步电动机的驱动控制原理变得复杂，但其核心仍是以直流电动机的控制为基础进行的。

由于直流电动机和直流无刷电动机的永磁励磁磁场与 H 桥及 3 相电压桥功率变换器驱

动产生的电枢磁场是正交解耦的，对磁通和电磁转矩可分别进行控制，而且直接使用 PWM 信号就可以实现。然而，为了得到正弦波工作磁场，3 相永磁同步电动机的 3 相定子绕组间磁场强耦合同时又与转子磁场耦合，其控制较直流电动机要复杂很多。为此，要实现 3 相永磁同步电动机与直流电动机类似的控制，必须对其磁场与力矩进行解耦，为此矢量控制原理被提出。

3 相永磁同步电动机矢量控制基本原理，是将定子电流矢量分解为产生磁场的电流分量（励磁电流）和产生转矩的电流分量（转矩电流）分别加以控制，并同时控制两分量间的幅值和相位，即控制定子电流矢量，所以称这种控制方式称为矢量控制方式，其具体途径是建立一个以电源角频率旋转的动坐标系（d，q）。因为，尽管从静止坐标系（a，b，c）上看，合成定子电流矢量的各个分量都是随时间不断变化的量，这使得合成矢量在空间以电源角频率旋转从而形成旋转磁场，即合成定子电流矢量也是时变的。但是，由于建立的动坐标系（d，q）与合成定子电流矢量的旋转频率相同，都是电源频率，所以，从动坐标系（d，q）上看，合成的定子电流矢量却是静止的，从而实现 3 相永磁同步电动机的力矩和磁场的良好解耦。

图 7.14 给出了永磁同步电动机基于坐标变换的磁场定向解耦原理。基于功率守恒原理，将（a，b，c）3 相静止坐标系等效为（α，β）2 相静止坐标系，再将 2 相静止坐标系转换为动坐标系（d，q），实现 3 相永磁同步电动机的力矩和磁场的解耦，然后，对定子电流矢量分解产生磁场的电流分量（励磁电流）和产生转矩的电流分量（转矩电流）分别加以控制，获得电动机运动控制所需的磁场和力矩，从而实现 3 相永磁同步电动机控制。

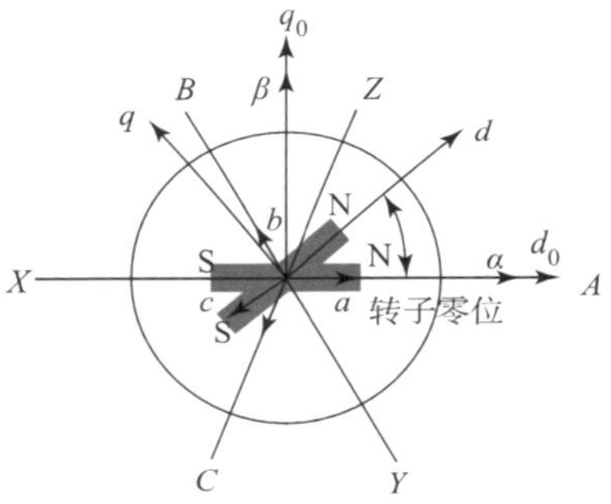

图 7.14　基于坐标变换的磁场定向解耦原理

基于功率守恒原理，利用 Clark 变换，将 3 相静止坐标系变换到 2 相静止坐标系：

$$\begin{bmatrix} i_\alpha \\ i_\beta \end{bmatrix} = \sqrt{\frac{2}{3}} \begin{bmatrix} 1 & -\frac{1}{2} & -\frac{1}{2} \\ 0 & \frac{\sqrt{3}}{2} & -\frac{\sqrt{3}}{2} \end{bmatrix} \begin{bmatrix} i_A \\ i_B \\ i_C \end{bmatrix} \tag{7-3}$$

由于 3 相永磁同步电动机采用的是星型连接，3 相定子电流在电枢绕组的中性点满足基尔霍夫定律，即 3 相电流之和等于 0，即 $i_A + i_B + i_C = 0$。Clark 变换也可写为：

$$\begin{bmatrix} i_\alpha \\ i_\beta \end{bmatrix} = \sqrt{\frac{2}{3}} \begin{bmatrix} \frac{3}{2} & 0 \\ \frac{\sqrt{3}}{2} & \sqrt{3} \end{bmatrix} \begin{bmatrix} i_A \\ i_B \end{bmatrix} \tag{7-4}$$

Clark 的变换矩阵前有一个系数：$\sqrt{\frac{2}{3}}$。对于这个系数的引入，是为了使的变换前后能量守恒，可以根据这个原理计算一下变换前后的功率，可以得到这个系数。3 相坐标下的电流为 i_a，i_b，i_c，根据 Clark 变换：

$$i_\alpha = i_a - \frac{1}{2}i_b - \frac{1}{2}i_c \tag{7-5}$$

$$i_\beta = \frac{\sqrt{3}}{2}i_b - \frac{\sqrt{3}}{2}i_c \tag{7-6}$$

很容易推导出 i_α 和 i_β 的幅值是 i_a 幅值的 1.5 倍，所以设 i_a 的有效值为 A，则 i_α，i_β 的有效值为 $1.5A$。同理，变换前的电压为 U，则变换后的电压有效值为 $1.5U$，则变换前的功率 $P_1 = 3AU$，变换后的功率为：

$$P_2 = 1.5U \times 1.5A \times 2 = 4.5AU \tag{7-7}$$

可见变换前后的功率 P_1 和 P_2 不相等，为了使变换前后功率相等，需要给变换矩阵乘以一个系数，设为 k，则变换后的 i_α，i_β 为：

$$i_\alpha = k\left(i_a - \frac{1}{2}i_b - \frac{1}{2}i_c\right) \tag{7-8}$$

$$i_\beta = k\left(\frac{\sqrt{3}}{2}i_b - \frac{\sqrt{3}}{2}i_c\right) \tag{7-9}$$

则 i_α，i_β 的有效值为 $1.5kA$，电压有效值为 $1.5kU$，则变换后的功率为：

$$P_2 = 1.5kU \times 1.5kA \times 2 = 4.5k^2AU \tag{7-10}$$

令 $P_1 = P_2$，所以 $3AU = 4.5k^2AU$，解得 $k = \sqrt{\frac{2}{3}}$，因此，得到 Clark 变换矩阵的系数为 $\sqrt{\frac{2}{3}}$。

接下来要将 2 相静止坐标系变换到 2 相旋转坐标系，就需要用到 Park 变换：

$$\begin{bmatrix} i_d \\ i_q \end{bmatrix} = \begin{bmatrix} \cos\theta & \sin\theta \\ -\sin\theta & \cos\theta \end{bmatrix} \begin{bmatrix} i_\alpha \\ i_\beta \end{bmatrix} \tag{7-11}$$

定子电压在转子(d, q)坐标系方程为：

$$\begin{bmatrix} u_d \\ u_q \end{bmatrix} = R_s \begin{bmatrix} i_d \\ i_q \end{bmatrix} + \begin{bmatrix} L_d & 0 \\ 0 & L_q \end{bmatrix} p \begin{bmatrix} i_d \\ i_q \end{bmatrix} + \omega \begin{bmatrix} 0 & -L_q \\ L_d & 0 \end{bmatrix} \begin{bmatrix} i_d \\ i_q \end{bmatrix} + \omega \begin{bmatrix} 0 \\ \psi_f \end{bmatrix} \tag{7-12}$$

定子电压在转子(d, q)坐标系的方程没有出现转子的位置，因此，从定子静止两相到转子坐标系之间的变换实现了转子位置角的解耦。

7.2.4 空间电压矢量调制 SVPWM 技术

SVPWM 是由 3 相功率逆变器的 6 个功率开关元件组成的特定开关模式产生的脉宽调制波，能够使输出电流波形尽可能接近于理想的正弦波形。空间电压矢量 PWM 与传统的正弦 PWM 不同，它是从 3 相输出电压的整体效果出发，着眼于如何使电动机获得理想圆形磁链轨迹。电动机转矩脉动降低，旋转磁场更逼近圆形，而且使直流母线电压的利用率有了很大提高，且更易于实现数字化。

SVPWM 的理论基础是基于平均值等效原理，即在一个开关周期内通过对基本电压矢量加以合成，使其平均值与给定电压矢量相等。当电压矢量旋转到某个区域中，可由组成这个区域的两个相邻的非零矢量和零矢量在时间上的不同组合来合成得到。两个矢量的作用时间在一个采样周期内分多次施加，从而控制各个电压矢量的作用时间，使电压空间矢量接近按圆轨迹旋转，通过逆变器的不同开关状态所产生的实际磁通去逼近理想磁通圆，并由两者的比较结果来决定逆变器的开关状态，从而形成 PWM 波形。控制 PMSM 电动机驱动电路如图 7.15 所示。

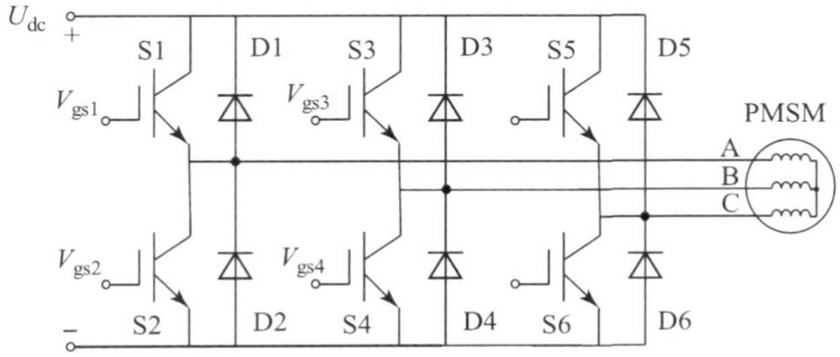

图 7.15　PMSM 电动机驱动电路

由于 3 相 H 桥臂共有 6 个开关管，为了研究各相上下桥臂不同开关组合时逆变器输出的空间电压矢量。定义开关函数 $S_x(x=a,\ b,\ c)$ 为：

$$S_x=\begin{cases}1 & \text{上桥臂导通}\\ 0 & \text{下桥臂导通}\end{cases}$$

（S_a，S_b，S_c）全部可能组合共有 8 个，包括 6 个非零矢量 $\boldsymbol{U}_1$(001)、$\boldsymbol{U}_2$(010)、$\boldsymbol{U}_3$(011)、$\boldsymbol{U}_4$(100)、$\boldsymbol{U}_5$(101)、$\boldsymbol{U}_6$(110)、和两个零矢量 $\boldsymbol{U}_0$(000)、$\boldsymbol{U}_7$(111)，

对 3 相永磁同步电动机来说，转子磁通位置与转子机械位置相同，通过检测转子实际位置就可知电动机转子磁通位置，因此，3 相永磁同步电动机矢量变化控制的实质就是控制定子电流空间矢量相位和幅值。矢量控制原理如图 7.16 所示。

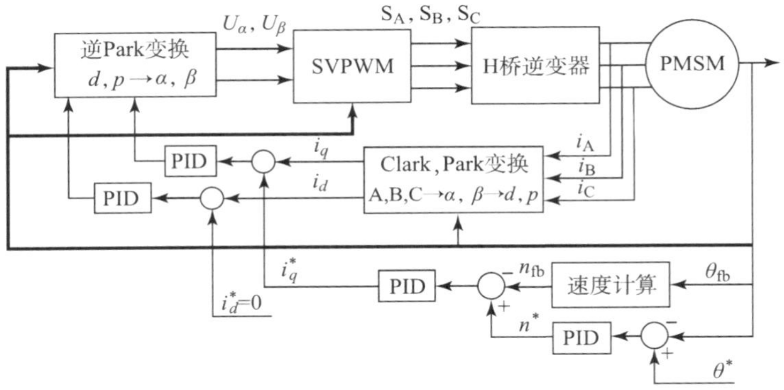

图 7.16　矢量控制原理

如图 7.16 所示，矢量控制具体原理如下：

（1）测量电动机 3 相静止电流；

（2）用 Clark 转换将它们转换成 2 相静止电流；

（3）计算转子磁通空间量的大小和角度位置；

（4）用 Park 转换将定子电流转换成 2 相旋转电流；

（5）定子电流的转矩 i_q 和磁通 i_d 分量由控制器分别进行控制；

（6）通过 Park 反向转换将定子电压空间矢量从旋转坐标系统转换回 2 相静止坐标系统；

（7）用 SVPWM 调制生成 3 相输出电压驱动 3 相永磁同步电动机工作。

由图7.16知，正弦波电动机的电磁转矩的控制最终可归结为对 d 轴、q 轴电流的控制，而对于给定的电磁转矩，不同的 d 轴和 q 轴电流组合就可以得到不同的控制方法，在机器人控制过程中主要是为了力矩输出，因此选用直轴电枢电流为0（即 $i_d=0$），而对 q 轴电流大小进行控制的控制策略。

当正弦波电动机定子电枢电流的直轴分量在控制过程中始终等于0，即 $i_d=0$，磁链和转矩可以简化为：

$$\begin{cases}\psi_d=\psi_f\\ \psi_q=L_q i_q\\ T_e=p_m\psi_f i_q\end{cases} \tag{7-13}$$

直轴电枢电流等于0，相当于等效直轴绕组开路不起作用。因此，如果不考虑定子直轴电压分量，仅仅从交轴电压方程来看，正弦波电动机相当于一台他励直流电动机；定子电枢绕组中只有交轴电流分量 i_q；励磁磁链等于转子永磁磁极产生的磁链且恒定不变；等效交轴绕组中的励磁电势与转子角速度成正比，因为定子磁动势空间矢量与转子永磁体磁场空间矢量相互垂直，所以电磁转矩与交轴电枢电流成正比，对正弦波电动机的控制就变得十分简单。

具体控制过程如下：

SVPWM（空间矢量脉宽调制）是模型建立的关键。

（1）反Park变换。经过电流环PID调节后，可以得到 U_d，U_q，经过反Park变换，就可以得到 U_α 和 U_β，它们作为下面SVPWM的输入变量。

（2）扇区的选择。本模型中采用下述方法：

首先引入判断扇区编号的3个标量 v_a、v_b 和 v_c，2相静止坐标系下给定电压为 U_α，U_β，其关系如图7.17所示。

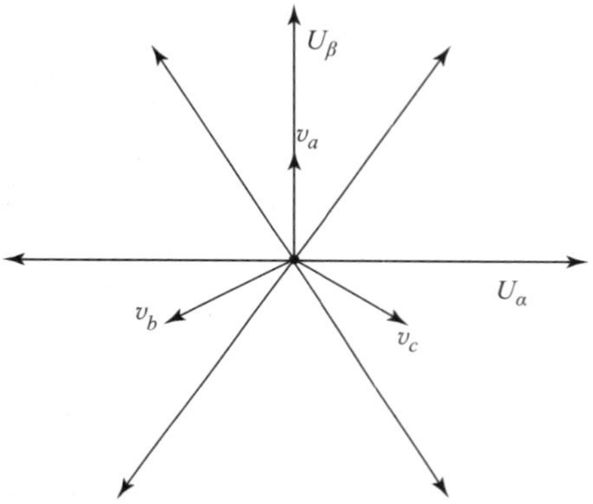

图7.17　v_a、v_b、v_c 同 U_α、U_β 的关系图

将 α，β 坐标系下电压记为 $u_{S\alpha}$，$u_{S\beta}$，因此可以利用下述公式将 $u_{S\alpha}$，$u_{S\beta}$ 变换为 v_a、v_b 和 v_c。

$$\begin{cases}v_a=u_{S\beta}\\ v_b=\dfrac{1}{2}(-\sqrt{3}u_{S\alpha}-u_{S\beta})\\ v_c=\dfrac{1}{2}(\sqrt{3}u_{S\alpha}-u_{S\beta})\end{cases} \tag{7-14}$$

根据 v_a、v_b 和 v_c 的正负确定电压矢量所在的扇区。

令：

$$A=\begin{cases}1 & v_a>0\\ 0 & v_a\leqslant 0\end{cases};\ B=\begin{cases}1 & v_b>0\\ 0 & v_b\leqslant 0\end{cases};\ C=\begin{cases}1 & v_c>0\\ 0 & v_c\leqslant 0\end{cases} \tag{7-15}$$

A、B、C 三个能组合成八个组合，去掉000、111两个，总共能分成六个对应的扇区，则给定电压矢量所在的扇区号为：

$$N=4A+2B+C \tag{7-16}$$

其扇区顺序如图 7.18 所示：

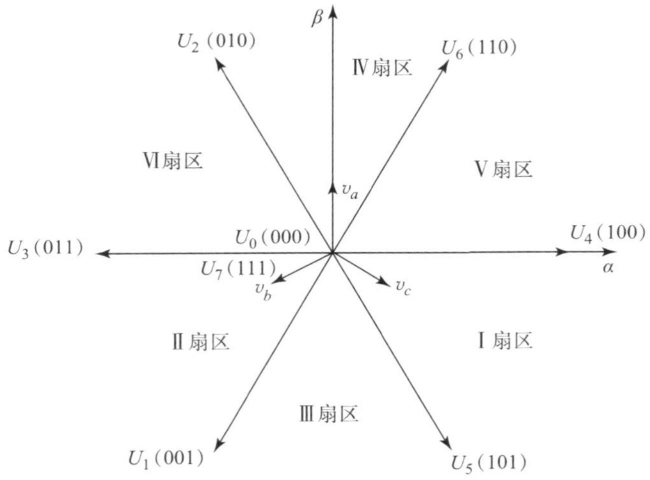

图 7.18　扇区顺序图

(3) 计算 MOSFET 管导通时间。

在每一个扇区，选择相邻的两个电压矢量以及零矢量（参见图 7.19），按照伏秒平衡的原则来合成每个扇区内的任意电压矢量，即：

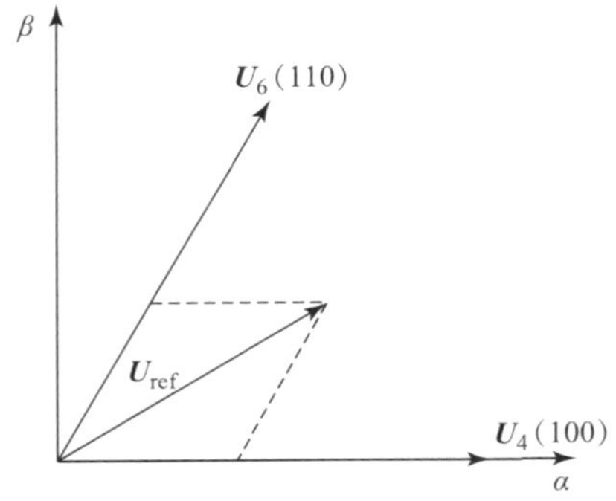

图 7.19　合成电压示意图

$$\begin{aligned} \boldsymbol{U}_{\mathrm{ref}} T_{\mathrm{s}} &= \boldsymbol{U}_4 T_1 + \boldsymbol{U}_6 T_2 \\ T_0 &= T_{\mathrm{s}} - T_1 - T_2 \end{aligned} \tag{7-17}$$

可得：

$$\begin{aligned} \boldsymbol{U}_{\mathrm{ref}\alpha} T_{\mathrm{s}} &= \boldsymbol{U}_4 T_1 + \boldsymbol{U}_6 T_2 \cos 60^\circ \\ \boldsymbol{U}_{\mathrm{ref}\beta} T_{\mathrm{s}} &= \boldsymbol{U}_6 T_2 \sin 60^\circ \end{aligned} \tag{7-18}$$

由 $|\boldsymbol{U}_4| = |\boldsymbol{U}_6| = \boldsymbol{U}_{dc}$，$|\boldsymbol{U}_{\mathrm{ref}\alpha}| = u_{S\alpha}$，$|\boldsymbol{U}_{\mathrm{ref}\beta}| = u_{S\beta}$，得

$$\begin{aligned} T_1 &= \left(u_{S\alpha} - \frac{u_{S\beta}}{\sqrt{3}} \right) \frac{T_{\mathrm{s}}}{U_{dc}} \\ T_2 &= \frac{2T_{\mathrm{s}}}{\sqrt{3} U_{dc}} u_{S\beta} \end{aligned} \tag{7-19}$$

$$T_0 = T_s - T_1 - T_2$$

其中，$\boldsymbol{U}_{ref}$为期望电压矢量；T_s 为开关周期；T_1、T_2、T_0 分别为对应两个非零电压矢量 $\boldsymbol{U}_x$、$\boldsymbol{U}_y$ 和零电压矢量 $\boldsymbol{U}_0$ 在一个采样周期的作用时间，矢量 $\boldsymbol{U}_{ref}$在 T_s 时间内所产生的积分效果值和 $\boldsymbol{U}_x$、$\boldsymbol{U}_y$、$\boldsymbol{U}_0$ 分别在时间 T_1、T_2、T_0 内产生的积分效果相加总和值相同。由于三相正弦波电压在电压空间矢量中合成一个等效的旋转电压，其旋转速度是输入电源角频率，等效旋转电压的轨迹将是一个圆形，会产生一个近似圆形的磁链。

由功率等效，将上述计算时间乘以$\frac{3}{2}$，引入 3 个通用变量 X、Y 和 Z 来计算时间：

$$\begin{cases} X = \dfrac{\sqrt{3}T_s}{U_{dc}}u_{S\beta} \\ Y = \dfrac{\sqrt{3}T_s}{2U_{dc}}u_{S\beta} + \dfrac{3T_s}{2U_{dc}}u_{S\alpha} \\ Z = \dfrac{\sqrt{3}T_s}{2U_{dc}}u_{S\beta} - \dfrac{3T_s}{2U_{dc}}u_{S\alpha} \end{cases} \tag{7-20}$$

则扇区编号与计算时间的关系如表 7.2 所示。

表 7.2　扇区编号与计算时间关系

扇区编号 N	Ⅰ	Ⅱ	Ⅲ	Ⅳ	Ⅴ	Ⅵ
时间 Time_1	Y	$-X$	$-Y$	Z	$-Z$	X
时间 Time_2	$-X$	Z	$-Z$	Y	X	$-Y$

如果计算时间出现饱和现象，那么计算时间 Time_1 和 Time_2 必须进行修正。修正的方法是：

$$\begin{cases} \text{Time\_1} = \dfrac{\text{Time\_1}\,T_s}{\text{Time\_1} + \text{Time\_2}} \\ \text{Time\_2} = \dfrac{\text{Time\_2}\,T_s}{\text{Time\_1} + \text{Time\_2}} \end{cases} \tag{7-21}$$

假设两个零电压矢量的作用时间相等，则根据总时间恒定原则，得零电压矢量作用的时间：

$$\text{Time\_0} = \text{Time\_7} = \frac{T_s - \text{Time\_1} - \text{Time\_2}}{2} \tag{7-22}$$

总时间分配如图 7.20 所示：

比较三种电动机驱动方式可以看出，永磁无刷直流电动机（BLDCM）与传统有刷直流电动机相比，是用电子换向取代原直流电动机的机械换向，并将原有刷直流电动机的定转子颠倒（转子采用永磁体）从而省去了机械换向器和电刷，其定子电流为方波。BLDCM 工作磁场是梯形、工作电流是方波的，易产生转矩脉动，低速性能欠佳。正弦波形永磁同步电动机 PMSM

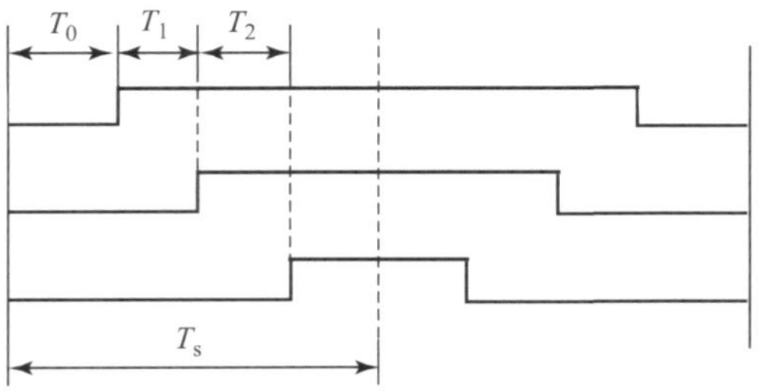

图 7.20　三相桥的时间分配图

工作磁场是均匀旋转磁场，转矩脉动量很小，运行噪声也很小，具有良好的低速性能；但 BLDCM 相比 PMSM 的出力和效率会提高 10% 以上。

7.3　关节伺服多环路控制器设计

PID（Proportion 比例、Integral 积分、Derivative 微分）调节器由于物理意义明确、结构简单、工作可靠，被广泛用于过程控制和运动控制中，特别是被控对象的结构和参数不能完全掌握，或得不到准确的数学模型，导致控制理论的其他技术难以采用时，应用 PID 调节器进行控制最为方便。PID 调节器是一种负反馈控制，整合了系统状态量的过去、现在和将来的信息。其中，P（比例）代表当前的控制信息，起纠正偏差作用，使被控系统反应迅速；I（积分）代表过去积累的信息，只有通过积分作用，才能消除系统的静态误差，但可能增加超调；D（微分）代表对系统将来的预测信息，在信号变化时有超前控制作用，有利于减小超调、克服振荡、加快系统的过渡过程。

PID 是一种线性调节器。它根据输入与实际输出反馈的误差对系统进行控制，即进行比例、积分和微分线性组合形成控制量，对被控对象进行控制，如图 7.21 所示。

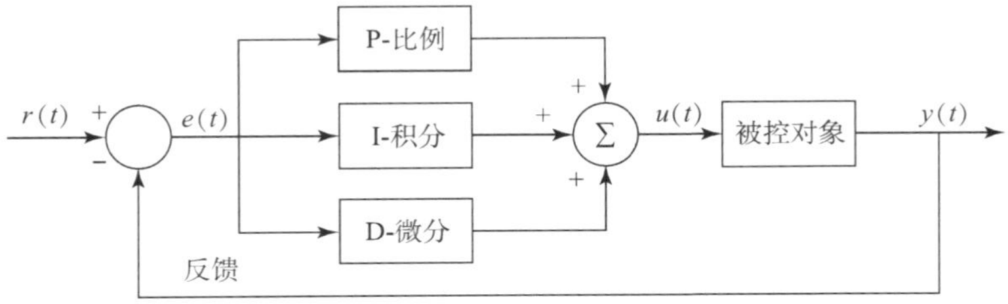

图 7.21　PID 调节器控制原理

$r(t)$ 与 $y(t)$ 为期望输入和控制输出，$e(t)$ 为 PID 调节器控制误差，通过比例、积分和微分调节形成控制量 $u(t)$，对被控对象进行控制以实现输出 $y(t)$ 逼近期望值。PID 调节器的离散型控制函数为

$$u(k) = K_P\left[e(k) + \frac{T_S}{T_I}\sum_{i=0}^{k}e(i) + T_D\frac{e(k) - e(k-1)}{T_S}\right] \tag{7-23}$$

式中 K_P 为比例系数，T_I 为积分时间常数，T_D 为微分时间常数，T_S 为控制频率。

PID 调节器主要有位置式和增量式两种。位置式 PID 调节器，又称为全量算法，必须将系统偏差的全部过去值 $e(k)(j=1, 2, 3, \cdots, k)$ 全部存储起来。增量式 PID 调节器，又称为递推式算法，仅考虑有限的系统偏差值 $e(k)$。PID 调节器的参数设计，一般是先调比例参数，接着调节积分参数，最后调节微分参数。

本章主要讲述增量式 PID 调节器。由式（7－23）可得到

$$u(k-1) = K_p\left[e(k-1) + \frac{T_S}{T_I}\sum_{i=0}^{k} e(i) + T_D\frac{e(k-1)-e(k-2)}{T_S}\right] \tag{7-24}$$

式（7－23）减去式（7－24）可以得到增量式 PID 调节器的增量控制函数

$$\Delta u(k) = K_p\left\{e(k) - e(k-1) + \frac{T_S}{T_I}e(k) + \frac{T_D}{T_S}[e(k) - 2e(k-1) + e(k-2)]\right\} \tag{7-25}$$

因此，可以得到增量式 PID 调节器的控制函数

$$u(k) = u(k-1) + A_0e(k) + A_1e(k-1) + A_2e(k-1) \tag{7-26}$$

式中，$A_0 = K_p\left(1 + \frac{T_S}{T_I} + \frac{T_D}{T_S}\right)$，$A_1 = -K_p\left(1 + 2\frac{T_D}{T_S}\right)$，$A_2 = K_p\frac{T_D}{T_S}$。

7.3.1 PID 参数调节方法

PID 的控制原理相对简单，参数调节方法也浅显易懂，但是，要实现满意的控制却非易事，需要有丰富的实战经验才能实现。单环路的 PID 三参数调节，原则上先调比例系数，后调积分系数，最后调微分系数，但实际上必须存在一个混合微调的过程，这需要以深刻理解被控伺服系统特性为基础。尤为重要的是，尽管单环路的 PID 三参数调完之后，还存在三环路嵌套控制的参数匹配问题，这也是高精度、高速度、平稳性要求伺服定位系统要解决的最困难的问题。一般来讲，先把最内环即控制频率最高的电流环 PID 参数调好，保证伺服系统中的核心运动部件电动机可以根据电流指令进行实时稳定运动，为速度环的高平稳运动控制提供前提；然后，再调节速度环 PID 参数，保证伺服系统中的核心运动部件电动机可以根据速度指令进行速度稳定跟踪运动，为高精度定位的位置环提供保障；最后，调节位置环 PID 参数，确保能控制伺服系统进行高精度定位控制。电流环、速度环、位置环间的参数匹配调节与单环 PID 调节过程类似，也会存在一个混合微调的过程。

7.3.2 伺服驱动多环路 PID 参数匹配调节

位置 PID 环的输出作为速度 PID 环的输入 Spd_Ref；速度 PID 环的输出作为电流 PID 环的输入 T_Ref。在位置环、速度环以及电流环 PID 输出要加入限幅环节，避免 PID 输出值过大，这就涉及限幅大小与反馈值之间的系数匹配问题。

现结合图 7.22，举例说明 PID 三环路参数匹配问题。

对于位置环，若位置给定单位是度，反馈位置单位也是度，则系数 3 的值设为 1 即可，如反馈位置单位为 rad，则系数 3 应设置为 57.3；

对于速度环，若位置环 PID 输出为 ±10，要求速度控制范围在 ±3000r/min，反馈的速度单位为转/分，则系数 2 的值应设为 1/300；

对于电流环，若速度环 PID 输出限幅为 ±10，要求电流在 ±5A 范围内变化，则系数 1 的值应设为 2。

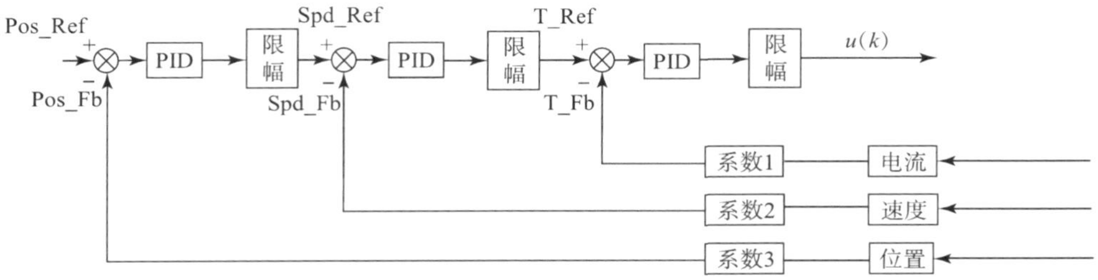

图 7.22　多环路 PID 参数匹配调节

在多环路 PID 参数调节过程中，应优先调节电流环，这是电动机运动平稳的前提；再调速度环，这是电动机转动平稳的保障；最后调位置环，这是电动机定位质量的体现。

7.4　应用实例

针对 7.2.1 介绍的直流伺服电动机设计了基于 DSP28335 的驱动电路原理图和编写了控制程序。针对 7.2.2 和 7.2.3 介绍的无刷直流电动机和永磁同步电动机，设计了基于 DSP28335 的驱动电路原理图，并依据无刷直流电动机驱动原理以及永磁同步电动机 SVPWM 驱动原理分别编写了相应的驱动控制程序实例，以上驱动电路和控制程序见附录－第 7 章。

习　　题

7.1　阐述利用双极式 PWM 控制直流电动机驱动原理，并分析当占空比为 50% 时电动机的速度。

7.2　阐述无刷直流电动机工作原理，并详细分析不同扇区通电顺序与 MOS 管通断情况。

7.3　解释 Clark 与 Park 变换的作用分别是什么。

7.4　简述增量式 PID 算法与传统 PID 算法相比有什么优点，并利用 C 语言编程实现增量式 PID 算法。

7.5　多环路 PID 参数调节过程中，电流环、速度环、位置环间参数是如何匹配的？

第 8 章 程序实例

第 8 章

机器人动力学

机器人动力学是研究机器人运动与关节力矩之间关系的方法。其主要分为两类：一类是动力学正问题，即已知机器人各关节的驱动力矩，求机器人各关节的位置、速度、加速度，这主要用于机器人动力学仿真；另一类是动力学逆问题，即已知机器人各关节瞬时位置、速度、加速度，求当前时刻各关节的驱动力矩，这对于机器人的控制很有帮助。

本章针对串联机器人的动力学逆问题进行研究，对刚体加速度进行了分析，着重介绍了利用牛顿 - 欧拉方程求解机械臂动力学的方法，并对其他动力学求解方法进行了介绍。最后对 6 自由度工业机器人的动力学建模问题进行了实例分析。

8.1 刚体的加速度

为了计算机器人动力学，首先需要分析刚体的加速度问题。在第 5 章中，已经对刚体的速度进行了分析，在任一瞬时，对刚体的线速度和角速度进行求导，可分别得到线加速度${}^B\dot{\boldsymbol{V}}_P$和角加速度${}^A\dot{\boldsymbol{\Omega}}_B$，即

$$ {}^B\dot{\boldsymbol{V}}_P = \frac{\mathrm{d}}{\mathrm{d}t}\,{}^B\boldsymbol{V}_P = = \lim_{\Delta t \to 0} \frac{{}^B\boldsymbol{V}_P(t+\Delta t) - {}^B\boldsymbol{V}_P(t)}{\Delta t} \tag{8-1} $$

和

$$ {}^A\dot{\boldsymbol{\Omega}}_B = \frac{\mathrm{d}}{\mathrm{d}t}\,{}^A\boldsymbol{\Omega}_B = \lim_{\Delta t \to 0} \frac{{}^A\boldsymbol{\Omega}_B(t+\Delta t) - {}^A\boldsymbol{\Omega}_B(t)}{\Delta t} \tag{8-2} $$

同速度一样，当微分的参考坐标系为世界坐标系 $\{U\}$ 时，可用下列符号表示刚体的线加速度和角加速度，即：

$$ \dot{\boldsymbol{V}}_A = {}^U\dot{\boldsymbol{V}}_{AORG} \tag{8-3} $$

和

$$ \dot{\boldsymbol{\omega}}_A = {}^U\dot{\boldsymbol{\Omega}}_A \tag{8-4} $$

8.1.1 线加速度

坐标系 $\{B\}$ 下的一个变化矢量为${}^B\boldsymbol{P}$，当坐标系 $\{A\}$ 的原点与坐标系 $\{B\}$ 重合时，矢量${}^B\boldsymbol{P}$ 在坐标系 $\{A\}$ 下的速度可以表示为：

$$ {}^A\boldsymbol{V}_P = {}^A_B\boldsymbol{R}\,{}^B\boldsymbol{V}_P + {}^A\boldsymbol{\Omega}_B \times {}^A_B\boldsymbol{R}\,{}^B\boldsymbol{P} \tag{8-5} $$

该方程描述的是矢量${}^BP$ 在坐标系 A 下随时间变化的情况。由于两个坐标系的原点重合，因此可以把式（8 - 5）改写成如下形式：

$$\frac{\mathrm{d}}{\mathrm{d}t}({}_B^A\boldsymbol{R}^B\boldsymbol{P})={}_B^A\boldsymbol{R}^B\boldsymbol{V}_P+{}^A\boldsymbol{\Omega}_B\times{}_B^A\boldsymbol{R}^B\boldsymbol{P} \tag{8-6}$$

这种形式的方程在求解相应的加速度方程时很方便。

对式（8－5）求导，当坐标系｛A｝和｛B｝的原点重合时，可得到${}^B\boldsymbol{P}$的加速度在坐标系｛A｝中的表达式：

$$^A\dot{\boldsymbol{V}}_P=\frac{\mathrm{d}}{\mathrm{d}t}({}_B^A\boldsymbol{R}^B\boldsymbol{V}_P)+{}^A\dot{\boldsymbol{\Omega}}_B\times{}_B^A\boldsymbol{R}^B\boldsymbol{P}+{}^A\boldsymbol{\Omega}_B\times\frac{\mathrm{d}}{\mathrm{d}t}({}_B^A\boldsymbol{R}^B\boldsymbol{P}) \tag{8-7}$$

对上式中的第一项和最后一项应用式（8－6），则式（8－7）右边成为：

$${}_B^A\boldsymbol{R}^B\dot{\boldsymbol{V}}_P+{}^A\boldsymbol{\Omega}_B\times{}_B^A\boldsymbol{R}^B\boldsymbol{V}_P+{}^A\dot{\boldsymbol{\Omega}}_B\times{}_B^A\boldsymbol{R}^B\boldsymbol{P}+{}^A\boldsymbol{\Omega}_B\times({}_B^A\boldsymbol{R}^B\boldsymbol{V}_P+{}^A\boldsymbol{\Omega}_B\times{}_B^A\boldsymbol{R}^B\boldsymbol{P}) \tag{8-8}$$

将上式中的同类项合并，整理得：

$${}_B^AR^B\dot{\boldsymbol{V}}_P+2{}^A\boldsymbol{\Omega}_B\times{}_B^A\boldsymbol{R}^B\boldsymbol{V}_P+{}^A\dot{\boldsymbol{\Omega}}_B\times{}_B^A\boldsymbol{R}^B\boldsymbol{P}+{}^A\boldsymbol{\Omega}_B\times({}^A\boldsymbol{\Omega}_B\times{}_B^A\boldsymbol{R}^B\boldsymbol{P}) \tag{8-9}$$

最后，为了将结论推广到两个坐标系原点不重合的一般情况，附加一个表示坐标系｛B｝原点线加速度的项，最终得到一般表达式：

$$^A\dot{\boldsymbol{V}}_P={}^A\dot{\boldsymbol{V}}_{BORG}+{}_B^A\boldsymbol{R}^B\dot{\boldsymbol{V}}_P+2{}^A\boldsymbol{\Omega}_B\times{}_B^A\boldsymbol{R}^B\boldsymbol{V}_P+{}^A\dot{\boldsymbol{\Omega}}_B\times{}_B^A\boldsymbol{R}^B\boldsymbol{P}+{}^A\boldsymbol{\Omega}_B\times({}^A\boldsymbol{\Omega}_B\times{}_B^A\boldsymbol{R}^B\boldsymbol{P}) \tag{8-10}$$

值得指出的是当${}^B\boldsymbol{P}$是常量时，即

$$^B\boldsymbol{V}_P={}^B\dot{\boldsymbol{V}}_P=0 \tag{8-11}$$

在这种情况下，式（8－10）简化为：

$$^A\dot{\boldsymbol{V}}_P={}^B\dot{\boldsymbol{V}}_{BORG}+{}^A\boldsymbol{\Omega}_B\times({}^A\boldsymbol{\Omega}_B\times{}_B^A\boldsymbol{R}^B\boldsymbol{P})+{}^A\dot{\boldsymbol{\Omega}}_B\times{}_B^A\boldsymbol{R}^B\boldsymbol{P} \tag{8-12}$$

上式常用于计算旋转关节操作臂连杆的线加速度。当操作臂的连接为移动关节时，常用一般表达式（8－10）。

8.1.2 角加速度

假设坐标系｛B｝以角速度${}^A\boldsymbol{\Omega}_B$相对于坐标系｛$A$｝转动，同时坐标系｛$C$｝以角速度${}^B\boldsymbol{\Omega}_C$相对于坐标系｛$B$｝转动。为求${}^A\boldsymbol{\Omega}_C$，在坐标系｛$A$｝中进行矢量相加：

$$^A\boldsymbol{\Omega}_C={}^A\boldsymbol{\Omega}_B+{}_B^A\boldsymbol{R}^B\boldsymbol{\Omega}_C \tag{8-13}$$

对上式求导，得

$$^A\dot{\boldsymbol{\Omega}}_C={}^A\dot{\boldsymbol{\Omega}}_B+\frac{\mathrm{d}}{\mathrm{d}t}({}_B^AR^B\Omega_C) \tag{8-14}$$

将式（8－6）代入上式右侧最后一项中，得

$$^A\dot{\boldsymbol{\Omega}}_C={}^A\dot{\boldsymbol{\Omega}}_B+{}_B^A\boldsymbol{R}^B\dot{\boldsymbol{\Omega}}_C+{}^A\boldsymbol{\Omega}_B\times{}_B^A\boldsymbol{R}^B\boldsymbol{\Omega}_C \tag{8-15}$$

可用上式计算操作臂连杆的角加速度。

8.2 牛顿方程

为了对机械臂各杆件的动力学状态进行分析，首先采用牛顿方程对物体的平移运动进行分析，得到外部作用力与运动状态之间的关系。

8.2.1 质点的牛顿方程

若质点的质量为 m，矢径为 $\boldsymbol{r}$，加在质点上的合力为 $\boldsymbol{F}$，则根据牛顿第二定律有

$$\boldsymbol{F}=m\ddot{\boldsymbol{r}} \tag{8-16}$$

8.2.2 平动刚体的牛顿方程

刚体平动是指刚体上每一点都以相同的速度运动，记刚体上质点 i 的质量为 m_i，相对于世界坐标系 $\{U\}$ 的矢径为 $\boldsymbol{r}_i$，质点 i 受到的外部作用力合力为 $\boldsymbol{F}_i^{(e)}$，受到的刚体内部其他质点间的相互作用力为 $\boldsymbol{F}_i^{(i)}$，则由牛顿第二定律可得

$$m_i\frac{\mathrm{d}}{\mathrm{d}t}\dot{\boldsymbol{r}}_i=\boldsymbol{F}_i^{(e)}+\boldsymbol{F}_i^{(i)} \tag{8-17}$$

从而对整个刚体有

$$\sum_i m_i\frac{\mathrm{d}}{\mathrm{d}t}\dot{\boldsymbol{r}}_i=\sum_i\boldsymbol{F}_i^{(e)}+\sum_i\boldsymbol{F}_i^{(i)} \tag{8-18}$$

由牛顿第三定律可知，刚体内部质点间的相互作用力总是成对出现，大小相等，方向相反，故可以得到

$$\sum_i\boldsymbol{F}_i^{(i)}=0 \tag{8-19}$$

可知作用于刚体上所有外力的和即为作用在刚体上的外力系的合力 $\boldsymbol{F}$，即有

$$\sum_i\boldsymbol{F}_i^{(e)}=\boldsymbol{F} \tag{8-20}$$

又由于刚体上每个质点的速度均相同，可得

$$\sum_i m_i\frac{\mathrm{d}}{\mathrm{d}t}\dot{\boldsymbol{r}}_i=\left(\sum_i m_i\right)\frac{\mathrm{d}}{\mathrm{d}t}\dot{\boldsymbol{r}}=m\ddot{\boldsymbol{r}} \tag{8-21}$$

式中 $\dot{\boldsymbol{r}}$ 为刚体整体的平动速度，$m=\sum_i m_i$ 为刚体总质量。

所以由式（8－17）～式（8－21）可知，平动刚体的牛顿方程可写为

$$\boldsymbol{F}=m\ddot{\boldsymbol{r}} \tag{8-22}$$

平动刚体的牛顿方程与质点的牛顿方程具有完全相同的形式，这时，$\ddot{\boldsymbol{r}}$ 为平动刚体上任一点的加速度。

8.2.3 一般运动刚体的牛顿方程

对于作一般运动的刚体，其同时进行平动与转动。因此，刚体上各点的速度一般是不相同的，对于质点 i，根据牛顿第二定律可得

$$m_i\frac{\mathrm{d}^2}{\mathrm{d}t^2}\boldsymbol{r}_i=\boldsymbol{F}_i^{(e)}+\boldsymbol{F}_i^{(i)} \tag{8-23}$$

由质心定义可得

$$\sum_i m_i\boldsymbol{r}_i=m\boldsymbol{r}_C \tag{8-24}$$

式中 m 为刚体总质量，$\boldsymbol{r}_C$ 为刚体质心相对于世界坐标系 $\{U\}$ 的矢径，因此有

$$\sum_i m_i\frac{\mathrm{d}^2}{\mathrm{d}t^2}\boldsymbol{r}_i=\frac{\mathrm{d}^2}{\mathrm{d}t^2}\sum_i m_i\boldsymbol{r}_i=\frac{\mathrm{d}^2}{\mathrm{d}t^2}m\boldsymbol{r}_C=m\ddot{\boldsymbol{r}}_C \tag{8-25}$$

代入式（8－23），结合式（8－19）与式（8－20）可得

$$\boldsymbol{F} = m\ddot{\boldsymbol{r}}_C \tag{8-26}$$

至此，得到了作一般运动的刚体的牛顿方程，它在形式上与平动刚体的牛顿方程一致，但式中加速度 $\ddot{r}_C$ 必须是刚体质心的加速度。这个方程没有体现刚体的转动情况，也就是说，对于作一般运动的刚体，仅用牛顿方程不能完全反映刚体的全部动力学行为，需结合欧拉方程才能完整地体现刚体动力学。

8.3　欧拉方程

上一小节中可以看到，仅仅使用牛顿方程无法对刚体的转动情况进行描述，本小节中，将利用欧拉方程对刚体的转动进行分析。

8.3.1　动量矩定理

1. 质点的动量矩定理

对于一个质量为 m 的质点，其相对于固定参考点 O 的矢径为 $\boldsymbol{r}$，则质点的动量为

$$m\boldsymbol{v} = m\dot{\boldsymbol{r}} \tag{8-27}$$

式中 $\boldsymbol{v}$ 为质点速度，则质点对参考点 O 的动量矩定义为

$$\boldsymbol{l}_O = \boldsymbol{r} \times m\boldsymbol{v} \tag{8-28}$$

将动量矩 $\boldsymbol{l}_O$ 求导，得到

$$\dot{\boldsymbol{l}}_O = \dot{\boldsymbol{r}} \times m\boldsymbol{v} + \boldsymbol{r} \times m\dot{\boldsymbol{v}} = \boldsymbol{v} \times m\boldsymbol{v} + \boldsymbol{r} \times m\ddot{\boldsymbol{r}} = \boldsymbol{r} \times m\ddot{\boldsymbol{r}} \tag{8-29}$$

将牛顿方程 $\boldsymbol{F} = m\ddot{\boldsymbol{r}}$ 代入上式，并记 $\boldsymbol{n}_O = \boldsymbol{r} \times \boldsymbol{F}$ 为 $\boldsymbol{F}$ 对 O 点的力矩，则有

$$\dot{\boldsymbol{l}}_O = \boldsymbol{n}_O \tag{8-30}$$

由此得到质点的动量矩定理，即质点对一定点 O 的动量矩的导数等于作用在该质点上的合力对 O 点的力矩。

2. 刚体对定点的动量矩定理

对于质量为 m 的刚体，以固定点 O 为参考点，其上面的每一质点 i 都满足动量矩定理

$$\dot{\boldsymbol{l}}_{iO} = \boldsymbol{n}_{iO}^{(e)} + \boldsymbol{n}_{iO}^{(i)} \tag{8-31}$$

式中 $\boldsymbol{l}_{iO} = \boldsymbol{r}_i \times m_i\dot{\boldsymbol{r}}_i$ 是质点 i 对 O 点的动量矩，$\boldsymbol{n}_{iO}^{(e)} = \boldsymbol{r}_i \times \boldsymbol{F}_i^{(e)}$ 是作用在质点 i 上的合外力 $\boldsymbol{F}_i^{(e)}$ 对 O 点的力矩，$\boldsymbol{n}_{iO}^{(i)} = \boldsymbol{r}_i \times \boldsymbol{F}_i^{(i)}$ 是质点 i 上的合内力 $\boldsymbol{F}_i^{(i)}$ 对 O 点的力矩。对于整个刚体可以得到

$$\sum_i \dot{\boldsymbol{l}}_{iO} = \sum_i \boldsymbol{n}_{iO}^{(e)} + \sum_i \boldsymbol{n}_{iO}^{(i)} \tag{8-32}$$

由于牛顿第三定律，刚体上质点内力成对出现，大小相等，方向相反，因此 $\sum\limits_i \boldsymbol{n}_{iO}^{(i)} = 0$，所以上式可变成

$$\sum_i \dot{\boldsymbol{l}}_{iO} = \sum_i \boldsymbol{n}_{iO}^{(e)} \tag{8-33}$$

定义 $\boldsymbol{L}_O = \sum\limits_i \boldsymbol{l}_{iO} = \sum\limits_i \boldsymbol{r}_i \times m_i\dot{\boldsymbol{r}}_i$ 为刚体对 O 点的动量矩，$\boldsymbol{M}_O = \sum\limits_i \boldsymbol{n}_{iO}^{(e)} = \sum\limits_i \boldsymbol{r}_i \times \boldsymbol{F}_i^{(e)}$ 为刚体所受外力系对点 O 的力矩，则上式可写为

$$\dot{\boldsymbol{L}}_O = \boldsymbol{M}_O \tag{8-34}$$

至此得到了刚体对于定点的动量矩定理，即刚体对定点 O 的动量矩的导数等于刚体所受外力系对点 O 的合力矩。

3. 刚体对动点的动量矩定理

记刚体上质点 i 在以定点 O 为原点的坐标系中的矢径为 $\boldsymbol{r}_i$，从动点 P 到质点 i 的矢径为 $\tilde{\boldsymbol{r}}_i$，则有

$$\boldsymbol{r}_i = \overrightarrow{OP} + \tilde{\boldsymbol{r}}_i \tag{8-35}$$

因此，刚体对 P 点的绝对动量矩为

$$\begin{aligned}\boldsymbol{L}_P &= \sum_i \tilde{\boldsymbol{r}}_i \times m_i \dot{r}_i = \sum_i (r_i - \overrightarrow{OP}) \times m_i \dot{r}_i \\ &= \boldsymbol{L}_O - \overrightarrow{OP} \times \frac{\mathrm{d}}{\mathrm{d}t} \sum_i m_i \boldsymbol{r}_i\end{aligned} \tag{8-36}$$

由质心定义可知

$$\sum_i m_i \boldsymbol{r}_i = m \boldsymbol{r}_C \tag{8-37}$$

式中 $\boldsymbol{r}_C$ 为质心矢径，因此式（8-36）可写为

$$\boldsymbol{L}_P = \boldsymbol{L}_O - \overrightarrow{OP} \times \frac{\mathrm{d}}{\mathrm{d}t} m \boldsymbol{r}_C = \boldsymbol{L}_O - \overrightarrow{OP} \times m \boldsymbol{v}_C \tag{8-38}$$

式中 $\boldsymbol{v}_C = \dot{\boldsymbol{r}}_C$ 为刚体质心速度，上式反映了刚体对动点与定点动量矩之间的关系。

对式（8-38）进行求导，可以得到

$$\begin{aligned}\dot{\boldsymbol{L}}_P &= \dot{\boldsymbol{L}}_O - \dot{\overrightarrow{OP}} \times m \boldsymbol{v}_C - \overrightarrow{OP} \times m \ddot{r}_C \\ &= \boldsymbol{M}_O - \boldsymbol{v}_P \times m \boldsymbol{v}_C + \overrightarrow{PO} \times \boldsymbol{F}\end{aligned} \tag{8-39}$$

式中 $\boldsymbol{v}_P$ 为 P 点速度，考虑到 $\boldsymbol{M}_O + \overrightarrow{PO} \times \boldsymbol{F} = \boldsymbol{M}_P$ 为作用在刚体上的外力系对 P 点的主矩，因此式（8-39）又可写为

$$\dot{\boldsymbol{L}}_P = \boldsymbol{M}_P - \boldsymbol{v}_P \times m \boldsymbol{v}_C \tag{8-40}$$

至此得到了刚体对于任意点 P 的动量矩定理。

从上式可以看出，若参考点 P 选择为刚体质心时，因为 $\boldsymbol{v}_P \times m \boldsymbol{v}_C = \boldsymbol{v}_C \times m \boldsymbol{v}_C = 0$，可以转化为

$$\dot{\boldsymbol{L}}_C = \boldsymbol{M}_C \tag{8-41}$$

上式表明，无论刚体作什么运动，刚体对质心的动量矩定理总具有和刚体对定点的动量矩定理完全相同的简单形式。

8.3.2 惯性张量与动量矩

1. 刚体对定点动量矩的坐标表达式

设刚体以角速度 ω 绕定点 O 转动，这时，刚体上任一矢径为 $\boldsymbol{r}_i$ 的质点 i 的速度为

$$\dot{\boldsymbol{r}}_i = \boldsymbol{v}_i = \omega \times \boldsymbol{r}_i \tag{8-42}$$

按动量矩定义可知

$$\boldsymbol{L}_O = \sum_i \boldsymbol{r}_i \times m \dot{\boldsymbol{r}}_i = \sum_i m [\boldsymbol{r}_i \times (\omega \times \boldsymbol{r}_i)] \tag{8-43}$$

依据矢量叉乘的拉格朗日公式可知

$$a \times (b \times c) = (a \cdot c) b - (a \cdot b) c \tag{8-44}$$

因此式（8-43）可写为

$$\boldsymbol{L}_O = \sum_i m\left[(\boldsymbol{r}_i^{\mathrm{T}}\boldsymbol{r}_i)\omega - (\boldsymbol{r}_i^{\mathrm{T}}\omega)\boldsymbol{r}_i\right] \tag{8-45}$$

记 $\boldsymbol{r}_i$ 在以定点 O 为原点的坐标系中的表示为 $\boldsymbol{r}_i = [x_i \quad y_i \quad z_i]^{\mathrm{T}}$，则由上式可得 $\boldsymbol{L}_O$ 在此坐标系中的表达式为

$$\begin{aligned}
\boldsymbol{L}_O &= \sum_i m\left[(\boldsymbol{r}_i^{\mathrm{T}}\boldsymbol{r}_i)\omega - (\boldsymbol{r}_i^{\mathrm{T}}\omega)\boldsymbol{r}_i\right] \\
&= \sum_i m\left[(\boldsymbol{r}_i^{\mathrm{T}}\boldsymbol{r}_i)\omega - \boldsymbol{r}_i(\boldsymbol{r}_i^{\mathrm{T}}\omega)\right] \\
&= \left\{\sum_i m\left[(\boldsymbol{r}_i^{\mathrm{T}}\boldsymbol{r}_i)\boldsymbol{I} - \boldsymbol{r}_i\boldsymbol{r}_i^{\mathrm{T}}\right]\right\}\omega \\
&= \begin{bmatrix} \sum_i m_i(y_i^2+z_i^2) & -\sum_i m_i x_i y_i & -\sum_i m_i x_i z_i \\ -\sum_i m_i x_i y_i & \sum_i m_i(x_i^2+z_i^2) & -\sum_i m_i y_i z_i \\ -\sum_i m_i x_i z_i & -\sum_i m_i y_i z_i & \sum_i m_i(x_i^2+y_i^2) \end{bmatrix}\omega \\
&\triangleq \boldsymbol{I}_O\omega
\end{aligned} \tag{8-46}$$

上式中 $\boldsymbol{I}_O$ 为刚体对定点 O 的惯性张量阵，其可写作

$$\boldsymbol{I}_O = \begin{bmatrix} I_{xx} & -I_{xy} & -I_{xz} \\ -I_{xy} & I_{yy} & -I_{yz} \\ -I_{xz} & -I_{yz} & I_{zz} \end{bmatrix} \tag{8-47}$$

可以看出，它是一个对称矩阵，进一步利用此时的动能表达式可以证明它是一个正定矩阵。

对于惯性张量有如下几点需要注意：

（1）惯性张量的表示与坐标系的选择有关，若坐标系 1 和坐标系 2 是以定点 O 为原点的两个坐标系，且坐标系 2 到坐标系 1 下的旋转矩阵为 ${}_2^1\boldsymbol{R}$，则同一刚体对定点 O 的惯性张量阵在坐标系 1 和坐标系 2 中的两个表示 ${}^1\boldsymbol{I}_O$ 和 ${}^2\boldsymbol{I}_O$ 间有以下关系

$${}^1\boldsymbol{I}_O = {}_2^1\boldsymbol{R}\,{}^2\boldsymbol{I}_O({}_2^1\boldsymbol{R})^{\mathrm{T}} \tag{8-48}$$

（2）当利用动量矩的坐标表达式 $\boldsymbol{L}_O = \boldsymbol{I}_O\omega$ 时，要注意此时的 $\boldsymbol{L}_O$，$\boldsymbol{I}_O$，ω 都应在同一坐标系下表示。

（3）当将惯性张量 $\boldsymbol{I}_O$ 表示在与刚体固连的坐标系中时，它是一常值矩阵。

（4）只有当刚体绕定点 O 做定点转动时，其对 O 点的动量矩 $\boldsymbol{L}_O$ 才能表示为 $\boldsymbol{L}_O = \boldsymbol{I}_O\omega$。

（5）假设 $\{C\}$ 是以刚体质心为原点的坐标系，$\{A\}$ 为任意平移后的坐标系，依据平行移轴定理可以表示为

$$\begin{aligned}
{}^A I_{xx} &= {}^C I_{xx} + m(y_c^2 + z_c^2) \\
{}^A I_{yy} &= {}^C I_{yy} + m(x_c^2 + z_c^2) \\
{}^A I_{zz} &= {}^C I_{zz} + m(x_c^2 + y_c^2) \\
{}^A I_{xy} &= {}^C I_{xy} - m x_c y_c
\end{aligned} \tag{8-49}$$

$$^{A}I_{xz} = {}^{C}I_{xz} - mx_c z_c$$

$$^{A}I_{yz} = {}^{C}I_{yz} - my_c z_c$$

矢量 $\boldsymbol{P}_c = [x_c \quad y_c \quad z_c]^{\mathrm{T}}$ 表示刚体质心在坐标系 $\{A\}$ 中的位置。平行移轴定理又可以表示成为矢量－矩阵形式

$$^{A}\boldsymbol{I} = {}^{C}\boldsymbol{I} + m\left(\boldsymbol{P}_c^{\mathrm{T}}\boldsymbol{P}_c\boldsymbol{I}_3 - \boldsymbol{P}_c\boldsymbol{P}_c^{\mathrm{T}}\right) \tag{8-50}$$

2. 刚体对质心动量矩的坐标表达式

由定义知，刚体对其质心的相对动量矩 $\boldsymbol{L}_C^r = \sum_i \boldsymbol{r}_{C_i} \times m_i\dot{\boldsymbol{r}}_{C_i}$，因质点 i 相对质心 C 的速度$\dot{\boldsymbol{r}}_{C_i} = \boldsymbol{\omega} \times \boldsymbol{r}_{C_i}$（$\boldsymbol{\omega}$ 为刚体角速度）。代入上式后用于推导定点转动刚体的动量矩同样的方法可以得到

$$\begin{aligned}\boldsymbol{L}_C^r &= \sum_i m_i\left[\boldsymbol{r}_{C_i} \times \left(\boldsymbol{\omega} \times \boldsymbol{r}_{C_i}\right)\right] \\ &= \sum_i m_i\left[\left(\boldsymbol{r}_{C_i}^{\mathrm{T}}\boldsymbol{r}_{C_i}\right)\boldsymbol{\omega} - \left(\boldsymbol{r}_{C_i}^{\mathrm{T}}\boldsymbol{\omega}\right)\boldsymbol{r}_{C_i}\right]\end{aligned} \tag{8-51}$$

记 $\boldsymbol{r}_{C_i}$在一与刚体固连的坐标系中的坐标表达式分别为 $\tilde{\boldsymbol{r}}_{C_i} = \begin{bmatrix}\tilde{x} & \tilde{y} & \tilde{z}\end{bmatrix}^{\mathrm{T}}$，则由上式可知

$$\begin{aligned}\tilde{\boldsymbol{L}}_C^r &= \sum_i m_i\left[\left(\tilde{\boldsymbol{r}}_{C_i}^{\mathrm{T}}\tilde{\boldsymbol{r}}_{C_i}\right)\tilde{\boldsymbol{\omega}} - \tilde{\boldsymbol{r}}_{C_i}\tilde{\boldsymbol{r}}_{C_i}^{\mathrm{T}}\tilde{\boldsymbol{\omega}}\right] \\ &= \left\{\sum_i m_i\left[\left(\tilde{\boldsymbol{r}}_{C_i}^{\mathrm{T}}\tilde{\boldsymbol{r}}_{C_i}\right)I - \tilde{\boldsymbol{r}}_{C_i}\tilde{\boldsymbol{r}}_{C_i}^{\mathrm{T}}\right]\right\}\tilde{\boldsymbol{\omega}} \\ &= \begin{bmatrix}\sum_i m_i(\tilde{y}_i^2 + \tilde{z}_i^2) & -\sum_i m_i\tilde{x}_i\tilde{y}_i & -\sum_i m_i\tilde{x}_i\tilde{z}_i \\ -\sum_i m_i\tilde{x}_i\tilde{y}_i & \sum_i m_i(\tilde{x}_i^2 + \tilde{z}_i^2) & -\sum_i m_i\tilde{y}_i\tilde{z}_i \\ -\sum_i m_i\tilde{x}_i\tilde{z}_i & -\sum_i m_i\tilde{y}_i\tilde{z}_i & \sum_i m_i(\tilde{x}_i^2 + \tilde{y}_i^2)\end{bmatrix}\tilde{\boldsymbol{\omega}} \\ &\triangleq \tilde{\boldsymbol{I}}_C\tilde{\boldsymbol{\omega}}\end{aligned} \tag{8-52}$$

式中 $\tilde{\boldsymbol{I}}_C$ 为质心处的转动惯量。

8.3.3 欧拉方程

一矢量 $\boldsymbol{a}$ 的绝对导数是指相对一静止坐标系的时间导数，记为$\frac{\mathrm{d}a}{\mathrm{d}t}$，而其相对导数是指该矢量相对一动坐标系的时间导数，记为$\frac{\tilde{\mathrm{d}}a}{\mathrm{d}t}$，依据矢量力学中的“变矢量的绝对导数与相对导数定理”可得

$$\frac{\mathrm{d}a}{\mathrm{d}t} = \frac{\tilde{\mathrm{d}}a}{\mathrm{d}t} + \omega \times a \tag{8-53}$$

式中 ω 为动系相对静系的角速度。

欧拉方程就是用变矢量的绝对导数和相对导数定理把动量矩定理表示在动坐标系（通常是与刚体固连的坐标系）中。

1. 绕定点转动刚体的欧拉方程

由刚体对定点 O 的动量矩定理式（8－34）及变矢量的绝对导数与相对导数定理式（8－53）可以得到

$$\dot{\boldsymbol{L}}_O=\frac{\mathrm{d}\boldsymbol{L}_O}{\mathrm{d}t}=\frac{\tilde{\mathrm{d}}\boldsymbol{L}_O}{\mathrm{d}t}+\omega\times\boldsymbol{L}_O=\boldsymbol{M}_O \tag{8-54}$$

式中$\frac{\tilde{\mathrm{d}}\boldsymbol{L}_O}{\mathrm{d}t}$表示将刚体对定点 O 的动量矩 $\boldsymbol{L}_O$ 相对一与刚体固连的坐标系求导，ω 为与此刚体固连坐标系的角速度。

若刚体绕定点 O 转动，则将上式表示在上述与刚体固连的坐标系中，并利用动量矩的坐标表达式（8－46），可得

$$\frac{\tilde{\mathrm{d}}}{\mathrm{d}t}(\boldsymbol{I}_O\omega)+\omega\times(\boldsymbol{I}_O\omega)=\left(\frac{\tilde{\mathrm{d}}}{\mathrm{d}t}\boldsymbol{I}_O\right)\omega+\boldsymbol{I}_O\frac{\tilde{\mathrm{d}}}{\mathrm{d}t}\omega+\omega\times(\boldsymbol{I}_O\omega)=\boldsymbol{M}_O \tag{8-55}$$

因刚体对 O 点的惯性张量在与刚体固连坐标系中的表示 $\boldsymbol{I}_O$ 是常值矩阵，所以

$$\frac{\tilde{\mathrm{d}}}{\mathrm{d}t}\boldsymbol{I}_O=0 \tag{8-56}$$

又由式（8－53）可知

$$\frac{\tilde{\mathrm{d}}}{\mathrm{d}t}\omega=\frac{\mathrm{d}}{\mathrm{d}t}\omega-\omega\times\omega=\frac{\mathrm{d}\omega}{\mathrm{d}t}=\dot{\omega} \tag{8-57}$$

将式（8－56）与式（8－57）代入（8－55）可得绕定点 O 转动刚体的欧拉方程

$$\boldsymbol{I}_O\dot{\omega}+\omega\times\boldsymbol{I}_O\omega=\boldsymbol{M}_O \tag{8-58}$$

2. 绕动点转动刚体的欧拉方程

利用变矢量的绝对导数与相对导数定理，可将刚体对质心的动量矩定理（8－41）表示为

$$\frac{\tilde{\mathrm{d}}\boldsymbol{L}_C^r}{\mathrm{d}t}+\omega\times\boldsymbol{L}_C^r=\boldsymbol{M}_C \tag{8-59}$$

式中$\frac{\tilde{\mathrm{d}}}{\mathrm{d}t}$表示相对于刚体固连的坐标系求导，$\omega$ 为刚体角速度。将此式表示在与刚体固连的坐标系中，并利用刚体对其质心的动量矩的表达式（8－52），得到

$$\frac{\tilde{\mathrm{d}}}{\mathrm{d}t}(\tilde{\boldsymbol{I}}_C\tilde{\omega})+\omega\times(\tilde{\boldsymbol{I}}_C\tilde{\omega})=\left(\frac{\tilde{\mathrm{d}}}{\mathrm{d}t}\tilde{\boldsymbol{I}}_C\right)\tilde{\omega}+\tilde{I}_C\frac{\tilde{\mathrm{d}}}{\mathrm{d}t}\tilde{\omega}+\tilde{\omega}\times(\tilde{I}_C\tilde{\omega})=\tilde{M}_C \tag{8-60}$$

因刚体对其质心的惯性张量在与刚体固连坐标系中的表示 $\tilde{\boldsymbol{I}}_C$为常值矩阵，因此$\frac{\tilde{\mathrm{d}}}{\mathrm{d}t}\tilde{\boldsymbol{I}}_C=0$，又用证明式（8－57）相同的方法可证明$\frac{\tilde{\mathrm{d}}}{\mathrm{d}t}\tilde{\omega}_C=\dot{\boldsymbol{\omega}}$，代入上式可得

$$\tilde{\boldsymbol{I}}_C\dot{\boldsymbol{\omega}}+\tilde{\omega}\times\tilde{I}_C\tilde{\omega}=\tilde{M}_C \tag{8-61}$$

由此得到作一般运动刚体对其质心的欧拉方程。

对于欧拉方程有以下几点需要注意：

(1) 欧拉方程中的各量均为在与刚体固连坐标系中的表达式，但可以证明，对于任一坐标系均有

$$\boldsymbol{I}_C\dot{\omega}+\omega\times\boldsymbol{I}_C\omega=\boldsymbol{M}_C \tag{8-62}$$

式中各量均为在给定坐标系中的表达式，但此时惯性张量阵可能不是常值矩阵，无法预先计算或辨识出来，因此一般将欧拉方程表示在与刚体固连的坐标系中。

（2）欧拉方程是描述刚体转动特性的方程。

（3）刚体对其质心的欧拉方程对作任意运动的刚体都是成立的，因此，当用欧拉方程描述刚体转动情况时，可等效为研究绕其质心作定点转动的刚体。结合前面研究的牛顿方程，可以知道，刚体的一般运动可以分解为随质心的平动和绕质心的转动，其随质心平动的动力学特性可用牛顿方程来描述，而其绕质心转动的动力学特性可用欧拉方程来描述，也就是说通过牛顿－欧拉方程可以对整个刚体的运动进行描述。

8.4　牛顿－欧拉迭代动力学方程

牛顿－欧拉方程可以描述一个刚体的动力学特性，对于机械臂而言，其是一个多刚体系统，为了对整个系统的动力学进行描述，需要挨个对每一个刚体的动力学特性进行分析，从而得到整个机械臂动力学特性。本节主要解决的是机械臂的动力学逆问题，即已知关节的位置、速度和加速度，计算得到驱动各个关节的运动所需要的力矩。

8.4.1　计算速度和加速度的向外迭代法

为了计算得到作用在连杆上的惯性力，需要计算机械臂每个连杆在当前时刻的角速度、线加速度和角加速度，可应用迭代方法完成这些计算。首先对连杆 1 进行计算，接着计算下一个连杆，这样一直向外迭代到连杆 n。

假定坐标系 $\{C_i\}$ 固连于连杆 i 上，坐标系原点位于连杆质心处，且各坐标系原坐标轴方位与原连杆坐标系 $\{i\}$ 方位相同，在第 5 章中已经知道速度在连杆间的传递方程如下：

$$^{i+1}\omega_{i+1} = {}^{i+1}_{i}\boldsymbol{R}\,{}^{i}\omega_i + \dot{\theta}_{i+1}\,{}^{i+1}\boldsymbol{Z}_{i+1} \tag{8-63}$$

由式（8－15）可以得到连杆之间角加速度传递方程：

$$^{i+1}\dot{\omega}_{i+1} = {}^{i+1}_{i}\boldsymbol{R}\,{}^{i}\dot{\omega}_i + {}^{i+1}_{i}\boldsymbol{R}\,{}^{i}\omega_i \times \dot{\theta}_{i+1}\,{}^{i+1}\boldsymbol{Z}_{i+1} + \ddot{\theta}_{i+1}\,{}^{i+1}\boldsymbol{Z}_{i+1} \tag{8-64}$$

当第 $i+1$ 个关节是移动关节时，上式可简化为

$$^{i+1}\dot{\omega}_{i+1} = {}^{i+1}_{i}\boldsymbol{R}\,{}^{i}\dot{\omega}_i \tag{8-65}$$

应用式（8－12）可以得到每个连杆坐标系原点的线加速度：

$$^{i+1}\dot{\boldsymbol{v}}_{i+1} = {}^{i+1}_{i}\boldsymbol{R}[\,{}^{i}\dot{\omega}_i \times {}^{i}\boldsymbol{P}_{i+1} + {}^{i}\omega_i \times ({}^{i}\omega_i \times {}^{i}\boldsymbol{P}_{i+1}) + {}^{i}\dot{\boldsymbol{v}}_i\,] \tag{8-66}$$

当第 $i+1$ 个关节是移动关节时，上式变化为（根据式（8－10））

$$\begin{aligned} ^{i+1}\dot{\boldsymbol{v}}_{i+1} = {} & {}^{i+1}_{i}\boldsymbol{R}({}^{i}\dot{\omega}_i \times {}^{i}\boldsymbol{P}_{i+1} + {}^{i}\omega_i \times ({}^{i}\omega_i \times {}^{i}\boldsymbol{P}_{i+1}) + {}^{i}\dot{\boldsymbol{v}}_i) + \\ & 2\,{}^{i+1}\omega_{i+1} \times \dot{\boldsymbol{d}}_{i+1}\,{}^{i+1}\boldsymbol{Z}_{i+1} + \ddot{\boldsymbol{d}}_{i+1}\,{}^{i+1}\boldsymbol{Z}_{i+1} \end{aligned} \tag{8-67}$$

同理，应用式（8－12）可以得到每个连杆质心的线加速度：

$$^{i}\dot{\boldsymbol{v}}_{C_i} = {}^{i}\dot{\omega}_i \times {}^{i}\boldsymbol{P}_{C_i} + {}^{i}\omega_i \times ({}^{i}\omega_i \times {}^{i}\boldsymbol{P}_{C_i}) + {}^{i}\dot{\boldsymbol{v}}_i \tag{8-68}$$

对于连杆 1，其前一个杆件为基座，通常 ${}^{0}\omega_0 = {}^{0}\dot{\omega}_0 = 0$，故计算较为简单。

计算出每个连杆质心的线加速度和角加速度之后，运用牛顿－欧拉公式便可以计算出作用在连杆质心上的惯性力和力矩。即：

$$\begin{aligned} \boldsymbol{F}_i &= m\dot{\boldsymbol{v}}_{C_i} \\ \boldsymbol{N}_i &= {}^{C_i}\boldsymbol{I}\dot{\omega}_i + \omega_i \times {}^{C_i}\boldsymbol{I}\omega_i \end{aligned} \tag{8-69}$$

式中坐标系 $\{C_i\}$ 的原点位于连杆质心，各坐标轴方位与原连杆坐标系 $\{i\}$ 方位相同。

8.4.2　计算力和力矩的向内迭代法

在得到作用在每个连杆上的力和力矩之后，需要计算得到每个关节的驱动力矩，根据典型连杆在无重力状态下的受力列出力平衡方程和力矩平衡方程。每个连杆都受到相邻连杆的作用力和力矩以及附加的惯性力和力矩。

记 $\boldsymbol{f}_i$ 为连杆 $i-1$ 作用在连杆上的力，$\boldsymbol{n}_i$ 为连杆 $i-1$ 作用在连杆上的力矩，将所有作用在连杆 i 的力相加，可以得到力平衡方程：

$$^{i}\boldsymbol{F}_i = {}^{i}\boldsymbol{f}_i - {}_{i+1}^{\ \ i}\boldsymbol{R}^{i+1}\boldsymbol{f}_{i+1} \tag{8-70}$$

将所有作用在质心上的力矩相加，并且令它们的和为零，可得到力矩平衡方程：

$$^{i}\boldsymbol{N}_i = {}^{i}\boldsymbol{n}_i - {}^{i}\boldsymbol{n}_{i+1} + (-{}^{i}\boldsymbol{P}_{C_i}) \times {}^{i}\boldsymbol{f}_i - ({}^{i}\boldsymbol{P}_{i+1} - {}^{i}\boldsymbol{P}_{C_i}) \times {}^{i}\boldsymbol{f}_{i+1} \tag{8-71}$$

结合力平衡方程式（8－70）并进行旋转变化，式（8－71）可写成

$$^{i}\boldsymbol{N}_i = {}^{i}\boldsymbol{n}_i - {}_{i+1}^{\ \ i}\boldsymbol{R}^{i+1}\boldsymbol{n}_{i+1} - {}^{i}\boldsymbol{P}_{C_i} \times {}^{i}\boldsymbol{F}_i - {}^{i}\boldsymbol{P}_{i+1} \times {}_{i+1}^{\ \ i}\boldsymbol{R}^{i+1}\boldsymbol{f}_{i+1} \tag{8-72}$$

最后，重新排列力和力矩方程，形成相邻连杆从高序号向低序号排列的迭代关系：

$$^{i}\boldsymbol{f}_i = {}_{i+1}^{\ \ i}\boldsymbol{R}^{i+1}\boldsymbol{f}_{i+1} + {}^{i}\boldsymbol{F}_i \tag{8-73}$$

$$^{i}\boldsymbol{n}_i = {}^{i}\boldsymbol{N}_i + {}_{i+1}^{\ \ i}\boldsymbol{R}^{i+1}\boldsymbol{n}_{i+1} + {}^{i}\boldsymbol{P}_{C_i} \times {}^{i}\boldsymbol{F}_i + {}^{i}\boldsymbol{P}_{i+1} \times {}_{i+1}^{\ \ i}\boldsymbol{R}^{i+1}\boldsymbol{f}_{i+1} \tag{8-74}$$

应用这些方程可对连杆依次求解，从连杆 n 开始向内迭代一直到机器人基座，从而获取各个关节受到的作用力与力矩。在实际驱动时，常取关节驱动轴方向为 Z 方向，因此可以得到关节驱动力矩为：

$$\tau_i = {}^{i}\boldsymbol{n}_i^{\mathrm{T}\,i}\boldsymbol{Z}_i \tag{8-75}$$

对于移动关节 i，有

$$\tau_i = {}^{i}\boldsymbol{f}_i^{\mathrm{T}\,i}\boldsymbol{Z}_i \tag{8-76}$$

式中符号 $\boldsymbol{\tau}$ 表示线性驱动力。

注意，对一个在自由空间中运动的机器人来说，其末端受到的外力 ${}^{N+1}\boldsymbol{f}_{N+1}$ 和 ${}^{N+1}\boldsymbol{n}_{N+1}$ 等于零，因此应用这些方程首先计算连杆 n 时是很简单的。如果机器人与环境接触，${}^{N+1}\boldsymbol{f}_{N+1}$ 和 ${}^{N+1}\boldsymbol{n}_{N+1}$ 不为零，力平衡方程中就包含了接触力和力矩。

8.4.3　牛顿－欧拉迭代动力学算法

对上述算法进行总结，由关节运动计算关节力矩的完整算法由两部分组成。第一部分是对每个连杆应用牛顿－欧拉方程，从连杆 1 到连杆 n 向外迭代计算连杆的速度和加速度。第二部分是从连杆 n 到连杆 1 向内迭代计算连杆间的相互作用力和力矩以及关节驱动力矩。对于转动关节来说，这个算法归纳如下：

外推：0→5

$$^{i+1}\omega_{i+1} = {}_{\ \ i}^{i+1}\boldsymbol{R}^{i}\omega_i + \dot{\theta}_{i+1}{}^{i+1}\boldsymbol{Z}_{i+1} \tag{8-77}$$

$$^{i+1}\dot{\boldsymbol{\omega}}_{i+1} = {}_{\ \ i}^{i+1}\boldsymbol{R}^{i}\dot{\omega}_i + {}_{\ \ i}^{i+1}\boldsymbol{R}^{i}\omega_i \times \dot{\theta}_{i+1}{}^{i+1}\boldsymbol{Z}_{i+1} + \ddot{\theta}_{i+1}{}^{i+1}\boldsymbol{Z}_{i+1} \tag{8-78}$$

$$^{i+1}\dot{\boldsymbol{v}}_{i+1} = {}_{\ \ i}^{i+1}\boldsymbol{R}[{}^{i}\dot{\omega}_i \times {}^{i}\boldsymbol{P}_{i+1} + {}^{i}\omega_i \times ({}^{i}\omega_i \times {}^{i}\boldsymbol{P}_{i+1}) + {}^{i}\dot{\boldsymbol{v}}_i] \tag{8-79}$$

$$^{i+1}\dot{\boldsymbol{v}}_{C_{i+1}} = {}^{i+1}\dot{\omega}_{i+1} \times {}^{i+1}\boldsymbol{P}_{C_{i+1}} + {}^{i+1}\omega_{i+1} \times ({}^{i+1}\omega_{i+1} \times {}^{i+1}\boldsymbol{P}_{C_{i+1}}) + {}^{i+1}\dot{\boldsymbol{v}}_{i+1} \tag{8-80}$$

$$^{i+1}\boldsymbol{F}_{i+1} = m_{i+1}{}^{i+1}\dot{\boldsymbol{v}}_{C_{i+1}} \tag{8-81}$$

$$^{i+1}\boldsymbol{N}_{i+1} = {}^{C_{i+1}}\boldsymbol{I}_{i+1}{}^{i+1}\dot{\boldsymbol{\omega}}_{i+1} + {}^{i+1}\boldsymbol{\omega}_{i+1} \times {}^{C_{i+1}}\boldsymbol{I}_{i+1}{}^{i+1}\boldsymbol{\omega}_{i+1} \tag{8-82}$$

内推：6→1

$$^{i}\boldsymbol{f}_i = {}_{i+1}^{i}\boldsymbol{R}^{i+1}\boldsymbol{f}_{i+1} + {}^{i}\boldsymbol{F}_i \tag{8-83}$$

$$^{i}\boldsymbol{n}_i = {}^{i}\boldsymbol{N}_i + {}_{i+1}^{i}\boldsymbol{R}^{i+1}\boldsymbol{n}_{i+1} + {}^{i}\boldsymbol{P}_{C_i} \times {}^{i}\boldsymbol{F}_i + {}^{i}\boldsymbol{P}_{i+1} \times {}_{i+1}^{i}\boldsymbol{R}^{i+1}\boldsymbol{f}_{i+1} \tag{8-84}$$

$$\tau_i = {}^{i}\boldsymbol{n}_i^{\mathrm{T}\,i}\boldsymbol{Z}_i \tag{8-85}$$

8.4.4 考虑重力的动力学算法

以上算法为不考虑重力加速度时的情况，在重力环境下，令基座加速度$^0\dot{v}_0 = G$，便可以很简单地得到重力环境下的动力学方程。式中G与重力加速度矢量大小相等，但方向相反。此时等效于机器人以$1g$的加速度做向上的加速运动，这与重力作用在连杆上的效果是相同的，因此不需要其他额外的计算就可以得到重力情况下的动力学方程。

例 8.1

对如图 8.1 所示的平面二连杆机械臂，运用牛顿－欧拉方程建立动力学方程，假设操作臂杆件质量均集中在连杆末端，分别为m_1和m_2。

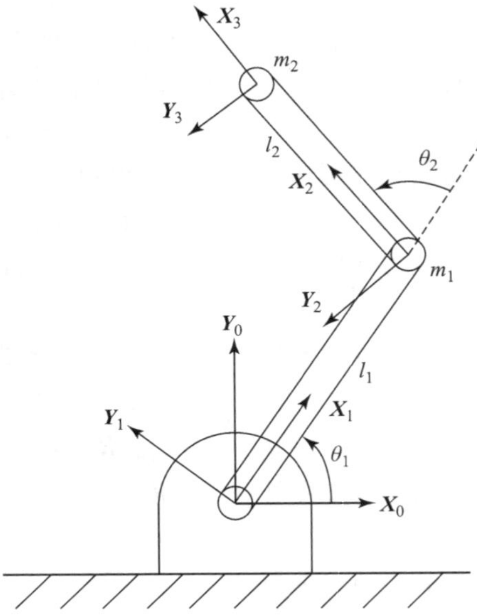

图 8.1　平面二连杆机械臂

每个杆件质心在其杆件坐标系下的表示为

$$^1\boldsymbol{P}_{C_1} = l_1\boldsymbol{X}_1 = [l_1 \quad 0 \quad 0]^{\mathrm{T}}$$

$$^2\boldsymbol{P}_{C_2} = l_2\boldsymbol{X}_2 = [l_2 \quad 0 \quad 0]^{\mathrm{T}}$$

每个坐标系在其上一个坐标系下的表示为

$$^0\boldsymbol{P}_1 = [0 \quad 0 \quad 0]^{\mathrm{T}}$$

$$^1\boldsymbol{P}_2 = l_1\boldsymbol{X}_1 = [l_1 \quad 0 \quad 0]^{\mathrm{T}}$$

由于杆件质量集中在一点，因此各杆件质心处的惯性张量均为 0，即

$$\boldsymbol{I}_{C_1} = 0$$

$$\boldsymbol{I}_{C_2} = 0$$

基座处于静止状态，因此有

$$\omega_0 = 0$$

$$\dot{\omega}_0 = 0$$

由于处于重力环境下，因此基座受重力加速度影响，有

$$^0\dot{\boldsymbol{v}}_0 = g\boldsymbol{Y}_0$$

机械臂末端不受外力，因此有

$$\boldsymbol{f}_3 = 0$$

$$\boldsymbol{n}_3 = 0$$

基座、杆件 1、杆件 2 之间的坐标转换关系为

$$ {}_{i+1}^{\ \ i}\boldsymbol{R} = \begin{bmatrix} c_{i+1} & -s_{i+1} & 0 \\ s_{i+1} & c_{i+1} & 0 \\ 0 & 0 & 1 \end{bmatrix} $$

$$ {}_{\ \ i}^{i+1}\boldsymbol{R} = \begin{bmatrix} c_{i+1} & s_{i+1} & 0 \\ -s_{i+1} & c_{i+1} & 0 \\ 0 & 0 & 1 \end{bmatrix} $$

（1）外推：

杆件 1

$$ {}^{1}\boldsymbol{\omega}_1 = \dot{\theta}_1 {}^{1}\boldsymbol{Z}_1 = [0 \quad 0 \quad \dot{\theta}_1]^{\mathrm{T}} $$

$$ {}^{1}\dot{\boldsymbol{\omega}}_1 = \ddot{\theta}_1 {}^{1}\boldsymbol{Z}_1 = [0 \quad 0 \quad \ddot{\theta}_1]^{\mathrm{T}} $$

$$ {}^{1}\dot{\boldsymbol{v}}_1 = \begin{bmatrix} c_1 & s_1 & 0 \\ -s_1 & c_1 & 0 \\ 0 & 0 & 1 \end{bmatrix} \begin{bmatrix} 0 \\ g \\ 0 \end{bmatrix} = \begin{bmatrix} gs_1 \\ gc_1 \\ 0 \end{bmatrix} $$

$$ {}^{1}\dot{\boldsymbol{v}}_{C_1} = \begin{bmatrix} 0 & -\ddot{\theta}_1 & 0 \\ \ddot{\theta}_1 & 0 & 0 \\ 0 & 0 & 0 \end{bmatrix} \begin{bmatrix} l_1 \\ 0 \\ 0 \end{bmatrix} + \begin{bmatrix} 0 & -\dot{\theta}_1 & 0 \\ \dot{\theta}_1 & 0 & 0 \\ 0 & 0 & 0 \end{bmatrix} \left(\begin{bmatrix} 0 & -\dot{\theta}_1 & 0 \\ \dot{\theta}_1 & 0 & 0 \\ 0 & 0 & 0 \end{bmatrix} \begin{bmatrix} l_1 \\ 0 \\ 0 \end{bmatrix} \right) + \begin{bmatrix} gs_1 \\ gc_1 \\ 0 \end{bmatrix} $$

$$ = \begin{bmatrix} 0 \\ l_1\ddot{\theta}_1 \\ 0 \end{bmatrix} + \begin{bmatrix} -l_1\dot{\theta}_1^2 \\ 0 \\ 0 \end{bmatrix} + \begin{bmatrix} gs_1 \\ gc_1 \\ 0 \end{bmatrix} = \begin{bmatrix} -l_1\dot{\theta}_1^2 + gs_1 \\ l_1\ddot{\theta}_1 + gc_1 \\ 0 \end{bmatrix} $$

$$ {}^{1}\boldsymbol{F}_1 = m_1 \begin{bmatrix} -l_1\dot{\theta}_1^2 + gs_1 \\ l_1\ddot{\theta}_1 + gc_1 \\ 0 \end{bmatrix} = \begin{bmatrix} -m_1 l_1\dot{\theta}_1^2 + m_1 gs_1 \\ m_1 l_1\ddot{\theta}_1 + m_1 gc_1 \\ 0 \end{bmatrix} $$

$$ {}^{1}\boldsymbol{N}_1 = [0 \quad 0 \quad 0]^{\mathrm{T}} $$

杆件 2

$$ {}^{2}\boldsymbol{\omega}_2 = \begin{bmatrix} c_2 & s_2 & 0 \\ -s_2 & c_2 & 0 \\ 0 & 0 & 1 \end{bmatrix} \begin{bmatrix} 0 \\ 0 \\ \dot{\theta}_1 \end{bmatrix} + \begin{bmatrix} 0 \\ 0 \\ \dot{\theta}_2 \end{bmatrix} = \begin{bmatrix} 0 \\ 0 \\ \dot{\theta}_1 + \dot{\theta}_2 \end{bmatrix} $$

$$ {}^{2}\dot{\boldsymbol{\omega}}_2 = \begin{bmatrix} c_2 & s_2 & 0 \\ -s_2 & c_2 & 0 \\ 0 & 0 & 1 \end{bmatrix} \begin{bmatrix} 0 \\ 0 \\ \ddot{\theta}_1 \end{bmatrix} + \begin{bmatrix} c_2 & s_2 & 0 \\ -s_2 & c_2 & 0 \\ 0 & 0 & 1 \end{bmatrix} \begin{bmatrix} 0 & -\dot{\theta}_1 & 0 \\ \dot{\theta}_1 & 0 & 0 \\ 0 & 0 & 0 \end{bmatrix} \begin{bmatrix} 0 \\ 0 \\ \dot{\theta}_2 \end{bmatrix} + \begin{bmatrix} 0 \\ 0 \\ \ddot{\theta}_2 \end{bmatrix} = \begin{bmatrix} 0 \\ 0 \\ \ddot{\theta}_1 + \ddot{\theta}_2 \end{bmatrix} $$

$$ {}^{2}\dot{\boldsymbol{v}}_2 = \begin{bmatrix} c_2 & s_2 & 0 \\ -s_2 & c_2 & 0 \\ 0 & 0 & 1 \end{bmatrix} \left(\begin{bmatrix} 0 & -\ddot{\theta}_1 & 0 \\ \ddot{\theta}_1 & 0 & 0 \\ 0 & 0 & 0 \end{bmatrix} \begin{bmatrix} l_1 \\ 0 \\ 0 \end{bmatrix} + \begin{bmatrix} 0 & -\dot{\theta}_1 & 0 \\ \dot{\theta}_1 & 0 & 0 \\ 0 & 0 & 0 \end{bmatrix} \left(\begin{bmatrix} 0 & -\dot{\theta}_1 & 0 \\ \dot{\theta}_1 & 0 & 0 \\ 0 & 0 & 0 \end{bmatrix} \begin{bmatrix} l_1 \\ 0 \\ 0 \end{bmatrix} \right) + \right. $$

$$\begin{bmatrix} gs_1 \\ gc_1 \\ 0 \end{bmatrix} \Bigg) = \begin{bmatrix} c_2 & s_2 & 0 \\ -s_2 & c_2 & 0 \\ 0 & 0 & 1 \end{bmatrix} \begin{bmatrix} -l_1\dot{\theta}_1^2 + gs_1 \\ l_1\ddot{\theta}_1 + gc_1 \\ 0 \end{bmatrix} = \begin{bmatrix} l_1\ddot{\theta}_1 s_2 - l_1\dot{\theta}_1^2 c_2 + gs_{12} \\ l_1\ddot{\theta}_1 c_2 + l_1\dot{\theta}_1^2 s_2 + gc_{12} \\ 0 \end{bmatrix}$$

$$^2\dot{\boldsymbol{v}}_{C_2} = \begin{bmatrix} 0 \\ l_2(\ddot{\theta}_1 + \ddot{\theta}_2) \\ 0 \end{bmatrix} + \begin{bmatrix} -l_2(\dot{\theta}_1 + \dot{\theta}_2)^2 \\ 0 \\ 0 \end{bmatrix} + \begin{bmatrix} l_1\ddot{\theta}_1 s_2 - l_1\dot{\theta}_1^2 c_2 + gs_{12} \\ l_1\ddot{\theta}_1 c_2 + l_1\dot{\theta}_1^2 s_2 + gc_{12} \\ 0 \end{bmatrix}$$

$$= \begin{bmatrix} -l_2(\dot{\theta}_1 + \dot{\theta}_2)^2 + l_1\ddot{\theta}_1 s_2 - l_1\dot{\theta}_1^2 c_2 + gs_{12} \\ l_2(\ddot{\theta}_1 + \ddot{\theta}_2) + l_1\ddot{\theta}_1 c_2 + l_1\dot{\theta}_1^2 s_2 + gc_{12} \\ 0 \end{bmatrix}$$

$$^2\boldsymbol{F}_2 = \begin{bmatrix} -m_2 l_2(\dot{\theta}_1 + \dot{\theta}_2)^2 + m_2 l_1\ddot{\theta}_1 s_2 - m_2 l_1\dot{\theta}_1^2 c_2 + m_2 g s_{12} \\ m_2 l_2(\ddot{\theta}_1 + \ddot{\theta}_2) + m_2 l_1\ddot{\theta}_1 c_2 + m_2 l_1\dot{\theta}_1^2 s_2 + m_2 g c_{12} \\ 0 \end{bmatrix}$$

$$^2\boldsymbol{N}_2 = [0 \quad 0 \quad 0]^{\mathrm{T}}$$

(2) 内推：

杆件 2

$$^2\boldsymbol{f}_2 = {}^2\boldsymbol{F}_2 = \begin{bmatrix} -m_2 l_2(\dot{\theta}_1 + \dot{\theta}_2)^2 + m_2 l_1\ddot{\theta}_1 s_2 - m_2 l_1\dot{\theta}_1^2 c_2 + m_2 g s_{12} \\ m_2 l_2(\ddot{\theta}_1 + \ddot{\theta}_2) + m_2 l_1\ddot{\theta}_1 c_2 + m_2 l_1\dot{\theta}_1^2 s_2 + m_2 g c_{12} \\ 0 \end{bmatrix}$$

$$^2\boldsymbol{n}_2 = \begin{bmatrix} 0 & 0 & 0 \\ 0 & 0 & -l_2 \\ 0 & l_2 & 0 \end{bmatrix} \begin{bmatrix} -m_2 l_2(\dot{\theta}_1 + \dot{\theta}_2)^2 + m_2 l_1\ddot{\theta}_1 s_2 - m_2 l_1\dot{\theta}_1^2 c_2 + m_2 g s_{12} \\ m_2 l_2(\ddot{\theta}_1 + \ddot{\theta}_2) + m_2 l_1\ddot{\theta}_1 c_2 + m_2 l_1\dot{\theta}_1^2 s_2 + m_2 g c_{12} \\ 0 \end{bmatrix}$$

$$= \begin{bmatrix} 0 \\ 0 \\ m_2 l_2^2(\ddot{\theta}_1 + \ddot{\theta}_2) + m_2 l_1 l_2\ddot{\theta}_1 c_2 + m_2 l_1 l_2\dot{\theta}_1^2 s_2 + m_2 g l_2 c_{12} \end{bmatrix}$$

$$\tau_2 = m_2 l_2^2(\ddot{\theta}_1 + \ddot{\theta}_2) + m_2 l_1 l_2\ddot{\theta}_1 c_2 + m_2 l_1 l_2\dot{\theta}_1^2 s_2 + m_2 g l_2 c_{12} \tag{8-86}$$

杆件 1

$$^1\boldsymbol{f}_1 = \begin{bmatrix} c_2 & s_2 & 0 \\ -s_2 & c_2 & 0 \\ 0 & 0 & 1 \end{bmatrix} \begin{bmatrix} -m_2 l_2(\dot{\theta}_1 + \dot{\theta}_2)^2 + m_2 l_1\ddot{\theta}_1 s_2 - m_2 l_1\dot{\theta}_1^2 c_2 + m_2 g s_{12} \\ m_2 l_2(\ddot{\theta}_1 + \ddot{\theta}_2) + m_2 l_1\ddot{\theta}_1 c_2 + m_2 l_1\dot{\theta}_1^2 s_2 + m_2 g c_{12} \\ 0 \end{bmatrix} + \begin{bmatrix} -m_1 l_1\dot{\theta}_1^2 + m_1 g s_1 \\ m_1 l_1\ddot{\theta}_1 + m_1 g c_1 \\ 0 \end{bmatrix}$$

$$^1\boldsymbol{n}_1 = \begin{bmatrix} c_2 & -s_2 & 0 \\ s_2 & c_2 & 0 \\ 0 & 0 & 1 \end{bmatrix} \begin{bmatrix} 0 \\ 0 \\ m_2 l_2^2(\ddot{\theta}_1 + \ddot{\theta}_2) + m_2 l_1 l_2\ddot{\theta}_1 c_2 + m_2 l_1 l_2\dot{\theta}_1^2 s_2 + m_2 g l_2 c_{12} \end{bmatrix} +$$

$$\begin{bmatrix} 0 & 0 & 0 \\ 0 & 0 & -l_1 \\ 0 & l_1 & 0 \end{bmatrix}\begin{bmatrix} -m_1 l_1 \dot{\theta}_1^2 + m_1 g s_1 \\ m_1 l_1 \ddot{\theta}_1 + m_1 g c_1 \\ 0 \end{bmatrix} +$$

$$\begin{bmatrix} 0 & 0 & 0 \\ 0 & 0 & -l_1 \\ 0 & l_1 & 0 \end{bmatrix}\begin{bmatrix} c_2 & -s_2 & 0 \\ s_2 & c_2 & 0 \\ 0 & 0 & 1 \end{bmatrix}\begin{bmatrix} -m_2 l_2 (\dot{\theta}_1 + \dot{\theta}_2)^2 + m_2 l_1 \ddot{\theta}_1 s_2 - m_2 l_1 \dot{\theta}_1^2 c_2 + m_2 g s_{12} \\ m_2 l_2 (\ddot{\theta}_1 + \ddot{\theta}_2) + m_2 l_1 \ddot{\theta}_1 c_2 + m_2 l_1 \dot{\theta}_1^2 s_2 + m_2 g c_{12} \\ 0 \end{bmatrix}$$

$$= \begin{bmatrix} 0 \\ 0 \\ m_2 l_2^2 (\ddot{\theta}_1 + \ddot{\theta}_2) + m_2 l_1 l_2 \ddot{\theta}_1 c_2 + m_2 l_1 l_2 \dot{\theta}_1^2 s_2 + m_2 g l_2 c_{12} \end{bmatrix} + \begin{bmatrix} 0 \\ 0 \\ m_1 l_1^2 \ddot{\theta}_1 + m_1 g l_1 c_1 \end{bmatrix} +$$

$$\begin{bmatrix} 0 \\ 0 \\ m_2 l_1^2 \ddot{\theta}_1 - m_2 l_1 l_2 (\dot{\theta}_1 + \dot{\theta}_2)^2 s_2 + m_2 g l_1 s_2 s_{12} + m_2 l_1 l_2 (\ddot{\theta}_1 + \ddot{\theta}_2) c_2 + m_2 g l_1 c_2 c_{12} \end{bmatrix}$$

$$\tau_1 = m_2 l_2^2 (\ddot{\theta}_1 + \ddot{\theta}_2) + m_2 l_1 l_2 (2\ddot{\theta}_1 + \ddot{\theta}_2) c_2 + (m_1 + m_2) l_1^2 \ddot{\theta}_1 + m_2 g l_2 c_{12} - m_2 l_1 l_2 (2\dot{\theta}_1 \dot{\theta}_2 + \dot{\theta}_2^2) s_2 + (m_1 + m_2) g l_1 c_1 \quad (8-87)$$

式（8 -86）与式（8 -87）分别表示了关节 2 与关节 1 的驱动力矩和关节位置、速度、加速度之间的关系。

8.4.5　状态空间方程

上述迭代的方法能够很好地通过关节运动计算得到各个关节的驱动力矩，然而在对机械臂进行理论分析时，常常需要动力学的矩阵形式，对于上述动力学方程，可以写成如下形式

$$\boldsymbol{\tau} = \boldsymbol{M}(\boldsymbol{\Theta})\ddot{\boldsymbol{\Theta}} + \boldsymbol{V}(\boldsymbol{\Theta}, \dot{\boldsymbol{\Theta}}) + \boldsymbol{G}(\boldsymbol{\Theta}) \quad (8-88)$$

式中，$\boldsymbol{\tau}$ 为各关节的驱动力矩，$\boldsymbol{M}(\boldsymbol{\Theta})$ 为机械臂 $n \times n$ 维的质量矩阵，$\boldsymbol{V}(\boldsymbol{\Theta}, \dot{\boldsymbol{\Theta}})$ 为 $n \times 1$ 维的离心力和哥式力项，$\boldsymbol{G}(\boldsymbol{\Theta})$ 为 $n \times 1$ 维的重力项。上述方程称为机械臂的状态空间方程。

$\boldsymbol{M}(\boldsymbol{\Theta})$ 和 $\boldsymbol{G}(\boldsymbol{\Theta})$ 中的元素都是关于机械臂关节位置 $\boldsymbol{\Theta}$ 的复杂函数，而 $\boldsymbol{V}(\boldsymbol{\Theta}, \dot{\boldsymbol{\Theta}})$ 中的元素是关于机械臂关节位置 $\boldsymbol{\Theta}$ 和 $\dot{\boldsymbol{\Theta}}$ 的复杂函数。

8.5　其他动力学求解方法

8.5.1　拉格朗日方程

不同于牛顿 - 欧拉方程，将要介绍的拉格朗日动力学公式是一种基于能量的动力学方法。这种方法以能量的观点建立基于广义坐标的动力学方程，从而避开了力、速度、加速度等矢量的复杂运算，可以避免内力项。本书采用第二类拉格朗日方程建立机械臂的动力学方程，对于同一个机械臂而言，与牛顿 - 欧拉方程建立的动力学方程是相同的。

系统的拉格朗日函数 L 被定义为系统的动能 K 和势能 U 之差，即

$$L = K - U \quad (8-89)$$

其中，K 和 U 可以在任何坐标系下表示。

对于第 i 根连杆，其动能 k_i 可以表示为

$$k_i = \frac{1}{2}m_i v_{C_i}^{\mathrm{T}} v_{C_i} + \frac{1}{2}\ {}^{i}\boldsymbol{\omega}_i^{\mathrm{T}\,C_i}I_i\,{}^{i}\boldsymbol{\omega}_i \tag{8-90}$$

式中第一项是由连杆质心线速度产生的动能，第二项是由连杆的角速度产生的动能。整个操作臂的动能是各个连杆动能之和，即

$$K = \sum_{i=1}^{n} k_i \tag{8-91}$$

式（8-90）中的 v_{C_i} 和 ${}^{i}\boldsymbol{\omega}_i$ 是 $\boldsymbol{\Theta}$ 和 $\dot{\boldsymbol{\Theta}}$ 的函数。由此可知操作臂的动能 $k(\boldsymbol{\Theta},\ \dot{\boldsymbol{\Theta}})$ 可以描述为关节位置和速度的标量函数。事实上，操作臂的动能可以写成

$$k(\boldsymbol{\Theta},\ \dot{\boldsymbol{\Theta}}) = \frac{1}{2}\dot{\boldsymbol{\Theta}}^{\mathrm{T}}\boldsymbol{M}(\boldsymbol{\Theta})\dot{\boldsymbol{\Theta}} \tag{8-92}$$

这里 $\boldsymbol{M}(\boldsymbol{\Theta})$ 是 $n \times n$ 操作臂的质量矩阵。式（8-92）的表达是一种二次型，也就是说，将这个矩阵展开后，方程全部是由 $\dot{\theta}_i$ 的二次项组成的。而且，由于总动能永远是正的，因此操作臂质量矩阵一定是正定矩阵。正定矩阵的二次型永远是正值。方程（8-92）类似于熟悉的质点动能表达式

$$k = \frac{1}{2}mv^2 \tag{8-93}$$

实际上操作臂的质量矩阵一定是正定的，这类似于质量总是正数这一事实。

第 i 根连杆的势能 u_i 可以表示为

$$u_i = -m_i\,{}^{0}\boldsymbol{g}^{\mathrm{T}\,0}\boldsymbol{r}_{C_i} + u_{\mathrm{ref}_i} \tag{8-94}$$

这里 ${}^{0}\boldsymbol{g}$ 是 3×1 的重力矢量，${}^{0}\boldsymbol{r}_{C_i}$ 是位于第 i 根连杆质心的矢量，u_{ref_i} 是使 u_i 的最小值为零的常数。操作臂的总势能为各个连杆势能之和，即

$$U = \sum_{i=1}^{n} u_i \tag{8-95}$$

因为式（8-94）中的 ${}^{0}r_{C_i}$ 是 $\boldsymbol{\Theta}$ 的函数，由此可以看出操作臂的势能 $U(\boldsymbol{\Theta})$ 可以描述为关节位置的标量函数。

系统动力学方程即拉格朗日方程表示如下：

$$\tau_i = \frac{\mathrm{d}}{\mathrm{d}t}\frac{\partial L}{\partial \dot{q}_i} - \frac{\partial L}{\partial q_i},\qquad i = 1,\ 2,\ \cdots,\ n \tag{8-96}$$

式中 q_i 为表示动能和位能的坐标，$\dot{q}_i$ 为对应的速度，而 $\boldsymbol{\tau}_i$ 为作用在第 i 个坐标系上的力或力矩。至此便可计算得到机械臂的拉格朗日动力学方程。

例 8.2

利用拉格朗日方法，建立如例 8.1 所示的平面二连杆机械臂动力学模型。

（1）计算动能和势能。

连杆 1 的动能为：

$$K_1 = \frac{1}{2}m_1(l_1\dot{\theta}_1)^2$$

设 $Y_0 = 0$ 为零势面，则连杆 1 的势能为：

$$U_1 = m_1 g l_1 \sin\theta_1$$

质量 m_2 的位置表示为：

$$x_2 = l_1 \cos\theta_1 + l_2 \cos(\theta_1 + \theta_2)$$

$$y_2 = l_1 \sin\theta_1 + l_2 \sin(\theta_1 + \theta_2)$$

通过上式可以计算得到连杆 2 的质心的速度分量为

$$\dot{x}_2 = -l_1 \dot{\theta}_1 \sin\theta_1 - l_2(\dot{\theta}_1 + \dot{\theta}_2)\sin(\theta_1 + \theta_2)$$

$$\dot{y}_2 = l_1 \dot{\theta}_1 \cos\theta_1 + l_2(\dot{\theta}_1 + \dot{\theta}_2)\cos(\theta_1 + \theta_2)$$

则连杆 2 质心的速度平方为：

$$\begin{aligned}\dot{x}_2^2 + \dot{y}_2^2 &= [-l_1\dot{\theta}_1\sin\theta_1 - l_2(\dot{\theta}_1 + \dot{\theta}_2)\sin(\theta_1 + \theta_2)]^2 + \\ &\quad [l_1\dot{\theta}_1\cos\theta_1 + l_2(\dot{\theta}_1 + \dot{\theta}_2)\cos(\theta_1 + \theta_2)]^2 \\ &= l_1^2\dot{\theta}_1^2 + l_2^2(\dot{\theta}_1 + \dot{\theta}_2)^2 + 2l_1 l_2(\dot{\theta}_1^2 + \dot{\theta}_1\dot{\theta}_2)\cos\theta_2\end{aligned}$$

所以连杆 2 质心的动能为：

$$K_2 = \frac{1}{2}m_2[l_1^2\dot{\theta}_1^2 + l_2^2(\dot{\theta}_1 + \dot{\theta}_2)^2 + 2l_1 l_2(\dot{\theta}_1^2 + \dot{\theta}_1\dot{\theta}_2)\cos\theta_2]$$

连杆 2 的势能为：

$$U_2 = m_2 g l_1 \sin\theta_1 + m_2 g l_2 \sin(\theta_1 + \theta_2)$$

（2）拉格朗日函数。

$$\begin{aligned}L &= K_1 - U_1 + K_2 - U_2 \\ &= \frac{1}{2}(m_1 + m_2)l_1^2\dot{\theta}_1^2 + \frac{1}{2}m_2 l_2^2(\dot{\theta}_1 + \dot{\theta}_2)^2 + m_2 l_1 l_2(\dot{\theta}_1^2 + \dot{\theta}_1\dot{\theta}_2)\cos\theta_2 - \\ &\quad (m_1 + m_2)g l_1\sin\theta_1 - m_2 g l_2\sin(\theta_1 + \theta_2)\end{aligned}$$

（3）动力学方程计算。

$$\frac{\partial L}{\partial\theta_1} = -(m_1 + m_2)g l_1\cos\theta_1 - m_2 g l_2\cos(\theta_1 + \theta_2)$$

$$\frac{\partial L}{\partial\dot{\theta}_1} = (m_1 + m_2)l_1^2\dot{\theta}_1 + m_2 l_2^2(\dot{\theta}_1 + \dot{\theta}_2) + m_2 l_1 l_2(2\dot{\theta}_1 + \dot{\theta}_2)\cos\theta_2$$

$$\begin{aligned}\frac{\mathrm{d}}{\mathrm{d}t}\frac{\partial L}{\partial\dot{\theta}_1} &= \left[(m_1 + m_2)l_1^2 + m_2 l_2^2 + 2m_2 l_1 l_2\cos\theta_2\right]\ddot{\theta}_1 + \left(m_2 l_2^2 + m_2 l_1 l_2\cos\theta_2\right)\ddot{\theta}_2 - \\ &\quad m_2 l_1 l_2(2\dot{\theta}_1\dot{\theta}_2 + \dot{\theta}_2^2)\sin\theta_2\end{aligned}$$

$$\frac{\partial L}{\partial\theta_2} = -m_2 l_1 l_2(\dot{\theta}_1^2 + \dot{\theta}_1\dot{\theta}_2)\sin\theta_2 - m_2 g l_2\cos(\theta_1 + \theta_2)$$

$$\frac{\partial L}{\partial\dot{\theta}_2} = m_2 l_2^2(\dot{\theta}_1 + \dot{\theta}_2) + m_2 l_1 l_2\dot{\theta}_1\cos\theta_2$$

$$\frac{\mathrm{d}}{\mathrm{d}t}\frac{\partial L}{\partial\dot{\theta}_2} = m_2 l_2^2(\ddot{\theta}_1 + \ddot{\theta}_2) + m_2 l_1 l_2\ddot{\theta}_1\cos\theta_2 - m_2 l_1 l_2\dot{\theta}_1\dot{\theta}_2\sin\theta_2$$

（4）计算力矩。

根据公式可以得到，以 θ_1 和 θ_2 作为广义坐标的两个关节的驱动力矩为

$$\frac{\mathrm{d}}{\mathrm{d}t}\frac{\partial L}{\partial\dot{\theta}_1} - \frac{\partial L}{\partial\theta_1} = \tau_1$$

$$\frac{\mathrm{d}}{\mathrm{d}t}\frac{\partial L}{\partial \dot{\theta}_2}-\frac{\partial L}{\partial \theta_2}=\tau_2$$

即

$$\tau_1=\left[(m_1+m_2)l_1^2+m_2l_2^2+2m_2l_1l_2\cos\theta_2\right]\ddot{\theta}_1+\left(m_2l_2^2+m_2l_1l_2\cos\theta_2\right)\ddot{\theta}_2-$$

$$m_2l_1l_2(2\dot{\theta}_1\dot{\theta}_2+\dot{\theta}_2^2)\sin\theta_2+(m_1+m_2)gl_1\cos\theta_1+m_2gl_2\cos(\theta_1+\theta_2)$$

$$\tau_2=(m_2l_2^2+m_2l_1l_2\cos\theta_2)\ddot{\theta}_1+m_2l_2^2\ddot{\theta}_2+m_2l_1l_2\dot{\theta}_1^2\sin\theta_2+m_2gl_2\cos(\theta_1+\theta_2)$$

可以看出，求得的关节力矩与式（8－86）和式（8－87）相同。因此，无论采取何种动力学计算方法，总可以得到相同的动力学方程。

8.5.2 凯恩（Kane）法

方法原理：采用广义速率代替广义坐标，利用达朗贝尔原理直接建立动力学方程，将矢量形式的力和达朗贝尔惯性力直接向特定的单位基矢量进行投影，以消除约束力。该方法消除了动力学方程中的内力项，不必计算动能等动力学函数及其导数，而且推导计算比较规范，能够得到一阶微分方程组。该方法既适用于完整约束也适用于非完整约束，兼有矢量力学和分析力学的特点。

算法分析：计算广义速率、偏角速度与偏速度较为繁复，且无明显物理意义。没有一个普遍意义的封闭的动力学方程，偏速度的求解依赖每一个具体系统。

8.5.3 罗伯森－维滕伯格（Roberson-Wittenburg）法

方法原理：基于牛顿－欧拉方程按照多体系统拓扑结构，将图论引入多刚体系统动力学，主要应用关联矩阵和通路矩阵等基本概念来描述系统的拓扑结构，并用矢量、张量、矩阵等数学工具形成系统的运动学和动力学方程，非常适用于计算机的自动化计算求解。引入增广体概念赋予动力学方程的系数以明确的物理意义且使方程形式简洁。系统动力学方程是一组精确的非线性运动微分方程，得到的公式适用于各种不同结构的系统。

算法分析：多用于求解变胞机构，在 7 自由度机械臂中应用较少。

8.5.4 高斯最小约束法

方法原理：该方法并不直接描述机械运动的客观规律，而是把真实发生的运动和可能发生的运动加以比较，在相同条件下所发生很多的可能运动中指出真实运动所应满足的条件。该方法不需要建立系统的动力学方程，而是以加速度为变量，根据称之为约束这个泛函的极值条件，直接利用系统在每个时刻的坐标和加速度值解出真实加速度，从而确定系统的运动规律。主要优点是可以利用各种有效的数学规划方法寻求泛函极值，对于带控制的系统，动力学分析可以与系统的优化结合进行。

算法分析：高斯最小约束法更适合于多体结构动力学方程的符号推导，常用于计算多体刚柔耦合结构中，适合做动力学符号分析。

8.5.5 Schiehlen 法

方法原理：由于随着组成多体系统物体数目的增多，物体之间的连接情况和约束方式就会变得非常复杂，当对作为隔离体的单个物体列出牛顿–欧拉方程时，铰约束力的出现使未知变量的数目明显增多，因此牛顿–欧拉方法必须加以发展，制定出便于计算机识别的刚体联系情况和铰约束形式的程式化，并自动消除铰的约束能力。

算法分析：Schiehlen 法是牛顿–欧拉法在多刚体系统中的推广，相对于其他多体力学方法，具有显明的物理含义和简洁的表达形式，特别适合于刚体数目少但自由度数目较多的系统（例如导弹系统）。

8.5.6 旋量–矩阵法

方法原理：采用旋量变换矩阵，从速度、动量和力旋量入手，结合 Roberson-Wittenburg 的图论概念，可以简洁明了得到多刚体系统动力学的旋量–矩阵方程，它的运算过程全部统一为矩阵运算，具有程式化特点，便于编程计算。本方法将利用旋量–矩阵方法求解机器人动力学问题的过程完全归结为矩阵的运算，消除了理想约束反力，解决了因出现约束反力而使得方程中未知变量的数目增加的问题

算法分析：本方法仅仅将动力学方程矩阵化，没有进行更深层次的优化。

8.5.7 动力学等价机械臂建模法（DEM 法）

方法原理：失重环境所引起的动量守恒，导致基座航天器与机械臂关节角之间存在耦合，使得空间机械臂的动力学建模较地面机械臂更为复杂。动力学等价机械臂建模方法，在虚拟机械臂的基础之上，假设了各连杆的质量和转动惯量等物理参数，这样使得空间机械臂从动力学和运动学上完全等价于固定基座机械臂。

算法分析：其通过计算得到与空间漂浮基座机械臂相同特性的固定基座机械臂等效动力学参数，从而转化为固定基座的情况，但之后的计算仍采用传统的方法，计算效率依然不高。

8.5.8 空间矢量法

方法简介：Featherstone 在前人基础上创造性提出了效率为 $\boldsymbol{O}(n)$ 的铰接体算法，并随后扩展至一般铰及通用的拓扑结构，也使得算法效率更快。空间矢量法创建了一套空间算子，用空间递推运算法则完成计算。其消除了数学复杂性，把分析人员必须注意和理解的符号数量减少了几个数量级。其在消除复杂性的同时，并没有丢失系统的任何信息，从而使得动力学方程能够以一种简单的数学形式表达。

算法分析：其每个算子物理意义明确，层次清晰，用其描述系统的雅可比、广义质量简洁明了。它突破了以往动力学建模瓶颈的限制，达到简化建模，计算量仅为 $\boldsymbol{O}(n)$，计算的复杂性仅随着系统复杂性的增加线性增长，大大简化了计算量。

8.5.9 空间算子法

方法简介：Rodriguez 通过对 Featherstone 铰接体算法的研究，发现了算法具有明显的递推规律，并结合随机估计理论中的 Kalman 滤波及平滑方法提出了空间算子代数方法，给出了滤波算法与质量矩阵求逆之间的数学等效关系，从而使多体系统动力学具备了通过具有实际物理意义的算子进行快速递推求解的能力；随后使用空间算子代数理论对机械臂系统进行

了动力学建模及递推求解，并用算子理论证明了拉格朗日方法与牛顿－欧拉算法之间的内在统一，同时提出了空间算子代数在机械臂动力学、控制以及其特性参数计算中的应用潜力。

算法分析：空间算子法与空间矢量法相比主要改变在于求解正动力学时，结合 Kalman 滤波与平衡方法，简化质量矩阵求逆的求解。但空间机械臂的前馈利用的是逆动力学，无须对质量矩阵求逆，因此仅利用空间矢量法即可。

8.6 应用实例

为了加强读者对机器人动力学的理解，本书针对第 3 章中提到的 6 自由度工业机器人模型，利用牛顿－欧拉迭代动力学方程进行建模，得到机器人的动力学模型。具体的机器人 D－H 参数见 3.3 节。

机器人动力学参数如表 8.1 所示。

表 8.1 RS10N 型工业机器人动力学参数

杆件号	m/kg	I_{xx}/(kg·m^2)	I_{yy}/(kg·m^2)	I_{zz}/(kg·m^2)	P_{Cx}/m	P_{Cy}/m	P_{Cz}/m
1	65.0	1.3	0.9	0.8	−0.028	−0.014	−0.093
2	50.0	2.9	2.8	0.2	0.281	−0.023	0.121
3	20.0	0.22	0.22	0.8	0.0	−0.049	−0.014
4	10.5	0.32	0.32	0.02	0.002	0.006	−0.254
5	3.5	0.002	0.002	0.002	−0.001	−0.047	0.005
6	1.0	0.002	0.002	0.000 4	0.000 1	0.004	0.130

其中，m 为杆件质量，I_{xx}、I_{yy}、I_{zz}分别为杆件 X、Y、Z 三方向主惯量矩，P_{Cx}、P_{Cy}、P_{Cz}分别为杆件质心在杆件坐标系下的表示。

依据 8.4.3 小节中提出的牛顿－欧拉迭代动力学算法，结合上述参数，采用美国 MathWorks 公司出品的 Matlab 软件，编写了 RS10N 型 6 自由度工业机器人动力学的完整求解实例，利用此程序可以根据关节位置、速度、加速度计算出各关节为保持当前状态需要的输出力矩。具体程序见附录－第 8 章。

习　题

8.1　证明式（8－50）中的平行移轴定理。

8.2　将式（8－86）与式（8－87）改写成状态空间方程形式，得到 $\boldsymbol{M}(\Theta)$、$\boldsymbol{V}(\Theta,\dot{\Theta})$ 以及 $\boldsymbol{G}(\Theta)$。

8.3　利用牛顿－欧拉方程推导如图 8.2 中所示的 2 自由度机械臂的动力学方程，假设每个连杆的质量均集中在连杆末端，分别为 m_1 和 m_2，连杆长度分别为 l_1 和 l_2。

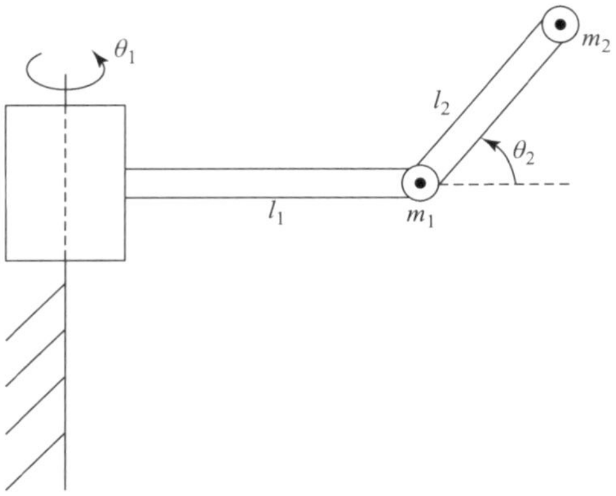

图 8.2　非平面二连杆机械臂

8.4　利用拉格朗日方程方法推导习题 8.3 中所示的 2 自由度机械臂的动力学方程。

8.5　假设例 8.1 中的每个连杆均为一个匀质矩形刚体，各连杆长宽高分别为 l_i、ω_i、h_i，总质量分别为 m_i，利用牛顿－欧拉方程推导此二连杆动力学方程。

第 9 章

机器人的柔顺控制

第 9 章 程序实例

机器人在作业过程中，与周边环境接触的情况很多。有时出于保护机器人或作业对象的目的，需要让机器人具有一定柔顺性，以顺应外力。因此，需要对机器人与环境的接触力进行控制。本章首先简单介绍机器人柔顺控制的由来和发展历程，随后重点介绍机器人力控制中应用较为广泛的控制算法——阻抗控制，最后通过实例给读者展现机器人柔顺控制的设计与实现过程，以及最终效果。

9.1 位置控制和力控制

工业机器人以位置控制为主，但某些任务无法使用纯粹的位置控制，例如用刚性手爪抓取鸡蛋、在玻璃表面刮擦油漆等。在这些任务中，如果不能十分精确地获得工件和机器人的相对位置关系，容易导致机器人接触不到工件或者过分接触导致工件损坏。如果除了位置控制之外，将机器人和工件的接触力也控制在一定范围，也就是说，使工业机器人具备柔顺性，则这类任务可被有效执行。

为了实现柔顺性，一种方案是设计柔顺机构，作自适应调整，通常的做法是在刚性末端执行器和机器人操作臂间加装柔性手腕，属于被动的柔顺；另一种方案可以控制机器人产生实时的顺应外力的运动，属于主动柔顺。

9.1.1 机器人的位置控制

一般情况下，串联型工业机器人靠精确控制每个关节的转角进而精确控制末端操作器在三维空间的位置。好的工业机器人末端重复定位精度可达 ±0.02 mm。对于单个关节来说，外界的扰动、自身的摩擦等都是造成位置控制误差的因素，而关节控制器的设计就是要使关节在位置伺服的过程中，最大限度地克服这些扰动因素，以达到精确定位的目的。如此，每个关节控制器的增益都很大，导致关节的刚度很大，直观的表现就是关节很硬，外界的扰动对关节的精确定位起到的副作用被压制得很小。每个关节都如此，那么整个机器人在作业过程中时时刻刻有很强的刚性，保证了机器人的重复定位精度。

技术成熟的工业机器人，都是刚性实足的纯位置控制型，而且一般为示教再现型。它们的使用方式通常就是手持示教器引导机器人经过各个关键点并记录，这是示教阶段。接下来编写简单的程序，主要是决定将关键点间通过何种方式连接，例如直线、圆弧等各种转接形式。程序编写完成后通常有核对过程，完成之后就可以让机器人精确地跟踪预定轨迹了。这种操作在工业生产领域非常常见：例如汽车车壳的焊接，就是要让固连于机器人末端的焊枪沿着焊缝走一遍，同一型号的汽车车壳每次都在固定工位等待焊接，于是编写一段合理的机器人位置控制程序即可一劳永逸地重复动作、连续生产；再比如码垛机器人，要将货物搬来搬去，关键点一般为有限个，且比较有规律，同样可以用位置控制解决问题。关于位置控制型工业机器人，推荐读者观看一部《国家地理》发布的纪录片，是超级工厂系列的特斯拉电动车，讲的是特斯拉 Model S 生产线，里面有各式各样的工业机器人，参见图 9.1。

图 9.1　特斯拉工厂工业机器人示教过程

9.1.2　机器人的力控制

观察各式各样的示教再现型工业机器人，以及它们的各种作业活动（图 9.2），不难发现，这些机器人的末端要么仅仅是接近作业对象而不直接接触，例如焊接、喷漆机器人，或是像下料机器人那样把料运至工装附近，松开末端手爪让料自行下落；要么就是接触一些软的工件，比如码垛机器人转运纸箱子、抓袋子这类作业，抑或虽然抓取的是铝板这样的硬物，末端执行器却是软的吸盘。

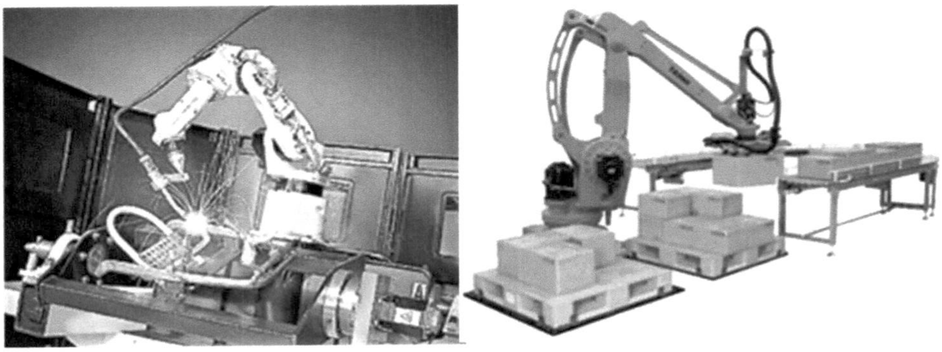

图 9.2　焊接和码垛

事实上，正是由于位置控制的高刚性，使得机器人一旦和刚性环境直接接触，要么导致机器人关节电动机过载，要么就是压坏、划坏工件。考虑使用海绵擦窗的机械臂，利用海绵的柔性可以控制末端执行器与玻璃之间的间距来调整施加在窗户上的力。如果海绵十分柔软并且知道玻璃的精确位置，则机械臂可以工作得很好。现在换一种工况：机械臂用刚性刮削工具从玻璃表面刮掉油漆，这就是不可避免的刚性接触了。而后者这种情况，如果玻璃和机器人的位置关系测量不准，或者是机器人定位误差，都会导致任务失败。例如末端向玻璃表面运动时，运动不足，距离太远，就根本没有接触，更刮不到油漆；运动过分，直接压碎玻璃或戳断工件。

回想人类在完成这项工作的过程中是如何表现的。人也不能精确地控制手的位置，但很明显作业时是在控制着接触力。当感觉接触力小了就施加更大的正压力，接触力大了就松开些，这项任务就能完成得很好了。将这种方式移植到机器人身上，利用力传感器检测任务中发生的接触力，再根据这个接触力控制机器人的运动，以此将接触力控制在一定范围内，机器人就可以像人类那样完成任务了。另外，人类完成此任务时并不必知道玻璃相对于手臂的精确位置，同样，机器人的力控制对环境参数的要求也简单些，可以应对一些不确定性。

由于机器人的力控制能使得机器人能够对外力有顺应性，因此机器人的力控制也称为顺应控制、柔顺控制等。

考虑开展轴孔装配作业的机器人，很多时候轴与孔之间的配合公差是过渡或者很小的间隙，例如轴和轴承之间的配合。这个间隙往往小于大多数工业机器人末端的重复定位精度，这时纯位置控制引导机器人抓着轴，向孔中插入，就有很大的概率对不准，直接抵在孔的边缘。即使有倒角的存在，由于机器人刚性很大，也不能在倒角的作用下滑入孔内。倘若机器人能够有顺应性，末端能顺应倒角产生的调整力/力矩，装配起来应当轻松些。于是有人在机器人末端和末端执行器间加入了柔性机构，使之能自适应地根据接触力对末端执行器的位置和姿态进行调整。典型一类结构是 RCC 柔性手腕。如图 9.3 所示，当轴孔位姿未对准时，平行导杆提供平移调整量，相交倒杆提供旋转调整量。这种机构本身没有动力，只能在外力作用下自适应调整，因此用这种特殊的柔性机构实现机器人的顺应性，属于被动柔顺。

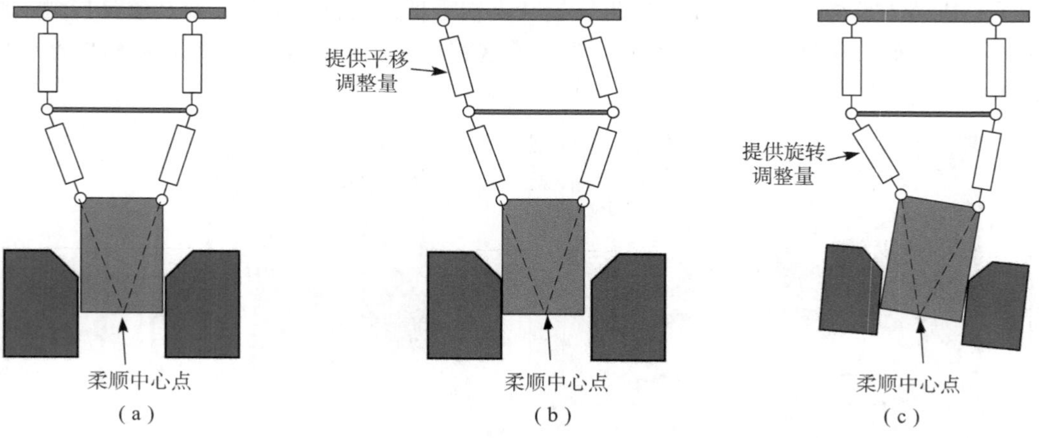

图 9.3　RCC 柔性手腕

(a) 轴正常插入；(b) 轴受到横向力；(c) 轴受到孔的力矩

还有一种方案是通过力传感器来检测装配中产生的接触力，再通过某种算法映射到机器人的关节控制中，使得机器人每个控制周期都根据当前检测的力/力矩值调整机器人本体的运动，进而使机器人对接触力产生柔顺性。

按被控制的力所在空间分类，主动柔顺控制有关节空间的力控制和笛卡尔空间的力控制。关节空间的力控制主要通过控制关节刚度来实现，关节的刚度越低，对外力的顺应性越好，但位置控制精度也随之降低。由于机器人作业主要由末端在笛卡尔空间的运动和末端执行器完成，故笛卡尔空间的力控制更具生产应用价值。

按力柔顺控制的策略分类，力控制可分为直接力控制和间接力控制。直接力控制是力的伺服，检测并控制接触力到期望值；间接力控制则是根据一定规律建立力和运动的函数关系，检测力后直接计算运动，以此实现机器人的柔顺控制，但不求将力控制到某一确定的值。给间接力控制引入力反馈时，也可以将其转为直接力控制。

直接力控制中，通常不需要所有方向均精确控制接触力，故常用于力/位混合控制。间接力控制的形式常为阻抗控制、导纳控制，两者区别在于输入、输出的信号形式不同。

机器人的被动柔顺，由于不需要力传感器，成本较低，也不必改变既定的轨迹规划，而且响应速度很快，快于需要经过计算机计算和电动机动作的主动柔顺控制。被动柔顺也有它的缺点：一是缺少适应性，不同的任务可能需要不同刚度、不同调整方式，势必导致 RCC 柔性手腕的结构不同，于是一种柔性手腕不容易适应多种任务，即适应性较差；二是它只能作出微小的调整，如果有需要大范围柔顺的任务，例如顺应人手的牵引进行随动运动，显然不满足要求。另外，由于没有力传感器，也难以保证在作业中将接触力控制到某一范围。至于主动柔顺控制，优势在于适应性强，范围可以很大，能够更精确地控制接触力的大小；缺点则是响应慢、成本高等，这基本上是和被动柔顺互补的。所以有的时候两者还会相结合，以保证任务完成的可靠性和高效性。

9.2　力控制的发展

近年来，对机器人的研究越来越注重增强机器人系统的感知能力，这导致机器人的力控制成为热门的研究课题。拥有力觉、触觉、视觉等传感系统的机器人，更有希望走出典型的工业生产线，在更复杂的非结构化环境中开展作业。

在一些早期的遥操作机械臂研究中，曾用力反馈来帮助操作员用机械臂操作远端的物体。最近，多臂协作机器人系统已研制成功，该系统中机器人之间的相互作用力被有效控制，以免在共同搬运某个物体时因相互作用力挤压物体造成破坏。相比纯粹的位置控制，机器人的力控制使机器人在面对开放式环境时有更强的适应性，即对未知环境有更为智能的响应。同时，机器人的力控制还便于人机交互。被动柔顺和主动柔顺作为力控制的两种方案，其相关研究众多。

被动式的柔顺控制总的来说是利用机器人内在的柔性实现。这种内在的柔性可能是诸如连杆、关节、末端执行器等结构自身的，抑或是电动机伺服系统导致的。用软性材料制成的机械臂通常是出于人机交互中的安全考虑。而在工业生产领域，RCC 柔性手腕有着广泛的应用，主要用于轴孔装配作业。

主动柔顺控制中，机器人的柔顺性主要由控制系统决定，通常是由力传感器测量接触力并反馈到控制器中，控制器据此计算机器人的运动轨迹。力传感器通常采用安装在机器人腕部和末端执行器之间的六维力传感器，并忽略末端执行器的重力和惯性力，即使这两种力大到不可忽略，也是容易补偿的。

主动柔顺控制大体上有间接力控制和直接力控制两种，后者的控制器具有力闭环，能够将接触力控制到期望值附近。间接力控制属于阻抗控制。

Hogan 在 1985 年提出的阻抗控制在力觉控制算法中有极其重要的作用，它可以成功地把运动轨迹和力控制容纳到一个动态框架中。这样就避免了位置和力需要两套控制策略从而加重控制任务的情况，并且对环境变化和扰动有很强的稳定性。基础的阻抗控制算法将位置控制和力控制组成一个带有补偿性质的系统，在这个统一的控制体系中可以方便地实现位置和力的同时控制。也就是把对位置的控制和对力的控制转变为对阻抗方程的控制，在阻抗方程中包含了位置、速度和力。阻抗方程中的惯性系数、阻尼系数、刚度系数理想值的选择直接影响系统的动态性能。阻抗控制通过调整运动轨迹间接地改变机器人与环境之间的力，其控制精度取决于环境建模时的准确程度，而实际中这些是根本不可能得到保障的，因此这种算法力的控制精度无法得到保证。

直接的力控制则是真正意义上的力伺服，机器人的力控制器会根据检测到的接触力调整机器人的运动，使得接触力的值稳定在期望值附近。1981 年，Raibert 和 Craig 提出，很多特定的任务中，并不需要机器人末端 6 个方向全部有柔顺性，而是某些方向保持位置精度，另一些方向实施柔顺控制，因此直接力控制常用于力/位混合控制。例如打磨机器人，希望机器人沿着被打磨工件的表面的切线方向运动，并施加该表面法线方向的接触力。为了清楚工件的切线方向和法线方向对于机器人来说是哪些方向，就需要建立此任务的数学模型，清楚地描述机器人作业中的运动和力的约束条件，即任务描述。控制机器人进行作业时，控制算法中就要考虑这些任务描述。可想而知，机器人作业的场景越复杂，工序越多，任务描述就越复杂，机器人控制器的负担也越重。由于需要精确的任务描述，在实现柔顺控制的前提下，力/位混合控制的适应性不及阻抗控制。

近年来，以阻抗控制和力/位混合控制为中心，结合力学、现代控制理论和计算机科学的研究，机器人的力控制有了更为智能的算法。从控制策略上，广大学者提出的自适应控制、模糊控制、滑模控制和神经网络控制等智能控制方法，极大地丰富了柔顺控制的研究。从任务描述上，也有相当多的学者分析了工业生产中具体任务的几何学、力学特点，为工业机器人应用力控制完成此类工艺提供了更精确的模型。

9.3 阻抗控制

给接触力一个适当的抗性，既能保持接触，又能缓冲外力，避免过大的接触力造成严重后果，这就是阻抗控制的思想。

9.3.1 阻抗控制简介

减轻两个刚体之间碰撞的一种常用措施就是加入缓冲。或许能以此思想设计机器人的力控制器。从汽车的发展历程看，橡胶轮胎、充气轮胎、弹簧减震、悬架系统逐渐出现，正是弹性元件的出现，乘客越来越感受到汽车行驶中的舒适。解决机器人的柔顺性问题，也可以采用这种方案，RCC 柔性手腕就是如此。当刚体周围有弹性元件连接时，就对外力有了柔顺性。

有趣的是，假设此时有个反应很快的人，手里拿着一张钢板，模拟弹簧的作用，即钢板上受力时这个人就给钢板一个正比于力的位移。当你蒙上眼睛去推这块钢板，还能否分得清，是一个人在拿着这块钢板，还是钢板后固定了弹簧？显然是不能分辨的。如果让机器人来充当这个“反应很快的人”，那就是机器人的主动力控制了。这种力控制方式，就是检测接触力：快速计算机器人该采用何种避让方式来对外力产生顺应运动。其中，让机器人末端表现得如同周围固连了弹性元件一样，就属于阻抗控制策略。所谓阻抗控制，是让机器人表现出对外力的阻抗特性，阻抗无穷大就是纯刚性，就对外力无动于衷；阻抗小一些，就有了柔顺性。至于阻抗的形式如何，也就是说将外力视为和什么样的力进行对抗，这就是阻抗控制器的设计要考虑的问题。例如假想固连弹簧在机器人末端，那么阻抗力就视为弹力。这时只要保证力传感器检测到的力，和机器人末端的位移成正比，那么机器人末端对外界所表现的就是仿佛被固定到了弹簧上（参见图 9.4）。总之，阻抗控制是要通过控制机器人的运动使机器人对外力表现出一定的阻抗特性。

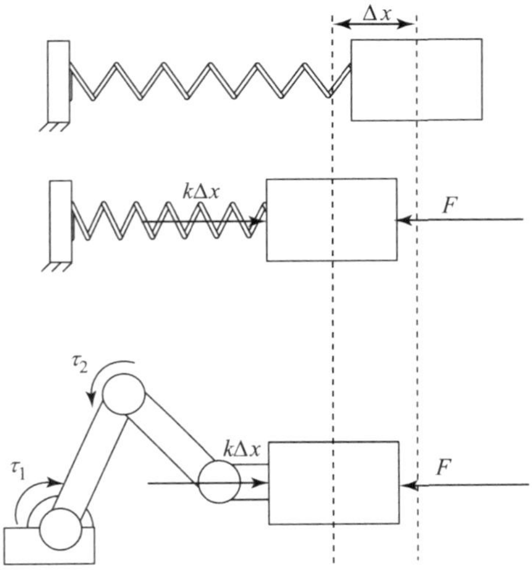

图 9.4　真实弹簧和机器人模拟出来的弹簧

设施加的外力为 F，可以得到外力和机器人位移之间的关系：

$$F + k(x - x_r) = 0 \tag{9-1}$$

式中，x 是机器人当前位置，x_r 是设定的弹簧平衡位置，k 为弹簧刚度。

考虑汽车减震器，如果只有弹簧，在行驶中突然碰到地面突起，车身就会持续振动，就算接下来道路平坦也久久不能停歇。因此汽车的减震弹簧还并联了阻尼器，用于消耗振动的能量。所以实际的你在坐汽车的途中突遇地面突起只会当下感受到轻微颠簸，过后的平路便一如既往地平静。越是好的车，悬架系统越好，在这方面越是舒适。事实上，这是由于高档的悬架系统减震弹簧的刚度和阻尼器的阻尼，在参数选择上精心优化的结果。

回到机器人的阻抗控制，既要让机器人对外力有顺应性，又要避免振动，弹簧、阻尼两个环节就是都需要的。这样可以将外力视为弹力、阻尼两种阻抗的综合效果，这比上文的纯弹性阻抗控制更进一步。而弹簧刚度、阻尼系数取合适的值，会使机器人对外力产生优良的顺应效果。

控制器是否兼顾弹簧与阻尼的阻抗就性能优良？非也。当突然的外力施加在连接有弹簧和阻尼器的轻质刚体上时，因为系统没有质量或者说质量忽略不计，会有无穷大的加速度。所以当外力施加在其上，就会迅速被弹力和阻尼平衡，没有中间过程。而实际的机器人系统是不能产生无穷大加速度的。如果计算所得的期望速度不断突变，机器人在努力跟随期望速度的同时表现出来的就是运动冲击，这对机器人系统不利。所以还应当引入惯性环节，即阻抗力由弹力、阻尼、惯性力三者组成。

经典的阻抗控制总的来说就是在机器人末端的三轴力、三轴力矩这六个正交方向上固定了六组可编程弹簧－阻尼－质量二阶系统，可以根据任务的不同来灵活调整弹簧、阻尼、惯量的参数，使机器人末端表现出不同的柔顺度。另外，弹簧的平衡位置也可以自由设定，这就使得机器人具备了大范围、强适应性的柔顺性，充分发挥了主动柔顺控制的优势。

9.3.2　一维阻抗控制

阻抗控制中，机器人末端六个方向（六维）的阻抗特性互相正交，互不干扰，因此对一维阻抗控制的研究是机器人末端在其灵活工作空间阻抗控制的基础。

如图 9.5 所示，设一质量块只可在 x 轴方向运动，其上固连有弹簧和阻尼器，弹簧和阻尼器的另一端固定于一根桩子上。无外力作用的稳态时质量块所在位置，即系统平衡位置坐标为 x_r，质量块实时位置为 x，施加在质量块上的外力为 F，则有：

$$F = k(x - x_r) + b\dot{x} + m\ddot{x} \tag{9-2}$$

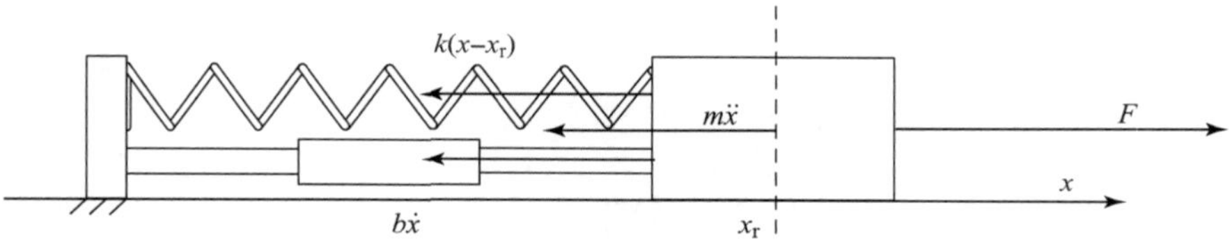

图 9.5　弹簧－阻尼－质量系统受力分析

此式也称作阻抗函数，是阻抗控制器的核心，可有两种理解：

（1）外力 F 与弹力、阻尼、惯性力的合力平衡；

（2）外力 F 与弹力、阻尼、惯性力导致了物体的最终运动表现。

理解（1）决定了阻抗函数的形式。考虑由于力 F 作用于现实的二阶系统，系统就表现出柔顺性，那么就假设外力是弹力、阻尼、惯性力的合外力，进而设计控制器。当然如果假设外力是其他形式的力，例如磁力、摩擦力、万有引力之类，阻抗函数就是另外的形式了。

理解（2）则是阻抗控制的实现方式。对于机器人的阻抗控制，输入是外力 F 和当前的运动状态参量 x、$\dot{x}$、$\ddot{x}$，输出是新的 x、$\dot{x}$、$\ddot{x}$。用输入量通过阻抗控制器的表达式计算输出量，这是具体实现时写进程序里的算法，流程图 9.6 如图所示（其中 $e = x - x_r$）：

阻抗控制的弹簧－阻尼－质量块模型就是根据第（1）种理解来建立的。显然当施加 x 轴负方向的外力 F 时，质量块会发生向 x 轴负方向的位移，这就是对外力的顺应。当外力减小，质量块又回复一段距离，这就是其保持接触的方式。

按照第（2）种理解，就可以知道如何设计机器人的程序来根据外力不断更新机器人的

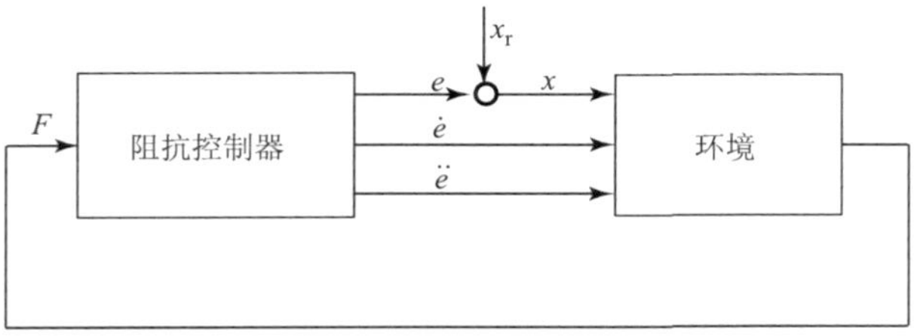

图 9.6　阻抗控制流程图

状态。现在考虑一种可以精确控制 x 坐标的一维运动机构，例如图 9.7 所示丝杠滑块机构，电动机通过带动丝杠旋转进而带动滑块直线运动。滑块上有力传感器，可以测量 x 轴方向上对滑块施加的外力。

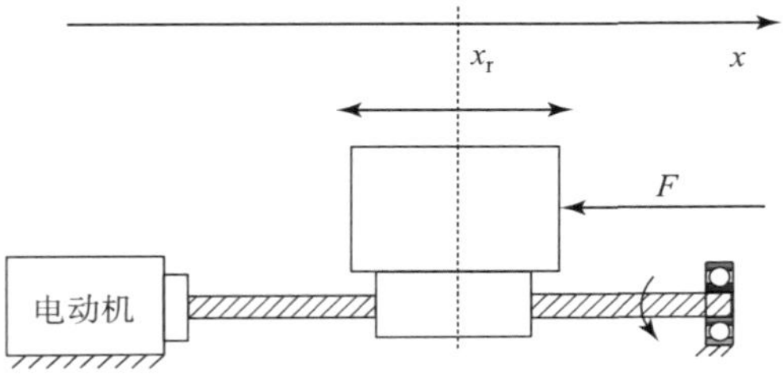

图 9.7　丝杠滑块机构

为了使滑块对外力表现出柔顺性，使用阻抗控制器，其算法流程如下：

初始时刻的速度和位移都是 0，滑块处在平衡位置，因此第一个控制周期没有弹力和阻尼。这时如果施加外力，那么这个外力是使滑块产生加速度的唯一原因，加速度可求得。

$$F_{k-2} = m\ddot{x}_{k-2} \tag{9-3}$$

$$\ddot{x}_{k-2} = F_{k-2}/m \tag{9-4}$$

第二个周期，由第一个周期的加速度产生了速度和相对平衡位置的位移，那么阻尼力和弹力可求。阻尼力、弹力和外力的合力可计算第二个周期的加速度。

$$\dot{x}_{k-1} = \ddot{x}_{k-2}\Delta t \tag{9-5}$$

$$x_{k-1} = \frac{1}{2}\ddot{x}_{k-2}\Delta t^2 + x_r \tag{9-6}$$

$$F_{k-1} = k(x_{k-1} - x_r) + b\dot{x}_{k-1} + m\ddot{x}_{k-1} \tag{9-7}$$

$$\ddot{x}_{k-1} = \frac{F_{k-1} - k(x_{k-1} - x_r) - b\dot{x}_{k-1}}{m} \tag{9-8}$$

第三个周期，初始速度就是第二个周期的末速度，初始位移就是上一周期的末位移。

$$\dot{x}_k = \dot{x}_{k-1} + \ddot{x}_{k-1}\Delta t \tag{9-9}$$

$$x_k = \dot{x}_{k-1}\Delta t + \frac{1}{2}\ddot{x}_{k-1}\Delta t^2 + x_{k-1} \tag{9-10}$$

$$F_k = k(x_k - x_r) + b\dot{x}_k + m\ddot{x}_k \tag{9-11}$$

$$\ddot{x}_k = \frac{F_k - k(x_k - x_r) - b\dot{x}_k}{m} \tag{9-12}$$

以后的每个周期都是根据上一周期的加速度、速度、位移通过简单的运动学方程算得，即循环计算式（9－9）～式(9－12)。该算法的循环运行就使得机器人表现出了柔顺性。这样在实际的控制器中，应当输入给电动机的控制量就从以上各式摘取。例如上述丝杠滑块机构是能够精确控制位置的，那么以上过程中算得的位置就作为期望位置输入给伺服电动机，以此不断更新滑块的位置。有这样的控制算法在系统中，手推滑块时就会感觉像是推着弹簧一样，滑块会顺着施加的力的方向产生位移并产生相应的阻抗力；松开手后，滑块又会逐渐回复到平衡位置。另外，如果电动机是速度控制的，输入给电动机的控制量就是每个周期算得的速度。

以上探讨的一直是平衡位置固定的情况。事实上阻抗控制的平衡位置 x_r 是写在程序里面的，它可以任意设定，而且可变。

回到弹簧－阻尼－质量模型。如果弹簧左端的桩子沿着 x 轴方向移动，显然质量块也会随之移动，而这实现了一种位置控制。当然，由于惯量和阻尼的存在，在移动桩子的过程中不能时刻保证质量块和桩子之间的距离不变，那么这样的位置控制就不如纯刚性的精确。显然弹簧刚度越大就接近纯刚性的情况，但对力的顺应也会变差。因此阻抗控制可以通过调节参数来决定位置控制和力控制的权重。选取合适的阻抗参数，可以折中二者，以更好地完成任务。完成任务的过程是：移动阻抗平衡位置来规划机器人的轨迹，待机器人和环境接触后将平衡位置稳定下来，阻抗控制自然就能发挥力控制的作用了（图 9.8）。

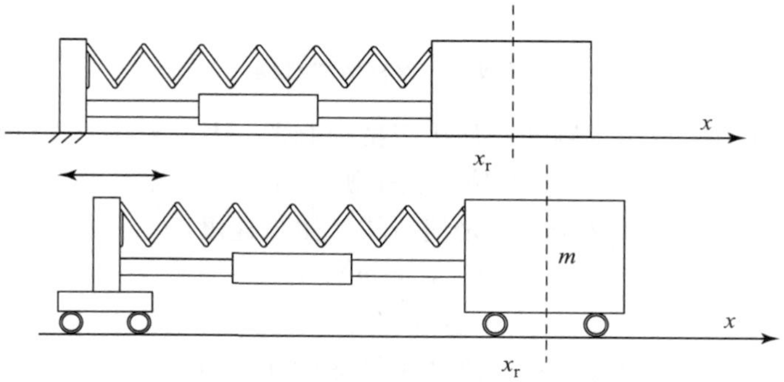

图 9.8　移动桩子可改变系统平衡位置

类似上文的丝杠滑块系统，换作一根正反牙丝杠，就可以带动两个滑块相互靠近或相互远离，如此就做成了一枚机器人手爪，用它来抓持鸡蛋（图 9.9）。由于手爪抓持鸡蛋是刚性接触，又要保持一定接触力，所以不能采用纯位置控制，而是采用阻抗控制来实现。手爪抓持面贴上力传感器。由于该机构两滑块完全等效，只研究一侧的情况即可。

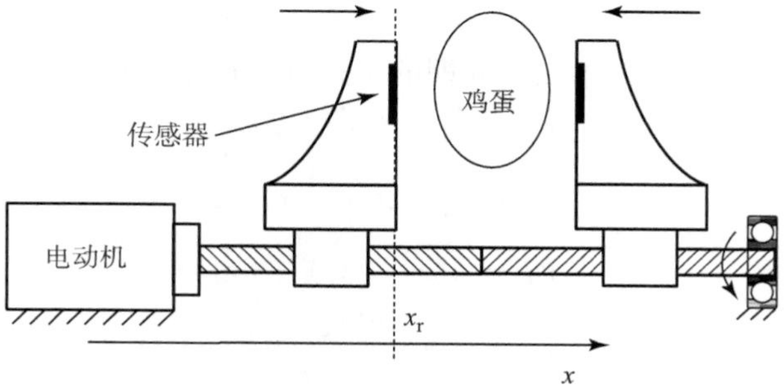

图 9.9　机器人手爪抓持鸡蛋示意图

初始时刻手爪是张开的，没有外力作用，处于稳态，其所在位置就是阻抗控制的平衡位置。开始任务后，逐渐将平衡位置规划到鸡蛋附近。这个过程中，每次平衡位置的设定一改变，就破坏了改变前的稳态，于是没有外力作用下的滑块就按照弹簧阻尼系统的运动规律向新的平衡位置运动。结果不断规划新平衡位置就造成了滑块的不停运动，不停地跟随变动中的平衡位置。所以逐渐规划平衡位置到鸡蛋附近的过程中，滑块就不停地向鸡蛋运动。参见图 9.10。

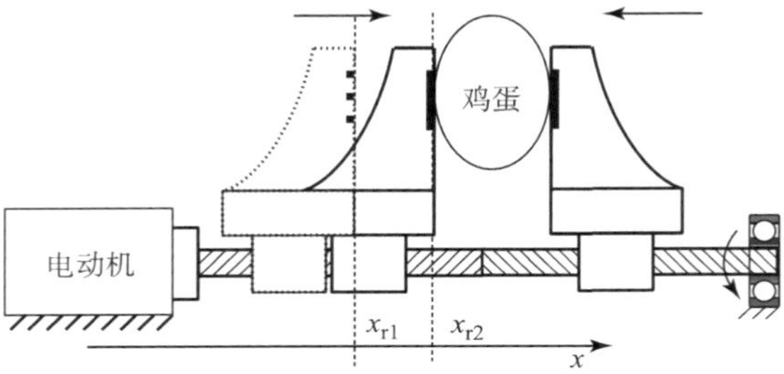

图 9.10　向鸡蛋规划平衡位置

当规划的平衡位置刚好到达鸡蛋表面时，假设就此停止平衡位置，那么稳态情况下就必然没有任何接触力，这起不到夹紧鸡蛋的作用。所以要让平衡位置继续改变，设定到鸡蛋内部（图 9.11）。于是手爪在设法到达平衡位置过程中就会接触鸡蛋表面。这时候这个手爪就被施加了外力，阻抗控制中假想的弹簧被压缩，无法到达平衡位置的滑块自然会产生对鸡蛋的阻抗力，稳态的情况就是手爪抓着鸡蛋，而不能向平衡位置继续运动。与平衡位置之间的距离导致的阻抗力与接触力平衡。这样就既能保持接触力同时又不会像纯刚性位置控制那样，为了到达指定位置而克服一切干扰，不惜压碎鸡蛋。

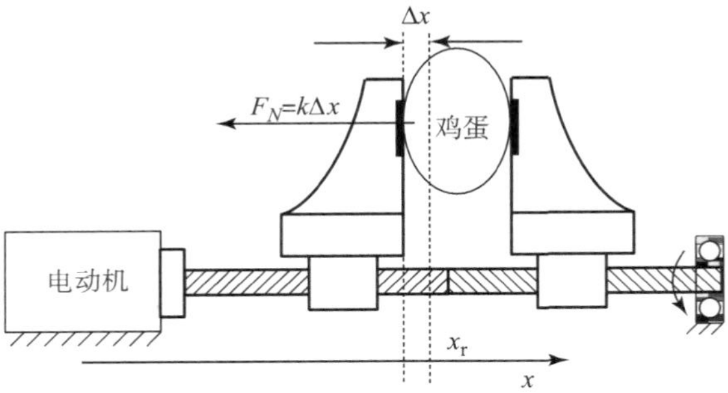

图 9.11　平衡位置在鸡蛋内部

但这样的控制方式仍然有局限性。不能每次都去测量鸡蛋的大小，更不能精确到鸡蛋沿着手爪运动方向的尺寸。那么该将最终的平衡位置设在何处？会不会平衡位置设定超越鸡蛋表面太多，导致鸡蛋还是被捏碎了？当然，可以根据实验得到的经验，通过希望保持的接触力和大概的位置偏差计算出一个大概的弹簧刚度，对所有的鸡蛋都应用同一组控制策略，可能也可以满足大多数的要求。这其实也体现了阻抗控制的简便性，它不需要对环境和机器人的位置关系进行非常精确的描述，因此对不同作业的适应性也更强。例如一组合适的阻抗参数和平衡位置规划，就能够抓取很多不同尺寸的鸡蛋甚至是其他刚性物体。

在一些需要较为精确地控制接触力的场合，又该怎么做？根据经验估算得到的阻抗参数，不一定能保证这一要求。既然要控制接触力，那么从控制理论中可知，常用的做法就是将力测量并反馈回来，利用控制器将实际接触力稳定到期望值附近。有了力传感器，就有了反馈值，就可以与期望值进行比较了。可是控制量是谁，或者说让谁去影响接触力？回想抓持鸡蛋的例子，如果平衡位置设定在鸡蛋外，稳态时没有接触力；如果设定在鸡蛋内，稳态时有接触力。对同一组阻抗参数，平衡位置深入鸡蛋越多，假想弹簧被压缩得就越多，接触力就越大。于是发现，平衡位置就是影响接触力的一个因素，正好可以作为控制量。总结起来就是通过实际力与期望力的偏差让平衡位置动起来，使该偏差尽可能小，实际上也就是一种力伺服，可以使用经典的 PID 控制器。画出控制框图（图 9.12）可以发现，其实就是给阻抗控制加了个外环，将直接力控制和间接力控制相结合。

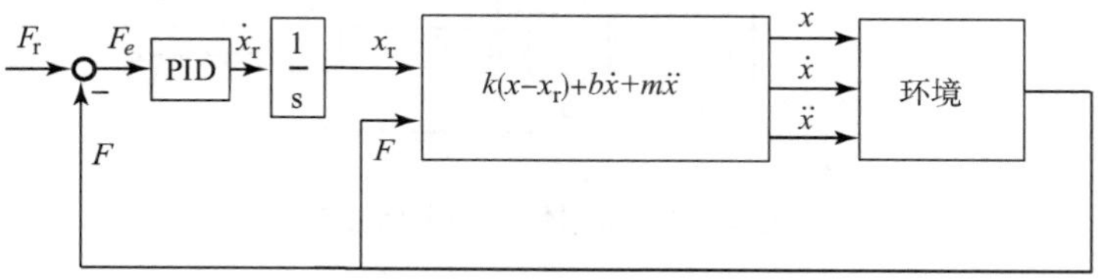

图 9.12　双环阻抗控制框图

这种多环控制在机器人领域非常常见。通常内环是负责某种状态的快速稳定，外环则是实现一定的高级功能。例如伺服电动机，内环电流环用来稳定转矩，外环速度环和位置环用于实现运动伺服；又如四旋翼飞行器，内环姿态环是使飞行器能稳定飞行姿态，外环运动环则通过改变姿态的期望进而控制飞行器的运动；再例如本节的阻抗控制，内环阻抗控制让机器人对接触力产生顺应运动保护机器人和工件，外环力闭环控制则是更为精确地控制接触力。

通常外环进一步实现功能的前提是内环的稳定，因此外环的变化都会给内环一定的调整时间，反映在控制算法上就是内环的控制频率要高于外环。伺服电动机、四旋翼飞行器内环的频率通常是外环的 5 到 10 倍。所以双环阻抗控制的力伺服环，在具体实现之时也要注意与内环的频率关系。

可以把以上所述一维阻抗控制原理拓展到多维空间，用矩阵形式来表示，则有

$$F = K(X - X_r) + B\dot{X} + M\ddot{X} \tag{9-13}$$

令 $E = X - X_r$，则 $\dot{E} = \dot{X}, \ddot{E} = \ddot{X}$，有

$$F = KE + B\dot{E} + M\ddot{E} \tag{9-14}$$

对式（9-14）做拉氏变换可得阻抗控制器的传递函数：

$$G(s) = \frac{E(s)}{F(s)} = (K + sB + s^2M)^{-1} \tag{9-15}$$

9.3.3　六维阻抗控制

机器人末端六个方向（沿三轴平移和绕三轴旋转）相互正交，互不影响，所以六个方向上，单独每个方向的阻抗控制方法都与一维的阻抗控制相同。六个方向就有六组阻抗参数和六组运动参数，则阻抗函数可写成矩阵的形式，即刚度矩阵 $\boldsymbol{K}$、阻尼矩阵 $\boldsymbol{B}$、惯量矩阵

M。六组阻抗参数可以根据任务独立确定，单独调试。而对于串联型机器人来说，实现末端六个方向运动的根本在于各个关节的运动，所以要把末端的运动解算为关节的运动。

将末端的运动解算为关节运动，也就是笛卡尔空间向关节空间的转换，通常可使用逆运动学或逆雅可比矩阵。其中逆运动学是末端位置到关节转角的映射，逆雅可比矩阵是末端速度到关节角速度的映射。究竟使用何种方式进行映射，应当综合考虑机器人本身开放的控制量、期望的力控制性能等因素。

机器人有一定的控制周期。如果不对关节转速加以控制，机器人每次都会以最快速度到达期望位置。阻抗控制实现柔顺性的过程是一个个控制周期累积的效果，期望关节位置在不断更新。如此，高刚性位置控制直接作为控制量，会导致机器人有较大的冲击。如果控制了机器人的速度，位置就不再频繁突变。但速度同样存在突变的问题，在突变处的加速度为无穷大。然而控制加速度，无论直接还是间接都非易事。如果是直接控制，控制量是关节电动机的输出力矩。加速度产生的原因是合外力/力矩，需要考虑机器人的关节电动机力矩常数、机械摩擦、机械臂动力学，算法复杂且误差较大。而如果是速度微分得到的加速度，本质上还是靠速度控制来实现，没有意义。

机器人的雅可比矩阵用于从关节速度映射到末端速度，典型的六自由度串联型工业机器人的雅可比矩阵为方阵。如果不在机器人的奇异位形，雅可比方阵就是可逆的。逆雅可比矩阵用于从笛卡尔空间向关节空间做速度变换。阻抗控制计算出的末端速度，通过逆雅可比矩阵转换到关节角速度，而后进行控制，这就是常用的六维力控制方案。至于机器人的奇异位形，应当尽量避免在任务中经过，如若不可避免，就要作特殊处理。

六维力的测量，通常采用六维腕力传感器。该传感器作为机器人末端到末端执行器的转接件，安装在机器人末端与执行器之间。如此，末端执行器与环境接触中产生的三轴力和三轴力矩就可以通过六维腕力传感器测量。

图 9. 13 是六维阻抗控制算法框图。

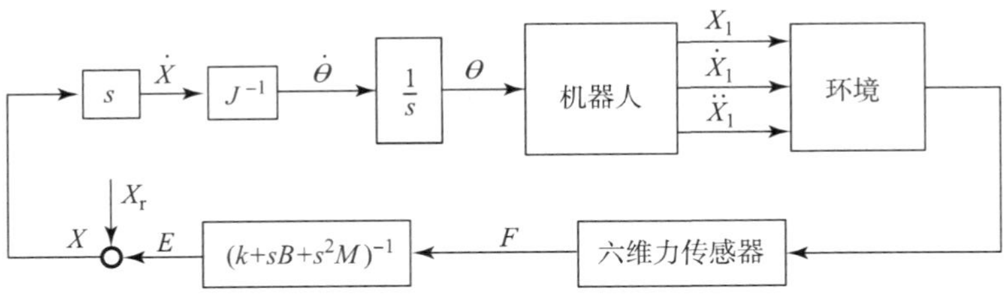

图 9. 13　六维阻抗控制算法框图

9. 4　力/位混合控制

机器人的末端有三轴平移、三轴旋转六个自由度。有些需要柔顺控制的任务不必使每个方向都具有柔顺性，相反，某些方向可能需要精确的位置控制。阻抗控制虽然也可以通过规划平衡位置实现位置控制，但由于中间环节存在弹性元件，因此还不如直接的位置控制精度高。可以考虑在某些方向使用力控制，某些方向使用位置控制。这种思想属于机器人的力/位混合控制（图 9. 14）。

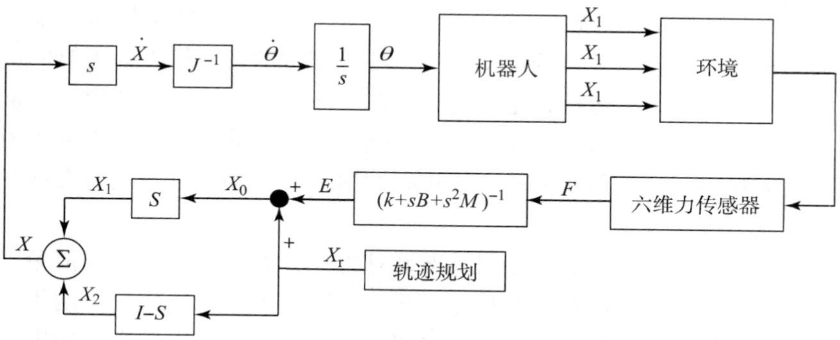

图 9.14　基于阻抗控制的力/位混合控制框图

回到机器人在玻璃表面用刚性工具刮擦油漆的例子，要精确地刮掉玻璃表面每一处油漆，需要对机器人沿着玻璃表面实行位置控制。而为了使油漆能刮掉又不破坏玻璃，需要对机器人垂直于玻璃表面的方向实行力控制。当然，机器人末端姿态的偏移也有压碎玻璃的危险，所以对机器人三轴旋转也实行力控制。综上，共两个方向（这里的“方向”有时也称“通道”）实行位置控制，四个方向实行力控制。

对于应用阻抗控制实行力/位混合控制的方案，力控制和位置控制只是计算控制量的方式不同。例如控制量为关节速度时，实行力控制的方向，通过力传感器数据和机器人状态计算机器人关节速度；实行位置控制的方向，就直接由轨迹规划计算关节速度。

在这种方案实现力/位混合控制的过程中，根据轨迹规划给出的阻抗控制平衡位置和六维力传感器获得的数据，计算出机器人末端的六维位移。通道选择器 S 用来选择通过阻抗控制器计算的这六维位移中的一部分，得到 X_1 。另外一部分 X_2 则由直接的轨迹规划再通过一个与 S 互补的通道选择器 $I-S$ 获得。如此，X_1 和 X_2 分别是由力控制算法计算的位移和轨迹规划直接得到的位移。两位移相加，作为最终末端的总位移，微分化为速度后再通过逆雅可比矩阵转换到关节转速。最后关节转速积分得到机器人关节转角期望值，输入到机器人驱动器中。

$\boldsymbol{S}$ 为 6×6 对角矩阵，设其元素为 a_{ij} 。当 a_{ij} 为 1 时选中 i 通道，为 0 时摒弃 i 通道。例如玻璃表面刮油漆的实例，根据框图，有：

$$\boldsymbol{X}_1 = \boldsymbol{S}\boldsymbol{X}_0 = \begin{bmatrix} 0 & 0 & 0 & 0 & 0 & 0 \\ 0 & 0 & 0 & 0 & 0 & 0 \\ 0 & 0 & 1 & 0 & 0 & 0 \\ 0 & 0 & 0 & 1 & 0 & 0 \\ 0 & 0 & 0 & 0 & 1 & 0 \\ 0 & 0 & 0 & 0 & 0 & 1 \end{bmatrix} \begin{bmatrix} x_0 \\ y_0 \\ z_0 \\ \partial_0 \\ \beta_0 \\ \gamma_0 \end{bmatrix} = \begin{bmatrix} 0 \\ 0 \\ z_0 \\ \partial_0 \\ \beta_0 \\ \gamma_0 \end{bmatrix} \tag{9-16}$$

$$\boldsymbol{X}_2 = (\boldsymbol{I}-\boldsymbol{S})\boldsymbol{X}_{\mathrm{r}} = \begin{bmatrix} 1 & 0 & 0 & 0 & 0 & 0 \\ 0 & 1 & 0 & 0 & 0 & 0 \\ 0 & 0 & 0 & 0 & 0 & 0 \\ 0 & 0 & 0 & 0 & 0 & 0 \\ 0 & 0 & 0 & 0 & 0 & 0 \\ 0 & 0 & 0 & 0 & 0 & 0 \end{bmatrix} \begin{bmatrix} x_{\mathrm{r}} \\ y_{\mathrm{r}} \\ z_{\mathrm{r}} \\ \partial_{\mathrm{r}} \\ \beta_{\mathrm{r}} \\ \gamma_{\mathrm{r}} \end{bmatrix} = \begin{bmatrix} x_{\mathrm{r}} \\ y_{\mathrm{r}} \\ 0 \\ 0 \\ 0 \\ 0 \end{bmatrix} \tag{9-17}$$

$$X = X_1 + X_2 = \begin{bmatrix} x_r \\ y_r \\ z_0 \\ \partial_0 \\ \beta_0 \\ \gamma_0 \end{bmatrix} \tag{9-18}$$

如此，X 中前两个元素 x_r、y_r 是由轨迹规划直接得到的，后四个元素 z_0、∂_0、β_0、γ_0 则是由力控制算法计算得到的，这就实现了在 x、y 两个平移方向实行位置控制，在剩余的四个方向实行力控制。

9.5　应用实例

尽管工业机器人在重复定位精度与连续工作表现方面优于人类，但其智能程度目前还远不及人类，对于很多变化的、不确定的场合应对不足。因此一些工作仍然需要人的协助。如果是从事相对固定的工作，例如生产线上，机器人搬运、组装工件，工人只需在一旁微调、质检等。如果没有确定的工装夹具来对操作对象进行定位，那么机器人按预定轨迹运动就不一定能完成任务了，最好是人能干预机器人的轨迹。一种方式就是使机器人能在人的牵引下运动，那么机器人的精细操作和人的适应性就能结合起来。

实际上机器人受牵引而运动有广泛的应用。例如利用机器人搬运任意位置重物，机器人无法计算重物和自身的位置关系，不能自动引导。每次重物所在位置不尽相同，所以示教一次、反复执行的方式也行不通。由工人牵引到位，并操作末端执行器进行抓取，就更合适些。此外，即使是传统的示教再现，在示教过程中有人的牵引也能使示教的效率提高。

为了实现这种机器人受人类操作员的牵引而运动的柔顺随动，阻抗控制是一个很好的选择。在机器人末端依次安装六维力传感器和牵引把手，当操作员手持把手施加外力时，力传感器就能精确测量牵引力的六维分量，作为阻抗控制器的输入量。

末端执行器，例如手爪，是直接与机器人末端连接，还是中间也经过六维力传感器，这取决于是否希望末端手爪与工件之间的接触力影响机器人的动作。对于直接连接的情况，往往是末端执行器自重或其所搬运的物体重量，超出人的牵引力，而且因为执行器与物体接触力过大导致破坏的可能性较低。这时末端的重力和接触力都不影响人的牵引力，机器人只根据人的牵引力进行运动。对于经过六维力传感器的情况，往往是机器人在作业之时需要根据作业过程中产生的接触力进行调整以免造成破坏，如轴孔装配这种刚体对接的情况采用这种连接，参见图 9. 15。值得注意的时，传感器本身无法分辨外力和末端自重，因此如果连接在六维力传感器上的物体较重，需要进行重力补偿。

依据 9. 3. 3 小节所述的六维阻抗控制算法，采用美国 MathWorks 公司出品的 Matlab 软件，编写 RS10N 型六自由度工业机器人末端柔顺控制的求解实例。此部分共包括 2 个文件，ForceToMotion. m 是实现柔顺控制的主函数，squareMotion. m 是用于绘制末端运动的函数。通过此程序可仿真观察给定外力后末端的运动效果（图 9. 16、图 9. 17），具体程序见附录 – 第 9 章。

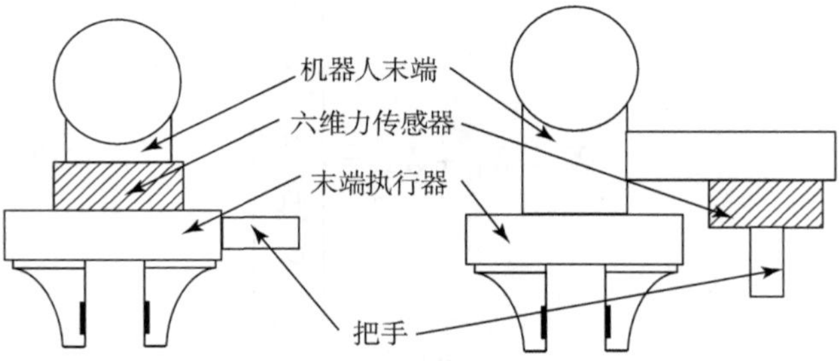

图 9.15　末端执行器的两种安装方式

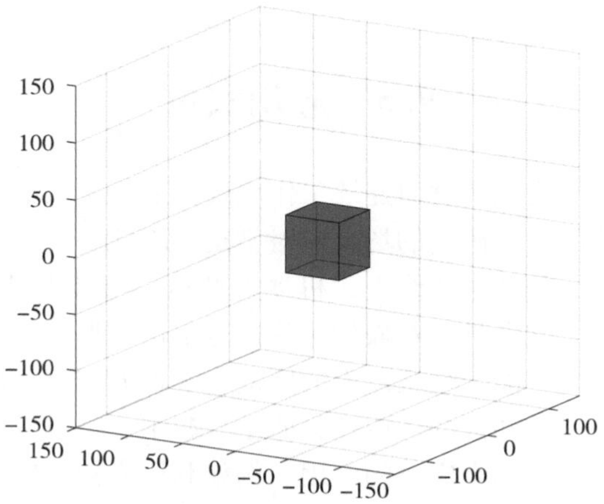

图 9.16　代表机器人末端的立方体

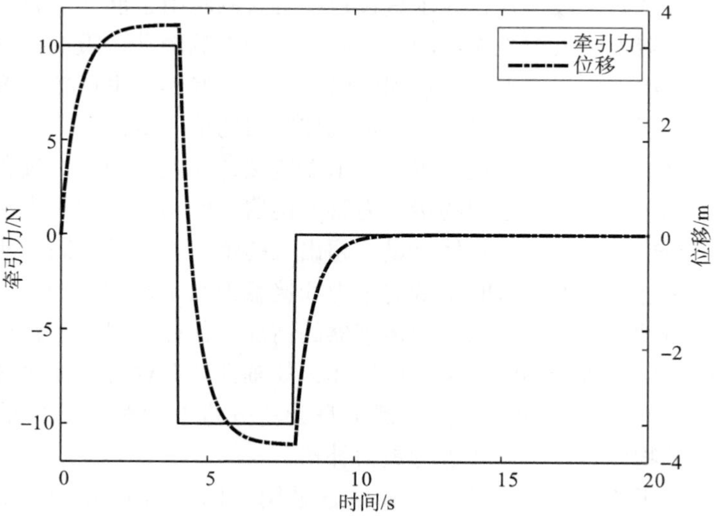

图 9.17　机器人末端 x 轴方向的受力和运动情况

代码运行过程中可实时观察代表机器人末端的立方体受力后的运动。运行结束后，有 6 个方向的力和运动的曲线。本例程中只沿 x 轴施加了一定的外力，于是程序运行中可以观察

到立方体沿 x 轴方向的运动；程序运行结束后可观察到对应的曲线。将外力的设定改为读取传感器信号的子程序，并将所计算的关节角输入控制器，适当调整控制周期（步长），则此程序可以直接用于实际系统。本例是柔顺随动，默认平衡位置不变，读者可以思考，如果以平衡位置来规划机器人的运动，应该如何扩展此程序。

习　　题

9.1　举例说明对机器人实施力控制优于位置控制的应用场合。

9.2　简述机器人柔顺控制的分类。

9.3　尝试修改或重新编写应用实例中的例程，使得机器人末端能根据平衡位置的规划运动，用图线说明。

9.4　结合力学和自动控制原理相关知识，试给出一个调整阻抗控制器参数的方案。

9.5　如图 9.18 所示，机器人末端进行插孔作业。已知机器人末端有 6 个自由度，如果插孔过程采用力/位混合控制，分析此过程中哪些方向需要进行位置控制，哪些方向进行力控制。建立坐标系，写出选择矩阵。

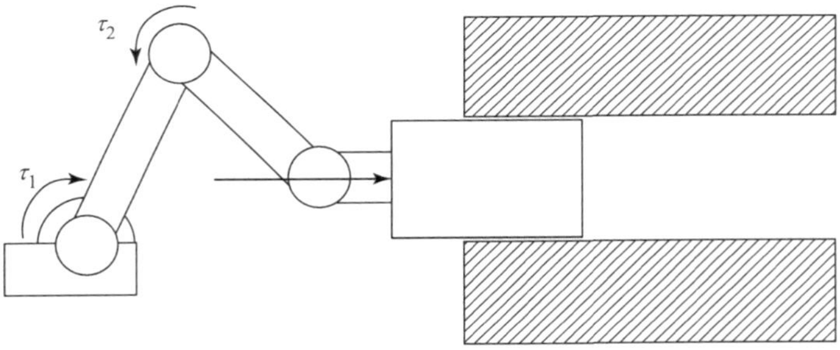

图 9.18　机器人进行插孔作业

9.6　六自由度机器人末端持较重物体时，仍然希望机器人能在牵引力作用下做柔顺随动。力传感器本身无法区分其受力来自于牵引力还是物体自重，因此需要对原始力信号进行重力补偿，以此得到纯粹的牵引力值。即：$F_T = F - F_g$。

已知基坐标系 0（世界坐标系，如图 9.19 所示）和传感器坐标系相对于基坐标系的表达 ${}^0_ST$，物体质心与传感器测量中心的距离为 L，求传感器所测得数据中重力的分量 ${}^SF_g$。

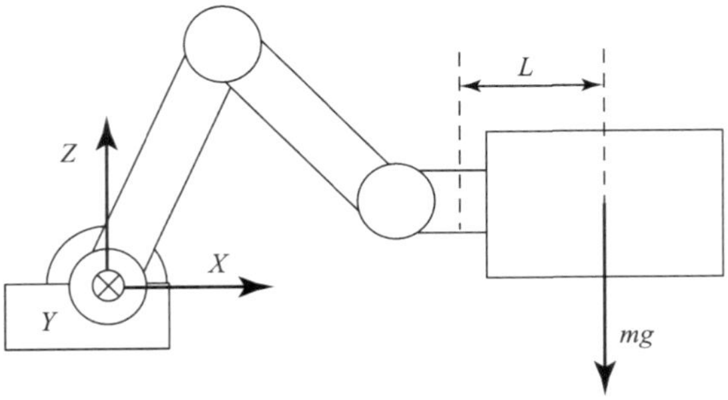

图 9.19　机器人末端持较重物体

第 10 章

机器人运动学参数辨识

机器人运动学参数辨识是采用一定方法手段，通过测量机器人末端位姿来反向求解机器人真实运动学参数的过程。基于第 2 章机器人数学基础与第 3 章机器人正运动学知识，首先推导出坐标系下微分运动学关系，进而在考虑机器人 D－H 参数误差前提下，建立机器人相邻关节运动学误差模型，再建立机器人末端运动学误差模型，最后基于末端运动学误差模型通过测量机器人末端位姿辨识计算出机器人实际的运动学参数，对机器人运动学参数进行标定，提高机器人末端绝对定位精度。

10.1 背　　景

机器人在完成焊接、装配、医疗手术等某些复杂高精度的任务时，需要机器人末端有很高的定位精度。重复定位精度和绝对定位精度是衡量机器人末端精度的两个重要指标。重复定位精度主要是针对示教编程机器人的，是指机器人在示教到达某一示教点后，存储器存储相应关节角值，当机器人“再现”到达示教点的重复精度即为机器人的重复定位精度。绝对定位精度是反映机器人按指定关节角末端实际到达的位姿与理论计算末端所达位姿的偏离程度。机器人的重复精度一般比较高，而绝对定位精度却相对较低，如一般的工业机器人重复定位精度达到 0.1mm，其绝对定位精度误差却要有 2～3mm 甚至到 cm 级。在某些应用场合，如飞机高精度数字化、机器人手术等，这样的机器人末端绝对定位精度难以满足任务要求。

造成机器人绝对精度较低是因为受各方面因数影响，使机器人实际运动学参数值与理论设计的运动学参数值之间产生了偏差。因此，减小机器人运动学参数误差将大大提高机器人的绝对定位精度。主要通过两种方式来提高机器人末端绝对定位精度：一是提高生产装配机器人过程中的精度，采用更高精度的设备和仪器来控制生产装配的精度。但这会大大增加生产加工的成本。再者，由于机器人在工作中一些如磨损、臂杆变形等不可控的因数，也会导致机器人末端定位误差。因此仅通过提高生产装配的精度是不可行的。二是在机器人出厂后对机器人的运动学参数进行精确标定，通过建立机器人误差模型，准确测量机器人末端位姿，来求解辨识出机器人准确的 D－H 参数值，对机器人运动学参数进行精确标定，从而使机器人末端绝对精度得到提高。本章讲解如何通过机器人运动学参数辨识来有效提高机器人末端绝对定位精度。

10.2 坐标系微分运动学

首先假设机器人的某个连杆对机器人基坐标系的齐次变换矩阵为 $\boldsymbol{T}$，经过微小的平移和旋转运动后，齐次变换矩阵变为 $\boldsymbol{T}+\mathrm{d}\boldsymbol{T}$。则

$$\boldsymbol{T}+\mathrm{d}\boldsymbol{T}=\mathrm{Trans}(\mathrm{d}x,\ \mathrm{d}y,\ \mathrm{d}z)\ \mathrm{Rot}(x,\ \delta x)\ \mathrm{Rot}(y,\ \delta y)\ \mathrm{Rot}(z,\ \delta z)\cdot\boldsymbol{T} \tag{10-1}$$

式中，Trans 为平移变换算子；Rot 为旋转变换算子；$\mathrm{d}x$，$\mathrm{d}y$，$\mathrm{d}z$ 为相对于基坐标系的微分平移变换；δx，δy，δz 为相对于基坐标系的微分旋转变换。由此可得

$$\begin{aligned}\mathrm{d}\boldsymbol{T}&=[\mathrm{Trans}(\mathrm{d}x,\ \mathrm{d}y,\ \mathrm{d}z)\mathrm{Rot}(x,\ \delta x)\mathrm{Rot}(y,\ \delta y)\mathrm{Rot}(z,\ \delta z)-\boldsymbol{I}]\cdot\boldsymbol{T}\\&=\boldsymbol{\Delta}\cdot\boldsymbol{T}\end{aligned} \tag{10-2}$$

式中，$\boldsymbol{\Delta}$ 为相对于基坐标系的微分齐次变换矩阵。

将这个微分运动在动坐标系 H 下表示，则

$$\boldsymbol{T}+{}^{H}\mathrm{d}\boldsymbol{T}=\boldsymbol{T}\cdot\mathrm{Trans}({}^{H}\mathrm{d}x,{}^{H}\mathrm{d}y,{}^{H}\mathrm{d}z)\mathrm{Rot}(x,{}^{H}\delta x)\mathrm{Rot}(y,{}^{H}\delta y)\mathrm{Rot}(z,{}^{H}\delta z) \tag{10-3}$$

可得

$$\begin{aligned}{}^{H}\mathrm{d}\boldsymbol{T}&=\boldsymbol{T}\cdot\left[\mathrm{Trans}({}^{H}\mathrm{d}x,{}^{H}\mathrm{d}y,{}^{H}\mathrm{d}z)\mathrm{Rot}(x,{}^{H}\delta x)\mathrm{Rot}(y,{}^{H}\delta y)\mathrm{Rot}(z,{}^{H}\delta z)-\boldsymbol{I}\right]\\&=\boldsymbol{T}\cdot{}^{H}\boldsymbol{\Delta}\end{aligned} \tag{10-4}$$

式中，${}^{H}\boldsymbol{\Delta}$ 为相对于动坐标系 H 的微分齐次变换矩阵。

10.2.1 坐标系微分平移和微分旋转齐次变换矩阵

微分平移变换矩阵可以表示为

$$\mathrm{Trans}(\mathrm{d}x,\mathrm{d}y,\mathrm{d}z)=\begin{bmatrix}1&0&0&\mathrm{d}x\\0&1&0&\mathrm{d}y\\0&0&1&\mathrm{d}z\\0&0&0&1\end{bmatrix} \tag{10-5}$$

由于存在关系

$$\lim_{\delta\theta\to0}\sin\delta\theta=\delta\theta \tag{10-6}$$

$$\lim_{\delta\theta\to0}\cos\delta\theta=1 \tag{10-7}$$

则绕机器人基坐标系 x,y,z 轴的微分旋转变换表示为

$$\mathrm{Rot}(x,\delta x)=\begin{bmatrix}1&0&0&0\\0&\cos\delta x&-\sin\delta x&0\\0&\sin\delta x&\cos\delta x&0\\0&0&0&1\end{bmatrix}=\begin{bmatrix}1&0&0&0\\0&1&-\delta x&0\\0&\delta x&1&0\\0&0&0&1\end{bmatrix} \tag{10-8}$$

$$\mathrm{Rot}(y,\delta y)=\begin{bmatrix}\cos\delta y&0&\sin\delta y&0\\0&1&0&0\\-\sin\delta y&0&\cos\delta y&0\\0&0&0&1\end{bmatrix}=\begin{bmatrix}1&0&\delta y&0\\0&1&0&0\\-\delta y&0&1&0\\0&0&0&1\end{bmatrix} \tag{10-9}$$

$$\mathrm{Rot}(z,\delta z)=\begin{bmatrix}\cos\delta z & -\sin\delta z & 0 & 0\\ \sin\delta z & \cos\delta z & 0 & 0\\ 0 & 0 & 1 & 0\\ 0 & 0 & 0 & 1\end{bmatrix}=\begin{bmatrix}1 & -\delta z & 0 & 0\\ \delta z & 1 & 0 & 0\\ 0 & 0 & 1 & 0\\ 0 & 0 & 0 & 1\end{bmatrix} \tag{10-10}$$

先绕 x ，再绕 y 轴的微分旋转变换

$$\mathrm{Rot}(x,\delta x)\mathrm{Rot}(y,\delta y)=\begin{bmatrix}1 & 0 & \delta y & 0\\ \delta x\delta y & 1 & -\delta x & 0\\ -\delta y & \delta x & 1 & 0\\ 0 & 0 & 0 & 1\end{bmatrix} \tag{10-11}$$

先绕 y ，再绕 x 轴的微分旋转变换

$$\mathrm{Rot}(y,\delta y)\mathrm{Rot}(x,\delta x)=\begin{bmatrix}1 & \delta x\delta y & \delta y & 0\\ 0 & 1 & -\delta x & 0\\ -\delta y & \delta x & 1 & 0\\ 0 & 0 & 0 & 1\end{bmatrix} \tag{10-12}$$

忽略 δx，δy 二阶小量可得

$$\mathrm{Rot}(x,\delta x)\mathrm{Rot}(y,\delta y)=\mathrm{Rot}(y,\delta y)\mathrm{Rot}(x,\delta x)=\begin{bmatrix}1 & 0 & \delta y & 0\\ 0 & 1 & -\delta x & 0\\ -\delta y & \delta x & 1 & 0\\ 0 & 0 & 0 & 1\end{bmatrix} \tag{10-13}$$

可知微分旋转矩阵与旋转的次序无关。

$$\begin{aligned}\mathrm{Rot}(y,\delta y)\mathrm{Rot}(z,\delta z)&=\begin{bmatrix}1 & 0 & 0 & 0\\ 0 & 1 & -\delta x & 0\\ 0 & \delta x & 1 & 0\\ 0 & 0 & 0 & 1\end{bmatrix}\begin{bmatrix}1 & 0 & \delta y & 0\\ 0 & 1 & 0 & 0\\ -\delta y & 0 & 1 & 0\\ 0 & 0 & 0 & 1\end{bmatrix}\begin{bmatrix}1 & -\delta z & 0 & 0\\ \delta z & 1 & 0 & 0\\ 0 & 0 & 1 & 0\\ 0 & 0 & 0 & 1\end{bmatrix}\\ &=\begin{bmatrix}1 & -\delta z & \delta y & 0\\ \delta z & 1 & -\delta x & 0\\ -\delta y+\delta x\delta z & \delta y\delta z+\delta x & 1 & 0\\ 0 & 0 & 0 & 1\end{bmatrix}\end{aligned} \tag{10-14}$$

忽略二阶小量得：

$$\mathrm{Rot}(x,\delta x)\mathrm{Rot}(y,\delta y)\mathrm{Rot}(z,\delta z)=\begin{bmatrix}1 & -\delta z & \delta y & 0\\ \delta z & 1 & -\delta x & 0\\ -\delta y & \delta x & 1 & 0\\ 0 & 0 & 0 & 1\end{bmatrix} \tag{10-15}$$

则微分齐次变换矩阵：

$$\boldsymbol{\Delta} = \begin{bmatrix} 1 & -\delta z & \delta y & \mathrm{d}x \\ \delta z & 1 & -\delta x & \mathrm{d}y \\ -\delta y & \delta x & 1 & \mathrm{d}z \\ 0 & 0 & 0 & 1 \end{bmatrix} \tag{10-16}$$

同理可得：

$$^{H}\boldsymbol{\Delta} = \begin{bmatrix} 1 & -{}^{H}\delta z & {}^{H}\delta y & {}^{H}\mathrm{d}x \\ {}^{H}\delta z & 1 & -{}^{H}\delta x & {}^{H}\mathrm{d}y \\ -{}^{H}\delta y & {}^{H}\delta x & 1 & {}^{H}\mathrm{d}z \\ 0 & 0 & 0 & 1 \end{bmatrix} \tag{10-17}$$

上式中齐次微分变换矩阵可以用微分平移矢量 $\boldsymbol{d}$ 和微分旋转矢量 $\boldsymbol{\delta}$ 来表示

$$\boldsymbol{d} = \begin{bmatrix} \mathrm{d}x \\ \mathrm{d}y \\ \mathrm{d}z \end{bmatrix} \tag{10-18}$$

$$\boldsymbol{\delta} = \begin{bmatrix} \delta x \\ \delta y \\ \delta z \end{bmatrix} \tag{10-19}$$

定义微分矢量 $\boldsymbol{D}$

$$\boldsymbol{D} = \begin{bmatrix} \mathrm{d} \\ \delta \end{bmatrix} \tag{10-20}$$

同理可得：

$$^{H}\boldsymbol{d} = \begin{bmatrix} {}^{H}\mathrm{d}x \\ {}^{H}\mathrm{d}y \\ {}^{H}\mathrm{d}z \end{bmatrix} \tag{10-21}$$

$$^{H}\boldsymbol{\delta} = \begin{bmatrix} {}^{H}\delta x \\ {}^{H}\delta y \\ {}^{H}\delta z \end{bmatrix} \tag{10-22}$$

10.2.2　不同参照坐标系下微分转换关系

当两坐标系描述同一个微分运动 $\mathrm{d}\boldsymbol{T}$ 时，由位姿变换关系可得：

$$\boldsymbol{\Delta} \cdot \boldsymbol{T} = \boldsymbol{T} \cdot {}^{H}\boldsymbol{\Delta} \tag{10-23}$$

可得：

$$\boldsymbol{\Delta} = \boldsymbol{T} \cdot {}^{H}\boldsymbol{\Delta} \cdot \boldsymbol{T}^{-1} \tag{10-24}$$

设

$$T=\begin{bmatrix} n_x & o_x & a_x & p_x \\ n_y & o_y & a_y & p_y \\ n_z & o_z & a_z & p_z \\ 0 & 0 & 0 & 1 \end{bmatrix} \tag{10-25}$$

则

$$\boldsymbol{\Delta}=\boldsymbol{T}\cdot{}^{H}\boldsymbol{\Delta}\cdot\boldsymbol{T}^{-1}=$$

$$\begin{bmatrix} n_x & o_x & a_x & p_x \\ n_y & o_y & a_y & p_y \\ n_z & o_z & a_z & p_z \\ 0 & 0 & 0 & 1 \end{bmatrix}\begin{bmatrix} 1 & -{}^{H}\delta z & {}^{H}\delta y & {}^{H}\mathrm{d}x \\ {}^{H}\delta z & 1 & -{}^{H}\delta x & {}^{H}\mathrm{d}y \\ -{}^{H}\delta y & {}^{H}\delta x & 1 & {}^{H}\mathrm{d}z \\ 0 & 0 & 0 & 1 \end{bmatrix}\begin{bmatrix} n_x & n_y & n_z & -p\cdot n \\ o_x & o_y & o_z & -p\cdot o \\ a_x & a_y & a_z & -p\cdot a \\ 0 & 0 & 0 & 1 \end{bmatrix} \tag{10-26}$$

对上式进行化简

$$\begin{aligned} \mathrm{d}x &= n_x{}^{H}\mathrm{d}x+o_x{}^{H}\mathrm{d}y+a_x{}^{H}\mathrm{d}z+(p\times n)_x{}^{H}\delta x+(p\times o)_x{}^{H}\delta y+(p\times a)_x{}^{H}\delta z \\ \mathrm{d}y &= n_y{}^{H}\mathrm{d}x+o_y{}^{H}\mathrm{d}y+a_y{}^{H}\mathrm{d}z+(p\times n)_y{}^{H}\delta x+(p\times o)_y{}^{H}\delta y+(p\times a)_y{}^{H}\delta z \\ \mathrm{d}z &= n_z{}^{H}\mathrm{d}x+o_z{}^{H}\mathrm{d}y+a_z{}^{H}\mathrm{d}z+(p\times n)_z{}^{H}\delta x+(p\times o)_z{}^{H}\delta y+(p\times a)_z{}^{H}\delta z \\ \delta x &= n_x{}^{H}\delta x+o_x{}^{H}\delta y+a_z{}^{H}\delta z \\ \delta y &= n_y{}^{H}\delta x+o_y{}^{H}\delta y+a_y{}^{H}\delta z \\ \delta z &= n_z{}^{H}\delta x+o_z{}^{H}\delta y+a_z{}^{H}\delta z \end{aligned} \tag{10-27}$$

将上式写成矩阵的形式：

$$\begin{bmatrix} \mathrm{d}x \\ \mathrm{d}y \\ \mathrm{d}z \\ \delta x \\ \delta y \\ \delta z \end{bmatrix}=\begin{bmatrix} n_x & o_x & a_x & (p\times n)_x & (p\times o)_x & (p\times a)_x \\ n_y & o_y & a_y & (p\times n)_y & (p\times o)_y & (p\times a)_y \\ n_z & o_z & a_z & (p\times n)_z & (p\times o)_z & (p\times a)_z \\ 0 & 0 & 0 & n_x & o_x & a_x \\ 0 & 0 & 0 & n_y & o_y & a_y \\ 0 & 0 & 0 & n_z & o_z & a_z \end{bmatrix}\begin{bmatrix} {}^{H}\mathrm{d}x \\ {}^{H}\mathrm{d}y \\ {}^{H}\mathrm{d}z \\ {}^{H}\delta x \\ {}^{H}\delta y \\ {}^{H}\delta z \end{bmatrix} \tag{10-28}$$

上述关系可表示为

$$\boldsymbol{D}=\boldsymbol{H}\cdot{}^{H}\boldsymbol{D} \tag{10-29}$$

上述关系建立了相对于基坐标系的微分平移与微分旋转矢量 $\boldsymbol{d}$，$\boldsymbol{\delta}$，与相对于 H 坐标系下的微分平移与微分旋转矢量 ${}^{H}\boldsymbol{d}, {}^{H}\boldsymbol{\delta}$ 之间的转换关系。

10.3 相邻关节间运动学误差模型

机器人 D－H 参数（第 3 章中已介绍）误差用 $\Delta\alpha_{i-1},\Delta a_{i-1},\Delta d_i,\Delta\theta_i$ 来表示，相邻两个

关节位姿变换矩阵微分关系可以表示为

$$\mathrm{d}\boldsymbol{A}_i = \frac{\partial \boldsymbol{A}_i}{\partial \alpha_{i-1}}\Delta\alpha_{i-1} + \frac{\partial \boldsymbol{A}_i}{\partial a_{i-1}}\Delta a_{i-1} + \frac{\partial \boldsymbol{A}_i}{\partial d_i}\Delta d_i + \frac{\partial \boldsymbol{A}_i}{\partial \theta_i}\Delta\theta_i \tag{10-30}$$

其中 $\boldsymbol{A}_i$ 为

$$\boldsymbol{A}_i = \begin{bmatrix} \cos\theta_i & -\sin\theta_i & 0 & a_{i-1} \\ \sin\theta_i\cos\alpha_{i-1} & \cos\theta_i\cos\alpha_{i-1} & -\sin\alpha_{i-1} & -\sin\alpha_{i-1}d_i \\ \sin\theta_i\sin\alpha_{i-1} & \cos\theta_i\sin\alpha_{i-1} & \cos\alpha_{i-1} & \cos\alpha_{i-1}d_i \\ 0 & 0 & 0 & 1 \end{bmatrix} \tag{10-31}$$

对 $\boldsymbol{A}_i$ 求偏导数

$$\frac{\partial \boldsymbol{A}_i}{\partial \alpha_{i-1}} = \begin{bmatrix} 0 & 0 & 0 & 0 \\ -\sin\theta_i\sin\alpha_{i-1} & -\cos\theta_i\sin\alpha_{i-1} & -\cos\alpha_{i-1} & -\cos\alpha_{i-1}d_i \\ \sin\theta_i\cos\alpha_{i-1} & \cos\theta_i\cos\alpha_{i-1} & -\sin\alpha_{i-1} & -\sin\alpha_{i-1}d_i \\ 0 & 0 & 0 & 0 \end{bmatrix} \tag{10-32}$$

$$\frac{\partial \boldsymbol{A}_i}{\partial a_{i-1}} = \begin{bmatrix} 0 & 0 & 0 & 1 \\ 0 & 0 & 0 & 0 \\ 0 & 0 & 0 & 0 \\ 0 & 0 & 0 & 0 \end{bmatrix} \tag{10-33}$$

$$\frac{\partial \boldsymbol{A}_i}{\partial d_i} = \begin{bmatrix} 0 & 0 & 0 & 0 \\ 0 & 0 & 0 & -\sin\alpha_{i-1} \\ 0 & 0 & 0 & \cos\alpha_{i-1} \\ 0 & 0 & 0 & 0 \end{bmatrix} \tag{10-34}$$

$$\frac{\partial \boldsymbol{A}_i}{\partial \theta_i} = \begin{bmatrix} -\sin\theta_i & -\cos\theta_i & 0 & 0 \\ \cos\theta_i\cos\alpha_{i-1} & -\sin\theta_i\cos\alpha_{i-1} & 0 & 0 \\ \cos\theta_i\sin\alpha_{i-1} & -\sin\theta_i\sin\alpha_{i-1} & 0 & 0 \\ 0 & 0 & 0 & 0 \end{bmatrix} \tag{10-35}$$

将式（10－32）~式(10－35）简写

$$\frac{\partial \boldsymbol{A}_i}{\partial \alpha_{i-1}} = \boldsymbol{B}_{\alpha_{i-1}} \cdot \boldsymbol{A}_i \tag{10-36}$$

$$\frac{\partial \boldsymbol{A}_i}{\partial a_{i-1}} = \boldsymbol{B}_{a_{i-1}} \cdot \boldsymbol{A}_i \tag{10-37}$$

$$\frac{\partial \boldsymbol{A}_i}{\partial d_i} = \boldsymbol{B}_{d_i} \cdot \boldsymbol{A}_i \tag{10-38}$$

$$\frac{\partial \boldsymbol{A}_i}{\partial \theta_i} = \boldsymbol{B}_{\theta_i} \cdot \boldsymbol{A}_i \tag{10-39}$$

系数矩阵可以表示为

$$\boldsymbol{B}_{\alpha_{i-1}} = \begin{bmatrix} 0 & 0 & 0 & 0 \\ 0 & 0 & -1 & 0 \\ 0 & 1 & 0 & 0 \\ 0 & 0 & 0 & 0 \end{bmatrix} \tag{10-40}$$

$$\boldsymbol{B}_{a_{i-1}} = \begin{bmatrix} 0 & 0 & 0 & 1 \\ 0 & 0 & 0 & 0 \\ 0 & 0 & 0 & 0 \\ 0 & 0 & 0 & 0 \end{bmatrix} \tag{10-41}$$

$$\boldsymbol{B}_{d_i} = \begin{bmatrix} 0 & 0 & 0 & 0 \\ 0 & 0 & 0 & -\sin\alpha_{i-1} \\ 0 & 0 & 0 & \cos\alpha_{i-1} \\ 0 & 0 & 0 & 0 \end{bmatrix} \tag{10-42}$$

$$\boldsymbol{B}_{\theta_i} = \begin{bmatrix} 0 & -\cos\alpha_{i-1} & -\sin\alpha_{i-1} & 0 \\ \cos\alpha_{i-1} & 0 & 0 & -\cos\alpha_{i-1}\cdot a_{i-1} \\ \sin\alpha_{i-1} & 0 & 0 & -\sin\alpha_{i-1}\cdot a_{i-1} \\ 0 & 0 & 0 & 0 \end{bmatrix} \tag{10-43}$$

将式（10－30）简写为

$$\mathrm{d}\boldsymbol{A}_i = \delta\boldsymbol{A}_i \cdot \boldsymbol{A}_i \tag{10-44}$$

$$\delta\boldsymbol{A}_i = \begin{bmatrix} 0 & -\cos\alpha_{i-1}\cdot\Delta\theta_i & -\sin\alpha_{i-1}\cdot\Delta\theta_i & \Delta a_{i-1} \\ \cos\alpha_{i-1}\cdot\Delta\theta_i & 0 & -\Delta\alpha_{i-1} & -\sin\alpha_{i-1}\cdot\Delta d_i - \cos\alpha_{i-1}\cdot a_{i-1}\cdot\Delta\theta_i \\ \sin\alpha_{i-1}\cdot\Delta\theta_i & \Delta\alpha_{i-1} & 0 & \cos\alpha_{i-1}\cdot\Delta d_i - \sin\alpha_{i-1}\cdot a_{i-1}\cdot\Delta\theta_i \\ 0 & 0 & 0 & 0 \end{bmatrix} \tag{10-45}$$

由于 $\delta\boldsymbol{A}_i$ 又可以表示成

$$\delta\boldsymbol{A}_i = \begin{bmatrix} 0 & -\delta z_i & \delta y_i & \mathrm{d}x_i \\ \delta z_i & 0 & -\delta x_i & \mathrm{d}y_i \\ -\delta y_i & \delta x_i & 0 & \mathrm{d}z_i \\ 0 & 0 & 0 & 0 \end{bmatrix} \tag{10-46}$$

由式（10－45）、式（10－46）可以得到

$$\begin{aligned} \mathrm{d}x_i &= \Delta a_{i-1} \\ \mathrm{d}y_i &= -\sin\alpha_{i-1}\cdot\Delta d_i - \cos\alpha_{i-1}\cdot a_{i-1}\cdot\Delta\theta_i \\ \mathrm{d}z_i &= \cos\alpha_{i-1}\cdot\Delta d_i - \sin\alpha_{i-1}\cdot a_{i-1}\cdot\Delta\theta_i \\ \delta x_i &= \Delta\alpha_{i-1} \end{aligned}$$

$$\begin{aligned}\delta y_i &= -\sin\alpha_{i-1}\cdot\Delta\theta_i\\ \delta z_i &= \cos\alpha_{i-1}\cdot\Delta\theta_i\end{aligned}\tag{10-47}$$

写成矢量形式

$$\boldsymbol{d}_i=\begin{bmatrix}\mathrm{d}x_i\\ \mathrm{d}y_i\\ \mathrm{d}z_i\end{bmatrix}=\begin{bmatrix}1\\0\\0\end{bmatrix}\cdot\Delta a_{i-1}+\begin{bmatrix}0\\-\sin\alpha_{i-1}\\ \cos\alpha_{i-1}\end{bmatrix}\cdot\Delta d_i+\begin{bmatrix}0\\-\cos\alpha_{i-1}\cdot a_{i-1}\\-\sin\alpha_{i-1}\cdot a_{i-1}\end{bmatrix}\cdot\Delta\theta_i$$

$$\boldsymbol{\delta}_i=\begin{bmatrix}\delta x_i\\ \delta y_i\\ \delta z_i\end{bmatrix}=\begin{bmatrix}1\\0\\0\end{bmatrix}\cdot\Delta\alpha_{i-1}+\begin{bmatrix}0\\-\sin\alpha_{i-1}\\ \cos\alpha_{i-1}\end{bmatrix}\cdot\Delta\theta_i\tag{10-48}$$

令

$$\boldsymbol{G}1_i=\begin{bmatrix}1\\0\\0\end{bmatrix}\tag{10-49}$$

$$\boldsymbol{G}2_i=\begin{bmatrix}0\\-\sin\alpha_{i-1}\\ \cos\alpha_{i-1}\end{bmatrix}\tag{10-50}$$

$$\boldsymbol{G}3_i=\begin{bmatrix}0\\-\cos\alpha_{i-1}\cdot a_{i-1}\\-\sin\alpha_{i-1}\cdot a_{i-1}\end{bmatrix}\tag{10-51}$$

则

$$\begin{aligned}\boldsymbol{d}_i &= \boldsymbol{G}1_i\cdot\Delta a_{i-1}+\boldsymbol{G}2_i\cdot\Delta d_i+\boldsymbol{G}3_i\cdot\Delta\theta_i\\ \boldsymbol{\delta}_i &= \boldsymbol{G}1_i\cdot\Delta\alpha_{i-1}+\boldsymbol{G}2_i\cdot\Delta\theta_i\end{aligned}\tag{10-52}$$

10.4　机器人末端运动学误差模型

考虑机器人运动学参数误差，基于机器人正运动学可以得到机器人末端运动学误差模型，考虑机器人运动学参数误差后的位姿矩阵可以表示为

$$\boldsymbol{T}_n+\mathrm{d}\boldsymbol{T}_n=(\boldsymbol{A}_1+\mathrm{d}\boldsymbol{A}_1)(\boldsymbol{A}_2+\mathrm{d}\boldsymbol{A}_2)\cdots(\boldsymbol{A}_n+\mathrm{d}\boldsymbol{A}_n)=\prod_{i=1}^{n}(A_i+\mathrm{d}A_i)\tag{10-53}$$

展开可写成

$$\boldsymbol{T}_n+\mathrm{d}\boldsymbol{T}_n=\boldsymbol{T}_n+\boldsymbol{E}_1+\boldsymbol{E}_2+\cdots+\boldsymbol{E}_n\tag{10-54}$$

忽略二阶及以上微分误差项得

$$\mathrm{d}\boldsymbol{T}_n=\boldsymbol{E}_1=\sum_{i=1}^{n}(\boldsymbol{A}_1\boldsymbol{A}_2\cdots\mathrm{d}\boldsymbol{A}_i\boldsymbol{A}_{i+1}\cdots\boldsymbol{A}_{n-1}\boldsymbol{A}_n)$$

$$= \sum_{i=1}^{n} (\boldsymbol{A}_1\boldsymbol{A}_2\cdots\delta\boldsymbol{A}_i \cdot \boldsymbol{A}_i \cdot \boldsymbol{A}_{i+1}\cdots\boldsymbol{A}_{n-1}\boldsymbol{A}_n)$$

$$= \sum_{i=1}^{n} [\boldsymbol{T}_{i-1} \cdot \delta\boldsymbol{A}_i \cdot (\boldsymbol{A}_{i-1})^{-1} \cdot \boldsymbol{A}_{i-1} \cdot \boldsymbol{A}_i \cdot \boldsymbol{A}_{i+1}\cdots\boldsymbol{A}_{n-1}\boldsymbol{A}_n]$$

$$= \sum_{i=1}^{n} [\boldsymbol{T}_{i-1} \cdot \delta\boldsymbol{A}_i \cdot (\boldsymbol{A}_1\boldsymbol{A}_2\cdots\boldsymbol{A}_{i-1})^{-1}\boldsymbol{A}_1\boldsymbol{A}_2\cdots\boldsymbol{A}_{i-1} \cdot \boldsymbol{A}_i \cdot \boldsymbol{A}_{i+1}\cdots\boldsymbol{A}_{n-1}\boldsymbol{A}_n]$$

$$= \sum_{i=1}^{n} [\boldsymbol{T}_{i-1} \cdot \delta\boldsymbol{A}_i \cdot (\boldsymbol{A}_1\boldsymbol{A}_2\cdots\boldsymbol{A}_{i-1})^{-1}\boldsymbol{A}_1\boldsymbol{A}_2\cdots\boldsymbol{A}_{i-1} \cdot \boldsymbol{A}_i \cdot \boldsymbol{A}_{i+1}\cdots\boldsymbol{A}_{n-1}\boldsymbol{A}_n]$$

$$= \sum_{i=1}^{n} (\boldsymbol{T}_{i-1} \cdot \delta\boldsymbol{A}_i \cdot \boldsymbol{T}_{i-1}^{-1}\boldsymbol{T}_n) \tag{10-55}$$

以 6 个自由度的工业机器人为例，则 $n=6$：

$$\mathrm{d}\boldsymbol{T}_n = \sum_{i=1}^{6} (\boldsymbol{T}_{i-1} \cdot \delta\boldsymbol{A}_i \cdot \boldsymbol{T}_{i-1}^{-1}\boldsymbol{T}_n) \tag{10-56}$$

由式（10-2）可推得

$$\mathrm{d}\boldsymbol{T}_n = \boldsymbol{\Delta}^n \cdot \boldsymbol{T}_n \tag{10-57}$$

联立式（10-56）、式（10-57）得

$$\boldsymbol{\Delta}^n = \sum_{i=1}^{6} (\boldsymbol{T}_{i-1} \cdot \delta\boldsymbol{A}_i \cdot \boldsymbol{T}_{i-1}^{-1}) \tag{10-58}$$

联合式（10-26）、式（10-27）、式（10-28）微分运动学公式可推得

$$\begin{bmatrix} \boldsymbol{d}_\Delta \\ \boldsymbol{\delta}_\Delta \end{bmatrix} = \sum_{i=1}^{6} \begin{bmatrix} \boldsymbol{R}_{i-1} & \boldsymbol{P}_{i-1} \times \boldsymbol{R}_{i-1} \\ 0 & \boldsymbol{R}_{i-1} \end{bmatrix} \begin{bmatrix} \mathrm{d}_i \\ \boldsymbol{\delta}_i \end{bmatrix} \tag{10-59}$$

$\boldsymbol{d}_\Delta$ 表示末端位置误差矢量，$\boldsymbol{\delta}_\Delta$ 表示末端姿态误差矢量。

$$\begin{aligned} \boldsymbol{d}_\Delta &= \sum_{i=1}^{6} (\boldsymbol{R}_{i-1} \cdot \boldsymbol{G}1_i \cdot \Delta\boldsymbol{a}_{i-1} + \boldsymbol{R}_{i-1} \cdot \boldsymbol{G}2_i \cdot \Delta d_i + \boldsymbol{R}_{i-1} \cdot \boldsymbol{G}3_i \cdot \Delta\theta_i + \boldsymbol{P}_{i-1} \times \\ &\quad \boldsymbol{R}_{i-1} \cdot \boldsymbol{G}1_i \cdot \Delta\alpha_{i-1} + \boldsymbol{P}_{i-1} \times \boldsymbol{R}_{i-1} \cdot G2_i \cdot \Delta\theta_i) \\ &= \boldsymbol{J}_{d\alpha} \cdot \Delta\boldsymbol{\alpha} + \boldsymbol{J}_{da}\Delta\boldsymbol{a} + \boldsymbol{J}_{dd} \cdot \Delta d + \boldsymbol{J}_{d\theta} \cdot \Delta\boldsymbol{\theta} \\ &= \boldsymbol{J}_d \cdot \begin{bmatrix} \Delta\boldsymbol{\alpha} \\ \Delta\boldsymbol{a} \\ \Delta\boldsymbol{d} \\ \Delta\boldsymbol{\theta} \end{bmatrix} \end{aligned} \tag{10-60}$$

$$\begin{aligned} \boldsymbol{\delta}_\Delta &= \sum_{i=1}^{6} (\boldsymbol{R}_{i-1} \cdot \boldsymbol{G}1_i \cdot \Delta\alpha_{i-1} + \boldsymbol{R}_{i-1} \cdot \boldsymbol{G}2_i \cdot \Delta\theta_i) \\ &= \boldsymbol{J}_{\delta\alpha} \cdot \Delta\boldsymbol{\alpha} + \boldsymbol{J}_{\delta\theta} \cdot \Delta\boldsymbol{\theta} \\ &= \boldsymbol{J}_\delta \begin{bmatrix} \Delta\boldsymbol{\alpha} \\ \Delta\boldsymbol{a} \\ \Delta\boldsymbol{d} \\ \Delta\boldsymbol{\theta} \end{bmatrix} \end{aligned} \tag{10-61}$$

简写表示为

$$\begin{bmatrix} \boldsymbol{d}_{\Delta} \\ \boldsymbol{\delta}_{\Delta} \end{bmatrix} = \begin{bmatrix} \boldsymbol{J}_{\mathrm{d}\alpha} & \boldsymbol{J}_{\mathrm{d}a} & \boldsymbol{J}_{\mathrm{d}d} & \boldsymbol{J}_{\mathrm{d}\theta} \\ \boldsymbol{J}_{\delta\alpha} & 0 & 0 & \boldsymbol{J}_{\delta\theta} \end{bmatrix} \begin{bmatrix} \Delta\alpha \\ \Delta a \\ \Delta d \\ \Delta\theta \end{bmatrix} \tag{10-62}$$

其中

$$\boldsymbol{J}_{\mathrm{d}a} = \boldsymbol{J}_{\delta\alpha}, \boldsymbol{J}_{\mathrm{d}d} = \boldsymbol{J}_{\delta\theta} \tag{10-63}$$

设

$$\boldsymbol{w} = \begin{bmatrix} \boldsymbol{d}_{\Delta} \\ \boldsymbol{\delta}_{\Delta} \end{bmatrix} \tag{10-64}$$

$$\boldsymbol{u} = \begin{bmatrix} \Delta\boldsymbol{\alpha} \\ \Delta\boldsymbol{a} \\ \Delta\boldsymbol{d} \\ \Delta\boldsymbol{\theta} \end{bmatrix} \tag{10-65}$$

$\boldsymbol{J}$ 为仅与运动学参数名义值相关的系数矩阵。

$$\boldsymbol{J} = \begin{bmatrix} \boldsymbol{J}_{\mathrm{d}\alpha} & \boldsymbol{J}_{\mathrm{d}a} & \boldsymbol{J}_{\mathrm{d}d} & \boldsymbol{J}_{\mathrm{d}\theta} \\ \boldsymbol{J}_{\delta\alpha} & 0 & 0 & \boldsymbol{J}_{\delta\theta} \end{bmatrix} \tag{10-66}$$

$$\boldsymbol{w} = \boldsymbol{J} \cdot \boldsymbol{u} \tag{10-67}$$

式（10－67）便给出了机器人末端位姿误差矢量与机器人运动学参数误差间的关系，其中 $\boldsymbol{w}$ 表示机器人末端位姿误差，$\boldsymbol{u}$ 表示机器人参数误差。在参数标定过程中需要测量多组位姿，对于 $\boldsymbol{k}$ 个位姿的测量

$$\boldsymbol{w}_k = \boldsymbol{J}_k \cdot \boldsymbol{u} \tag{10-68}$$

$\boldsymbol{w}_k$ 表示通过测量机器人 k 组位姿得到的 $6m \times 1$ 阶末端位姿误差矢量；$\boldsymbol{J}_k$ 表示通过测量机器人 k 组位姿得到的 $6m \times 24$ 阶辨识系数矩阵。

10.5 机器人运动学参数辨识计算

机器人运动学参数辨识就是通过一定的算法求解计算出机器人实际的 D－H 参数值，利用前文建立的机器人运动学误差模型，可以利用最小二乘法来辨识该机器人的运动学参数。

对于式（10－67）线性方程组，包含 6 个线性方程，含有误差几何参数 24 个；我们可以通过测量多组机器人末端位姿获得足够多的线性方程，如式（10－68）该线性方程组可能无解，可以采用对机器人末端位姿进行冗余测量获得足够多的末端位姿误差数据，从而得到一个超定线性方程组。再通过最小二乘法求解该超定线性方程组的最小二乘解。由式（10－68）可得

$$\boldsymbol{u} = \boldsymbol{J}_k^{+} \cdot \boldsymbol{w}_k = (\boldsymbol{J}^{\mathrm{T}}\boldsymbol{J})^{-1} \cdot \boldsymbol{J}^{\mathrm{T}} \cdot \boldsymbol{w}_k \tag{10-69}$$

$\boldsymbol{J}_k^{+}$ 成为 $\boldsymbol{J}_k$ 的广义逆，通过最小二乘辨识公式可求得机器人运动学参数误差值。运用最

小二乘法，算法设计流程图如图 10.1：

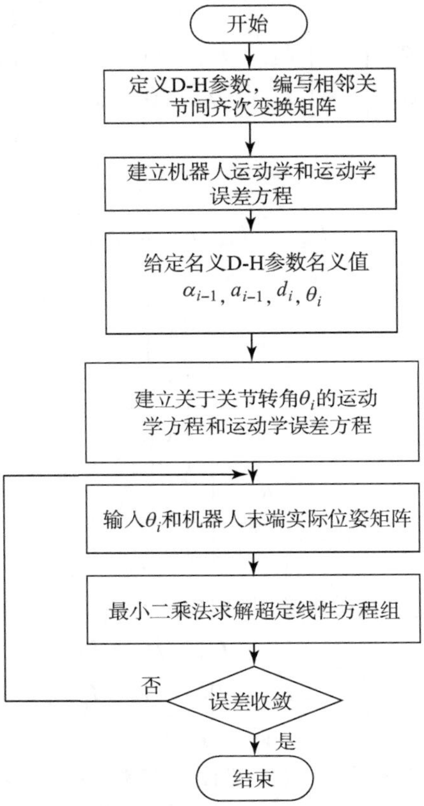

图 10.1　算法流程图

通过以上辨识算法，求解计算出机器人运动学参数的误差值，并将该值补偿到机器人运动学参数中，得到校正后的机器人运动学参数，这样利用修正后的机器人运动学参数计算机器人末端位姿，机器人末端绝对定位精度将会大幅提高。

习　题

10.1　机器人重复定位精度与绝对定位精度的含义是什么？

10.2　影响机器人运动学参数误差的因素有哪些？为什么要进行机器人运动学参数标定？

10.3　利用最小二乘法辨识机器人运动学参数时为什么要构建超定线性方程组？

10.4　课后查阅资料，学习还有哪些机器人运动学参数标定方法。

第 11 章

机器视觉识别与定位

第 11 章　程序实例

机器视觉识别与定位是将真实空间中的三维物体影像通过摄像头等图像采集设备转化为机器语言，并经过图像处理、图像分析、图像识别的过程，最终达到识别和定位的目的，并可以根据所得的位置数据和信息进行其他的操作或控制。

机器视觉识别与定位的主要步骤包括搭建机器视觉识别定位系统的硬件平台，摄像头标定，对摄像头获取的图像进行图像处理、识别以及视觉定位。本章将主要介绍机器视觉识别与定位的步骤，并在本章末对视觉识别和视觉定位分别列举实例，以加深读者对机器视觉的理解。

11.1　摄像头参数标定

11.1.1　摄像头标定的目的

由于每个摄像头的畸变程度各不相同，且不同的摄像头在世界坐标系中的摆放位置和摆放角度不同，所以不同摄像头对于世界坐标系中同一目标的坐标描述不同。通过摄像头标定可以使不同摄像头对世界坐标系中的同一目标的描述相同。通过求出摄像头的内、外参数以及畸变参数，进行矫正畸变，生成矫正图像，从而可以根据获得的图像重构三维场景。

11.1.2　摄像头标定基础

摄像头标定简单来说是从世界坐标系转换到像素坐标系的过程，也就是求目标物体三维坐标转变到二维坐标的投影矩阵的过程。

1. 基本的坐标系

（1）世界坐标系：$(\tilde{X},\tilde{Y},\tilde{Z})$，用户自己定义的三维空间坐标系，表示物体在空间的实际位置，用来描述三维空间中物体与相机之间的坐标位置关系，度量值为米（m）；

（2）摄像头坐标系：(X, Y, Z)，以摄像头的光心为原点，Z 轴与光轴重合，垂直于成像平面，度量值为米（m）；

（3）成像平面坐标系：(x, y)，二维坐标系，x 轴和 y 轴分别与摄像头坐标系中的 X 轴和 Y 轴相平行，度量值为米（m）；

（4）像素坐标系：(u, v)，同样位于成像平面上，与成像平面坐标系的区别是坐标原点不同，度量值为像素。

2. 摄像头模型

摄像头模型与小孔成像模型原理相同，如图 11.1 所示。

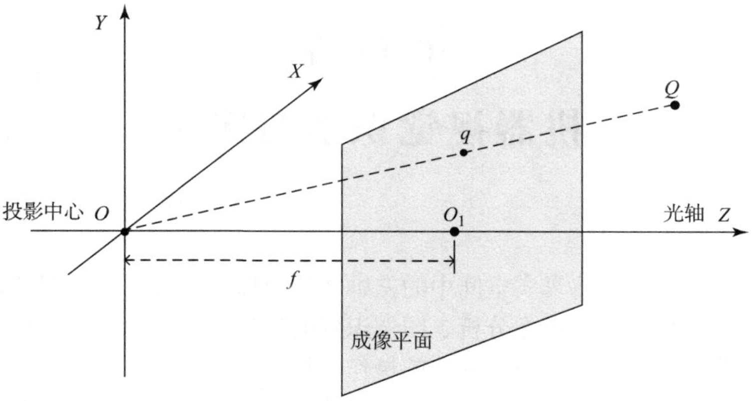

图 11.1　摄像头模型

O 点——摄像头的中心点，即摄像头坐标系的坐标原点；

O_1 点——成像平面坐标系的坐标原点，即主轴与像平面相交的点；

Z 轴——光轴，即摄像头坐标系的主轴；

成像平面——摄像头的像平面，也是成像平面坐标系所在的二维平面；

焦距 f——相机的焦距，即 O 点到 O_1 点的距离；

摄像头坐标系——以 X，Y，Z 三个轴组成且原点在 O 点，度量值为米（m）；

成像平面坐标系——位于像平面，其 x 和 y 坐标轴分别与摄像头坐标系上 X 和 Y 坐标轴平行；

像素坐标系——该坐标系与成像平面坐标系均位于像平面，与成像平面坐标系原点坐标不同，度量值为像素的个数。

11.1.3　摄像头标定的具体过程

摄像头的标定过程就是通过求取世界坐标系转换到像素坐标系的转换矩阵，获取摄像头内外参数，进而矫正摄像头的过程。从世界坐标系转换到像素坐标系分为三步，如图 11.2 所示。第一步是从世界坐标系转到摄像头坐标系，这一步是三维点到三维点的转换，包括 R，T 等参数（相机外参，确定了摄像头在某个三维空间中的位置和朝向）；第二步是从摄像头坐标系转为成像平面坐标系，这一步是三维点到二维点的转换，包括 K 等参数（相机内参，是对相机物理特性的近似）；第三步是从成像平面坐标系到像素坐标系的转换，这一步是二维点到二维点的转换。

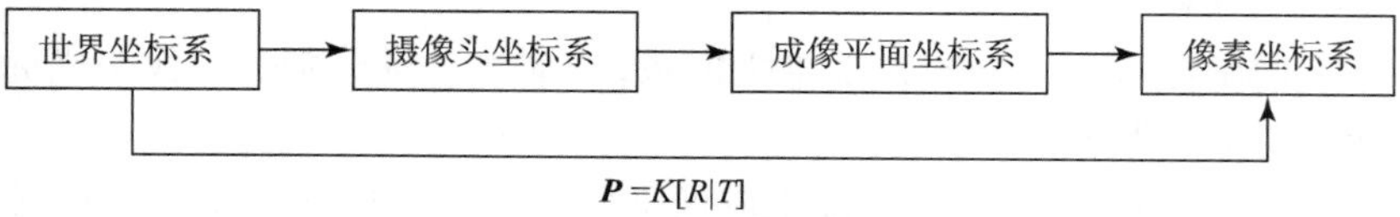

图 11.2　坐标系转换

将从世界坐标系转变到像素坐标系的整个操作由一个投影矩阵表示，这个投影矩阵 $\boldsymbol{P} = K[R \mid T]$ 是一个 3 ×4 矩阵，混合了内参和外参而成。

1. 世界坐标系转换到摄像头坐标系（图 11.3）

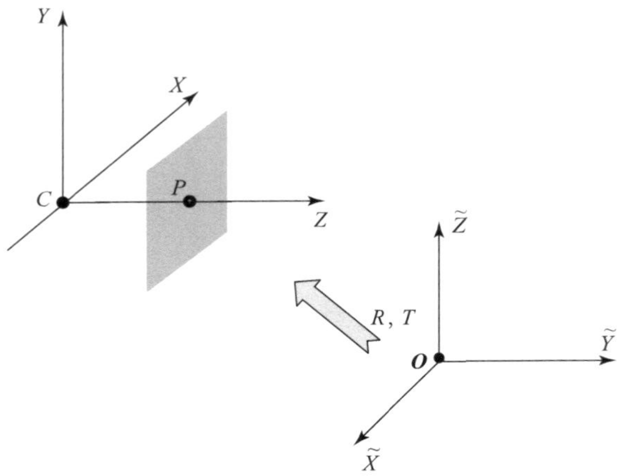

图 11.3　世界坐标系转换到摄像头坐标系

设某点在世界坐标系中的坐标表示为（$\tilde{X}, \tilde{Y}, \tilde{Z}$），在摄像头坐标系中的坐标表示为（$X, Y, Z$），坐标转换关系为：

$$\begin{bmatrix} X \\ Y \\ Z \end{bmatrix} = \boldsymbol{R} \begin{bmatrix} \tilde{X} \\ \tilde{Y} \\ \tilde{Z} \end{bmatrix} + \boldsymbol{T} \tag{11-1}$$

其中，$\boldsymbol{R}$ 是一个 3 ×3 的旋转矩阵；$\boldsymbol{T}$ 是一个 3 ×1 的矩阵，表示偏移。

将转换关系表示成齐次形式：

$$\begin{bmatrix} X \\ Y \\ Z \\ 1 \end{bmatrix} = \begin{bmatrix} \boldsymbol{R} & \boldsymbol{T} \\ 0 & 1 \end{bmatrix} \begin{bmatrix} \tilde{X} \\ \tilde{Y} \\ \tilde{Z} \\ 1 \end{bmatrix} \tag{11-2}$$

确定 $\boldsymbol{R}$ 需要 3 个参数，确定 $\boldsymbol{T}$ 也需要 3 个参数，共计 6 个参数，称为外部参数。

2. 摄像头坐标系转变到成像平面坐标系（图 11.4）

以 C 点为原点建立摄像头坐标系，点 Q（X，Y，Z）为摄像头坐标系空间中的任意一点，该点被光线投影到成像平面上的 q（x，y）点。

成像平面与光轴 z 轴垂直，和投影中心距离为 f（焦距）参见图 11.5、图 11.6，按照三角比例关系可以列出：

$$\begin{cases} x/f = X/Z \\ y/f = Y/Z \end{cases} \tag{11-3}$$

即

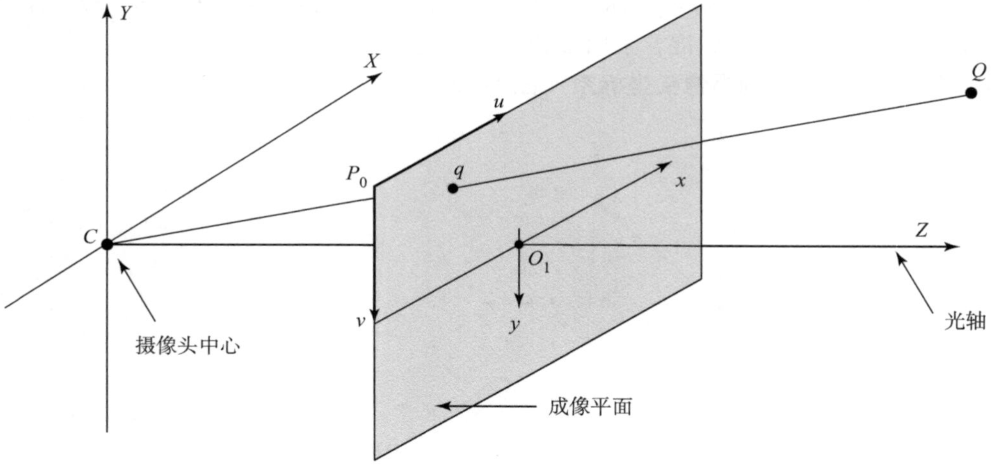

图 11.4　摄像头坐标系转变到成像平面坐标系

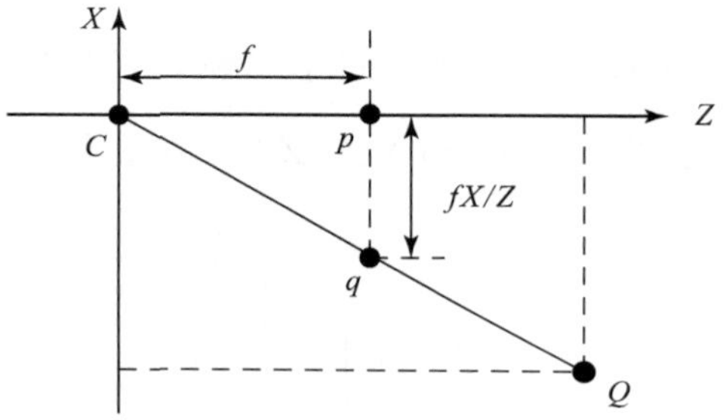

图 11.5　点 Q 在 XCZ 平面的投影

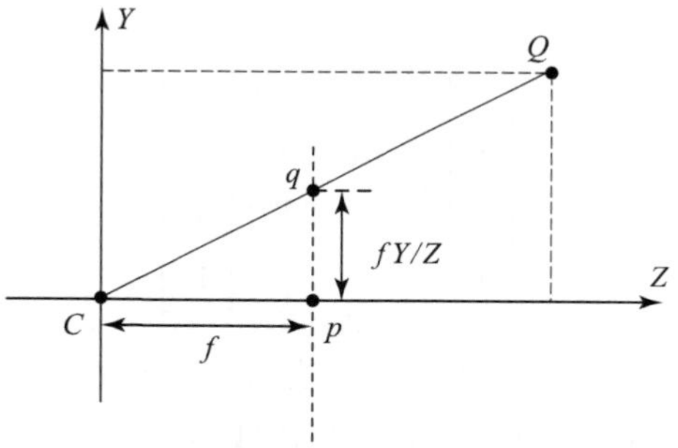

图 11.6　点 Q 在 YCZ 平面的投影

$$\begin{cases} x = fX/Z \\ y = fY/Z \end{cases} \tag{11-4}$$

以上将摄像头坐标系中坐标为（X，Y，Z）的 Q 点投影到像平面上坐标为（x，y）的 q 点的过程称作摄像头坐标系到成像平面坐标系的转换，也称为投影变换。

表示为矩阵形式：

$$Z\begin{bmatrix}x\\y\\1\end{bmatrix}=\begin{bmatrix}f&0&0&0\\0&f&0&0\\0&0&1&0\end{bmatrix}\begin{bmatrix}X\\Y\\Z\\1\end{bmatrix}\tag{11-5}$$

3. 成像平面坐标系转变到像素坐标系

成像平面坐标系与像素坐标系均在像平面内，假设像素坐标系坐标原点为 O，成像平面坐标系的坐标原点为 O_1，两个坐标系关系如图 11.7 所示。

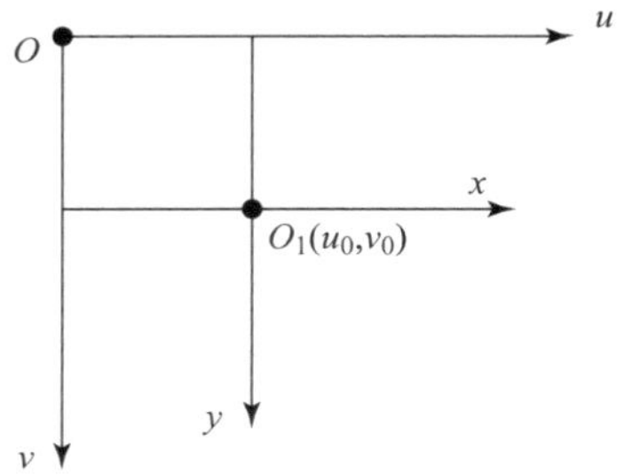

图 11.7　成像平面坐标系转变到像素坐标系

假设像素坐标系中每个像素的物理尺寸为 $\mathrm{d}x\times\mathrm{d}y$（mm × mm）。

平面中某个点在成像平面坐标系和像素坐标系的坐标转换关系为：

$$\begin{cases}u=u_0+\dfrac{x}{\mathrm{d}x}\\[2ex]v=v_0+\dfrac{y}{\mathrm{d}y}\end{cases}\tag{11-6}$$

写成矩阵形式：

$$\begin{bmatrix}u\\v\\1\end{bmatrix}=\begin{bmatrix}\dfrac{1}{\mathrm{d}x}&0&u_0\\0&\dfrac{1}{\mathrm{d}y}&v_0\\0&0&1\end{bmatrix}\begin{bmatrix}x\\y\\1\end{bmatrix}\tag{11-7}$$

4. 世界坐标系转变到像素坐标系

综合以上三个步骤，将世界坐标系到像素坐标系的坐标系转换关系表示如下：

$$\boldsymbol{Z}\begin{bmatrix}u\\v\\1\end{bmatrix}=\begin{bmatrix}\dfrac{1}{\mathrm{d}x}&0&u_0\\0&\dfrac{1}{\mathrm{d}y}&v_0\\0&0&1\end{bmatrix}\begin{bmatrix}f&0&0&0\\0&f&0&0\\0&0&1&0\end{bmatrix}\begin{bmatrix}\boldsymbol{R}&\boldsymbol{T}\\0&1\end{bmatrix}\begin{bmatrix}\tilde{X}\\\tilde{Y}\\\tilde{Z}\\1\end{bmatrix}\tag{11-8}$$

化简：

$$\boldsymbol{Z}\begin{bmatrix}u\\v\\1\end{bmatrix}=\begin{bmatrix}f_x&0&u_0&0\\0&f_y&v_0&0\\0&0&1&0\end{bmatrix}\cdot\begin{bmatrix}\boldsymbol{R}&\boldsymbol{T}\\0&1\end{bmatrix}\begin{bmatrix}\tilde{X}\\\tilde{Y}\\\tilde{Z}\\1\end{bmatrix}\tag{11-9}$$

式中，$f_x = \dfrac{f}{dx}$，$f_y = \dfrac{f}{dy}$

第一个矩阵中的f_x、f_y、u_0、v_0这4个参数称为摄像头的内部参数，内部参数只与摄像头有关，与其他因素无关；

第二个矩阵中的$\boldsymbol{R}$、$\boldsymbol{T}$称作摄像头的外部参数，只要世界坐标系和摄像头坐标系的相对位置关系发生改变，这两个参数就会发生改变，每一张图片的$\boldsymbol{R}$、$\boldsymbol{T}$都是唯一的。

11.1.4　摄像头其他标定方法

1. 自标定法

相对于传统的标定方法，自标定法不需要特定的参照物来实现标定，仅仅依靠多幅图像对应点之间的关系直接进行标定，是一种对环境具有很强适应性的标定技术。目前已有的自标定技术大致可以分为基于绝对二次曲线的自标定法、分层逐步标定法和其他改进的相机自标定技术。自标定法的优点是灵活性强，潜在应用范围广；最大不足是鲁棒性差。目前主要应用场合是精度要求不高的场合，如通信，虚拟现实技术等。

2. 主动视觉标定法

主动视觉标定的原理是将相机精确安装于可控平台，主动控制平台作特殊运动来获得多幅图像，从而利用图像与相机运动参数来确定相机内外参数。主动视觉标定法需要确保相机的运动已知且完全可控，所以这种标定方法所需运动平台精度较高，成本也较高。相比于其他标定方法，主动视觉标定法的优点是算法简单，鲁棒性较高；缺点是需要高精度的摄像平台来实现，操作步骤比较烦琐。

11.1.5　标定影响分析及标定技巧

1. 图像处理算法

当选择的成像数学模型一定时，图像坐标和世界坐标的精度是直接影响摄像机标定精度的因素。

2. 靶标精度

①靶标特征点的图像处理检测精度：目前系统采用子像素检测技术，达到误差小于0.02个像素的精度。

②靶标特征点加工精度：系统靶标加工精度误差小于0.1mm，并进行二次测量获取更高精度的特征点坐标值。

3. 相机、镜头、靶标硬件搭配

①同样视场范围内相机的分辨率越大，标定精度越高；

②镜头决定视场范围，靶标小于视场的1/5时会减小摄像机的标定精度，经验值为靶标大小在视场的1/3～1/4较为合适。

4. 操作技巧

①将靶标放在测量区域内，调节好镜头焦距和光圈，使靶标能够清晰成像；

②标定时将靶标放在测量区域内进行标定；

③标定时靶标处于静止状态或小幅度的晃动，减少由于相机的曝光时间引起的运动模糊造成的误差；

④使靶标尽可能多地放置在系统测量范围内不同位置进行标定；

⑤标定时需绕 X 轴和 Y 轴有一定的旋转。

5. 外界环境干扰

①光线过亮或过暗，靶标特征圆与背景对比度低，会引起检测不到靶标，或检测精度低；

②光照不均匀，使得靶标部分过亮或过暗会也引起检测不到靶标，或检测精度低。

11.2　机器人视觉识别

11.2.1　图像预处理

相机采集的实际图像由于环境、设备等原因，往往跟理想情况存在较大差距，如果直接对图片进行处理分析，则定位精度和识别效果很差，所以对图像进行预处理工作十分重要。图像滤波是图像预处理的重要步骤。图像滤波，即在尽量保留图像细节特征的条件下对目标图像的噪声进行抑制。通过图像滤波抑制噪声，可以得到干净清晰的图像，但会使得边缘模糊。

一幅数字图像可以看成一个二维函数 $f(x,y)$，滤波过程就是将事先选定的滤波器在图像中 $f(x,y)$ 逐点移动，使滤波器中心与点（x,y）重合。在每一点（x,y）处，滤波器在该点的响应是根据滤波器的具体内容并通过预先定义的关系来计算，若想实现不同的功能，可以通过选择不同的滤波器来实现。图 11.8 给出了使用 3×3 滤波器进行滤波的过程。

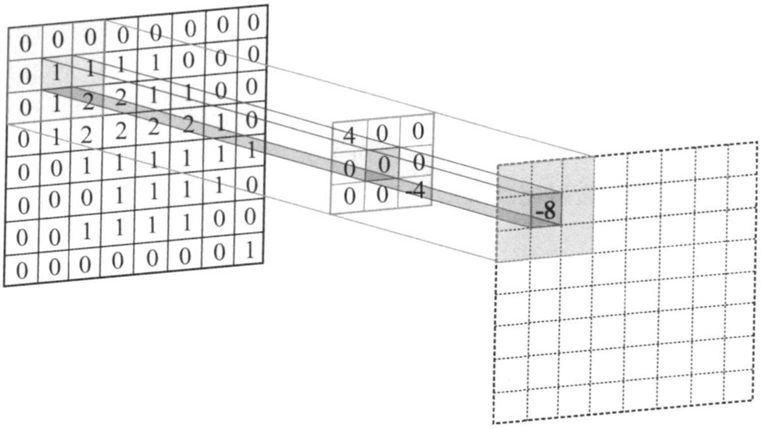

图 11.8　图像滤波示意图

11.2.2　色域空间转换

RGB（Red，Green，Blue）颜色空间是工业界的一种颜色标准，利用了物理学中的三原色叠加从而产生各种不同颜色的原理。在 RGB 颜色空间中，R、G、B 三个分量的属性是独立的，三个分量中数值越小的亮度越低，数值越大的亮度越高，如（0，0，0）表示黑色，（255，255，255）表示白色（图 11.9）。

图 11.9　RGB 颜色空间模型

HSV（Hue，Saturation，Value）颜色空间可以用一个圆锥来表示，如图 11.10 所示。

（1）色调 H：用角度度量，取值范围为 0°～360°，从红色开始按逆时针方向计算，红色为 0°，绿色为 110°，蓝色为 240°。它们的补色是：黄色为 60°，青色为 180°，品红为 300°；

（2）饱和度 S：饱和度 S 表示颜色接近光谱色的程度。一种颜色，可以看成是某种光谱色与白色混合的结果。其中光谱色所占的比例越大，颜色接近光谱色的程度就越高，颜色的饱和度也就越高。饱和度高，颜色则深而艳。光谱色的白光成分为 0，饱和度达到最高。通常取值范围为 0～100%，值越大，颜色越饱和。

（3）明度 V：明度表示颜色明亮的程度，对于光源色，明度值与发光体的光亮度有关；对于物体色，此值和物体的透射比或反射比有关。通常取值范围为 0（黑）～100%（白）。

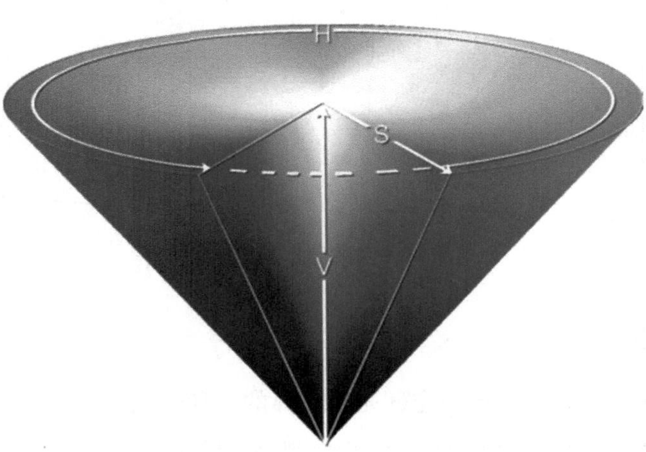

图 11.10　HSV 颜色空间模型（圆锥模型）

在图像处理中，最常用的颜色空间是 RGB 模型，常用于颜色显示和图像处理，HSV 模型在应用于指定颜色分割时，相较于 RGB 模型更加容易操作，对于不同的彩色区域，混合 H 与 S 变量并划定阈值，即可进行简单的分割。因此本章实验在图像分割前将图像由 RGB 模型转换到 HSV 模型。

RGB 与 HSV 通过以下公式相互转换：

$$V \leftarrow \max(R,G,B) \tag{11-10}$$

$$S \leftarrow \begin{cases} \dfrac{V-\min(R,G,B)}{V} & \text{if} \quad V \neq 0 \\ 0 & \text{otherwise} \end{cases} \tag{11-11}$$

$$H \leftarrow \begin{cases} 60[(G-B)/(V-\min(R,G,B))] & \text{if} \quad V=R \\ 120+60(B-R)/[V-\min(R,G,B)] & \text{if} \quad V=G \\ 240+60(R-G)/[V-\min(R,G,B)] & \text{if} \quad V=B \end{cases} \tag{11-12}$$

当 $H \leqslant 0$ 时，$H = H + 360$。

通过色域空间转换，可以得到图像在 RGB 色域空间在 Red，Green，Blue 三个通道的值，以及在 HSV 色域空间在 Hue，Saturation，Value 三个通道的值。

11.2.3 图像分割

在图像识别前，预先将目标物与背景分离更有利于后续的识别操作。图像分割就是把图像分割成若干个特定的、具有独特性质的区域并提取出目标的过程。

现有的图像分割方法主要包括：基于阈值的分割方法、基于区域的分割方法、基于边缘的分割方法以及基于特定理论的分割方法等。

灰度阈值分割法是一种最常用的图像分割方法。阈值分割方法实施的变换如下：

$$g(i,j) = \begin{cases} 0 & f(i,j) < T \\ 1 & f(i,j) \geqslant T \end{cases} \tag{11-13}$$

式中，T 为阈值，对应目标的图像元素 $g(i,j)=1$，对于背景的图像元素 $g(i,j)=0$。

阈值分割算法的关键是确定阈值，如果能确定一个合适的阈值就可准确地将目标与背景分割开。阈值确定后，将阈值与像素点的灰度值逐个进行比较，分割的结果将直接给出图像区域。

阈值分割时，可以通过 Halcon 中灰度直方图（图 11.11）进行观察，并精确调节分割阈值。

图 11.11 蓝色曲线即为图像灰度直方图，竖直的绿色和红色直线中间即为阈值分割范围，拖动绿色和红色直线，可使图像中显示出该范围下阈值分割的结果。

11.2.4 形态学运算

形态学，即数学形态学，是图像处理中应用最广泛的技术之一。形态学的主要应用是用具有一定形态的结构元素从图像提取对应形状，从而使后续的识别工作能够抓住目标最具有区分能力的形状特征。同时，形态学可以对图像实现图像细化以及修剪毛刺，除去图像中不相干的结构。

二值图像的形态变换是一种针对集合的处理过程，从集合的角度来刻画和分析图像。本

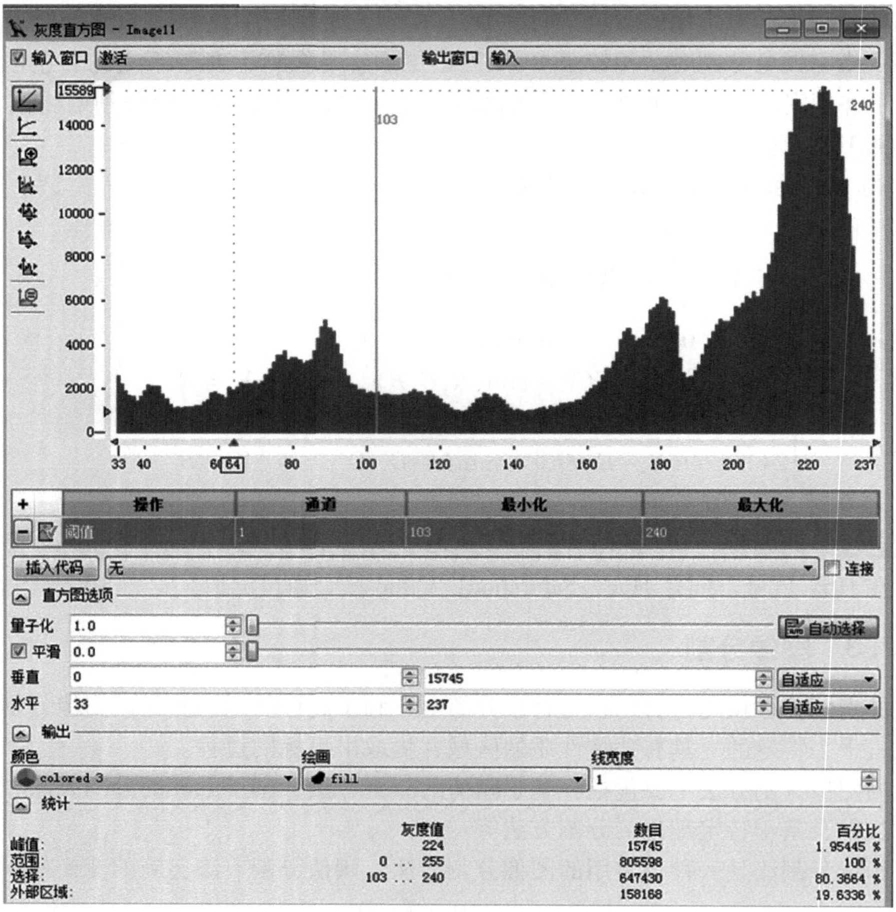

图 11.11　灰度直方图

章介绍几种二值图像的基本形态学运算，包括腐蚀、膨胀，以及开、闭运算。

1. 腐蚀

二值形态学中的运算对象是集合，一般设 A 为图像集合，B 为结构元素，用 B 对 A 进行腐蚀操作，如图 11.12 所示，让原本位于图像原点的结构元素 B 在整个平面上移动，当 B 的原点平移到 z 点时，B 能完全包含于 A 中，则所有这样的 z 点构成的集合即 E 集合是 B 对 A 的腐蚀结果。

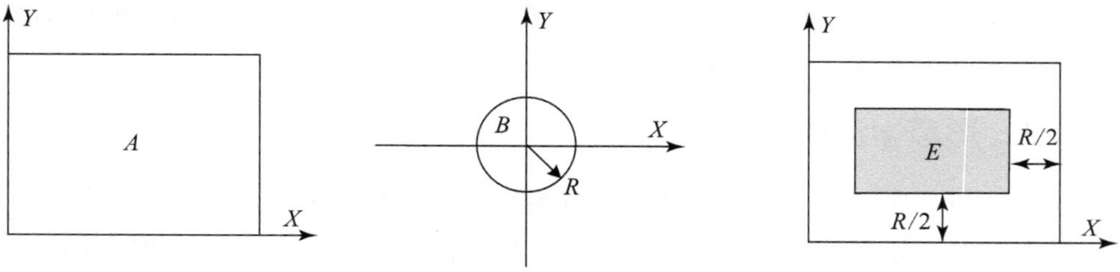

图 11.12　腐蚀运算示意图

腐蚀结果 E 的定义：

$$E = \{z \mid B(z) \subset A\} \tag{11-14}$$

腐蚀的作用：腐蚀能够消融物体的边界，具体的腐蚀结果取决于结构元素 B 以及其原点的选取。如果物体整体上大于结构元素，腐蚀的结构是使物体变“瘦”一圈，这一圈有多大是由结构元素决定的；如果物体本身小于结构元素，则腐蚀后的物体会在细连通处断裂，分离成两部分。参见图 11.13。

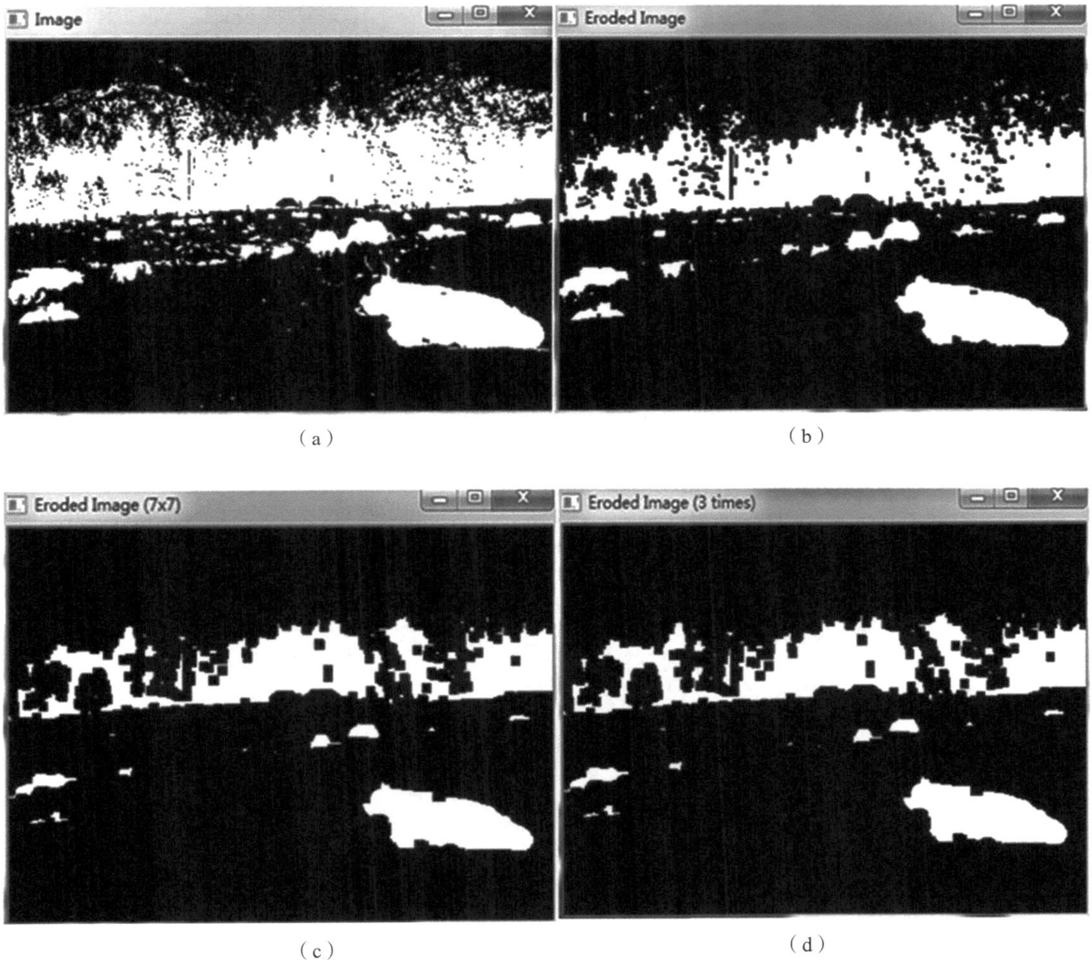

图 11.13　对二值图像腐蚀过程及结果

(a) 原始二值图像；(b) 3×3 正方形结构元素腐蚀结果；(c) 7×7 正方形结构元素腐蚀结果；
(d) 3×3 正方形结构元素腐蚀 3 次结果

2. 膨胀

膨胀和腐蚀对集合的运算是彼此对偶的，和腐蚀运算类似，设定 A 为要处理的图像集合，B 为结构元素，通过结构元素 B 对图像进行膨胀处理。让原本位于图像原点的结构元素 B 在整个平面上移动，当其自身原点平移至 z 点时，B 相对于其原点的映像和 A 有公共的交集，则所有这样的 z 点构成的集合（E 集合）为 B 对 A 的膨胀结果，参见图 11.14。

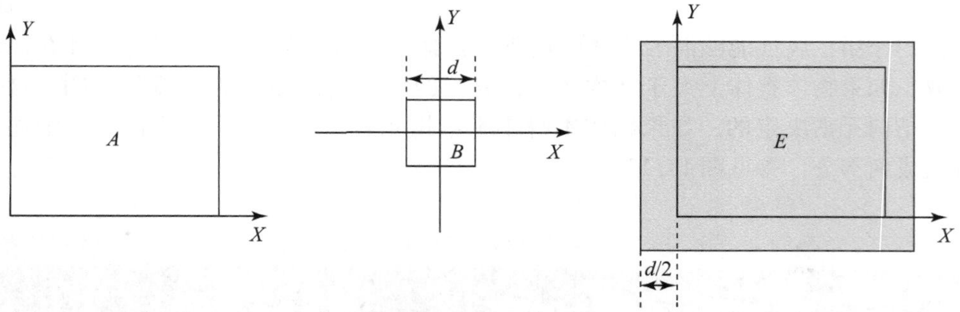

图 11.14 膨胀运算示意图

膨胀结果 E 的定义：

$$E = \{z \mid B(z) \cap A \neq \varnothing\} \tag{11-15}$$

膨胀的作用：和腐蚀相反，膨胀能够使物体边界扩大，膨胀结果与图像本身和结构元素的形状有关。膨胀同时可以用来填补物体中的空洞。参见图 11.15。

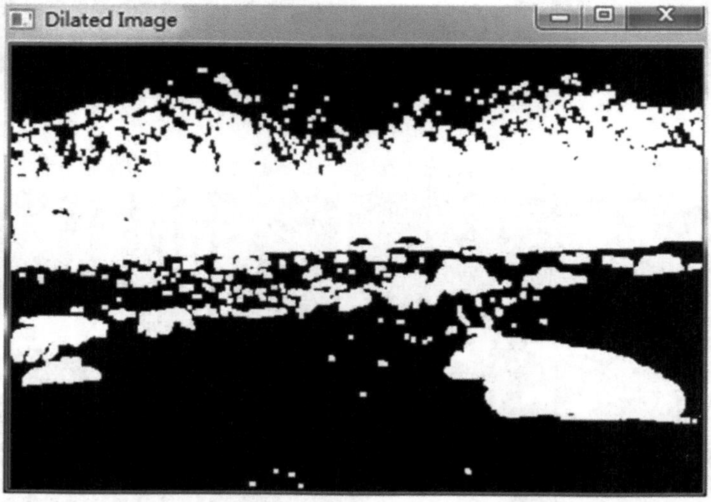

图 11.15 3×3 正方形结构元素膨胀结果

3. 开、闭运算

开运算和闭运算都由腐蚀和膨胀复合而成，先腐蚀后膨胀的过程称为开运算，先膨胀后腐蚀的过程称为闭运算。闭运算能融合狭窄的间断，填充物体内细小空洞，可以用来连接邻近物体、填补轮廓上的缝隙从而平滑图像的轮廓。开运算能够平滑图像的轮廓，削弱狭窄的部分，去掉细的突出，可以用来消除背景中的小物体，在纤细点处分离物体。

11.2.5 几何形态分析

几何形态分析又称 Blob 分析，包括形状、边缘、长度、面积、圆形度、位置、方向、数量、连通性等。本实验用到形状、面积、圆形度和数量等几何形态。

Halcon 中可以直接读出目标的几何特征，如图 11.16 所示。

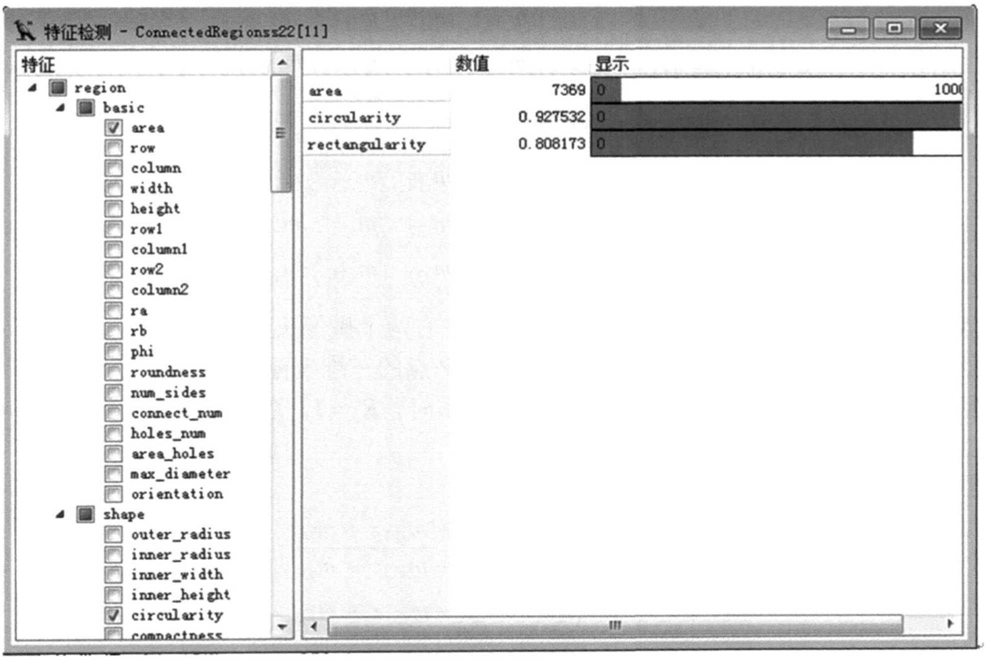

图 11.16　几何特征表

11.3　机器人视觉定位

任意放置的双目立体视觉模型见图 11.17。图中，O_L、O_R 分别为左右两个摄像头坐标系的坐标原点，I_1、I_2 分别为左右两个摄像机的成像平面。

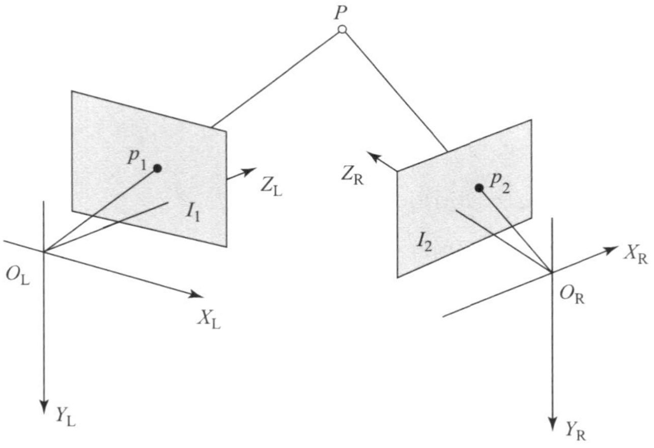

图 11.17　双目立体视觉定位原理图

假设已经通过前面的摄像头标定和立体匹配确定了空间点 P 在左右两个摄像机成像平面上的图像坐标分别为 $p_1(u_l,v_l)$、$p_2(u_r,v_r)$，那么，根据摄像机成像模型，可得：

$$z_l\begin{bmatrix}u_1\\v_1\\1\end{bmatrix}=\boldsymbol{M}_1\begin{bmatrix}x\\y\\z\\1\end{bmatrix}=\begin{bmatrix}m_{l11}&m_{l12}&m_{l13}&m_{l14}\\m_{l21}&m_{l22}&m_{l23}&m_{l24}\\m_{l31}&m_{l32}&m_{l33}&m_{l34}\end{bmatrix}\begin{bmatrix}x\\y\\z\\1\end{bmatrix}\tag{11-15}$$

$$z_r\begin{bmatrix}u_r\\v_r\\1\end{bmatrix}=\boldsymbol{M}_r\begin{bmatrix}x\\y\\z\\1\end{bmatrix}=\begin{bmatrix}m_{r11}&m_{r12}&m_{r13}&m_{r14}\\m_{r21}&m_{r22}&m_{r23}&m_{r24}\\m_{r31}&m_{r32}&m_{r33}&m_{r34}\end{bmatrix}\begin{bmatrix}x\\y\\z\\1\end{bmatrix}\tag{11-16}$$

式中，$\boldsymbol{M}_l=\boldsymbol{K}_l(\boldsymbol{R}_l,\boldsymbol{T}_l)$、$\boldsymbol{M}_r=\boldsymbol{K}_r(\boldsymbol{R}_r,\boldsymbol{T}_r)$ 分别为左右两个摄像头的投影矩阵，$\boldsymbol{K}_l$、$\boldsymbol{K}_r$ 分别为左右两个相机的内参矩阵，(x, y, z) 为欲求的 P 点的三维坐标。

当选取左相机的摄像头坐标系作为世界坐标系时，$\boldsymbol{R}_l=\boldsymbol{I}$，$\boldsymbol{T}_l=0$，$\boldsymbol{R}_r$、$\boldsymbol{T}_r$ 分别对应着右相机相对于左相机的旋转矩阵以及平移矩阵。

对上式消去 z_l、z_r 得：

$$\begin{cases}u_l=\dfrac{m_{l11}x+m_{l12}y+m_{l13}z+m_{l14}}{m_{l31}x+m_{l32}y+m_{l33}z+m_{l34}}\\[2ex]v_l=\dfrac{m_{l21}x+m_{l22}y+m_{l23}z+m_{l24}}{m_{l31}x+m_{l32}y+m_{l33}z+m_{l34}}\\[2ex]u_r=\dfrac{m_{r11}x+m_{r12}y+m_{r13}z+m_{r14}}{m_{r31}x+m_{r32}y+m_{r33}z+m_{r34}}\\[2ex]v_r=\dfrac{m_{r21}x+m_{r22}y+m_{r23}z+m_{r24}}{m_{r31}x+m_{r32}y+m_{r33}z+m_{r34}}\end{cases}\tag{11-17}$$

化成矩阵形式：$\boldsymbol{AP}=\boldsymbol{b}$，其中：

$$\boldsymbol{A}=\begin{bmatrix}m_{l31}u_l-m_{l11}&m_{l32}u_l-m_{l12}&m_{l33}u_l-m_{l13}\\m_{l31}v_l-m_{l21}&m_{l32}v_l-m_{l22}&m_{l33}v_l-m_{l23}\\m_{r31}u_r-m_{r11}&m_{r32}u_r-m_{r12}&m_{r33}u_r-m_{r13}\\m_{r31}v_r-m_{r21}&m_{r32}v_r-m_{r22}&m_{r33}v_r-m_{r23}\end{bmatrix}\tag{11-18}$$

$$\boldsymbol{P}=[x\quad y\quad z]^{\mathrm{T}}\tag{11-19}$$

$$\boldsymbol{b}=\begin{bmatrix}m_{l14}-m_{l34}u_l\\m_{l24}-m_{l34}v_l\\m_{r14}-m_{r34}u_r\\m_{r24}-m_{r34}v_r\end{bmatrix}\tag{11-20}$$

根据最小二乘法，解得空间点 P 的坐标为

$$\boldsymbol{P}=(\boldsymbol{A}'\boldsymbol{A})^{-1}\boldsymbol{A}^{\mathrm{T}}\boldsymbol{b}\tag{11-21}$$

11.4 机器人视觉伺服

机器人视觉伺服是机器视觉和机器人控制的有机结合，是一个非线性、强耦合的复杂系

统，其内容涉及图像处理、机器人运动学和动力学、控制理论等研究领域。随着摄像技术和计算机技术的发展，以及相关理论的日益完善和实践的不断检验，视觉伺服已具备了在实际中应用的条件；而随着机器人领域的不断扩展，重要性也不断提高，与其相关技术问题已经成为了当前的研究热点。所以实现机器人视觉伺服控制有相当的难度，是机器人研究领域中具有挑战性的课题。

11.4.1　机器人视觉伺服系统

视觉伺服将视觉传感器得到的图像作为反馈信息，构造机器人的位置闭环反馈。与一般意义上的机器视觉有所不同，视觉伺服是以实现对机器人控制为目的而进行图像的自动获取与分析，从图像反馈信息中快速进行图像处理，在尽量短的时间内给出反馈信息，参与控制决策的产生，构成机器人位置闭环控制系统。

11.4.2　机器人伺服系统的主要分类

根据摄像机放置位置的不同，可以分为手眼系统（eye-in-hand）和全局摄像机系统。

1. 手眼系统

手眼系统能得到目标的精确位置，可以实现精确控制，但手眼系统只能观察到目标而无法观察到机器人的末端，因此需要通过已知的机器人运动学模型来求解目标与机器人末端的位置关系，手眼系统对标定误差以及运动学误差比较敏感。

结合以下实例，对手眼伺服系统进行说明。实例中机械臂依靠安装在机械臂末端的手眼相机进行运动来完成操作任务。系统简图如图 11.18 所示，相机 C 安装在机械臂末端 E 上，依据靶标进行操作。

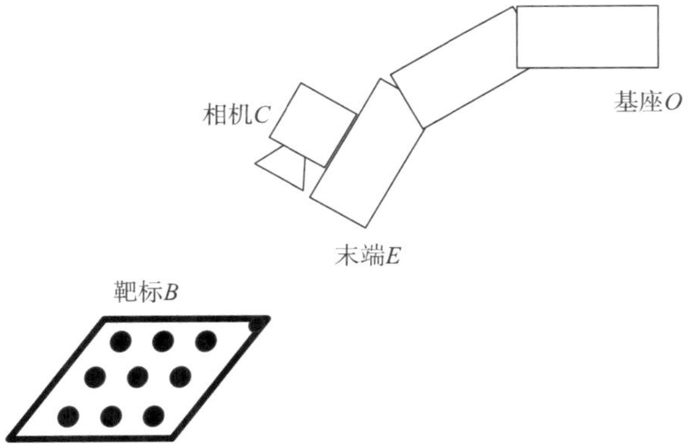

图 11.18　手眼伺服系统简图

根据操作前后靶标在基座下位姿不变可列出如下方程

$$^{O}_{B}\boldsymbol{T}^{\text{old}} = {}^{O}_{E}\boldsymbol{T}^{\text{old}}\,{}^{E}_{C}\boldsymbol{T}\,{}^{C}_{B}\boldsymbol{T}^{\text{old}} \tag{11-22}$$

$$^{O}_{B}\boldsymbol{T}^{\text{new}} = {}^{O}_{E}\boldsymbol{T}^{\text{new}}\,{}^{E}_{C}\boldsymbol{T}\,{}^{C}_{B}T^{\text{new}} \tag{11-23}$$

由

$$^{O}_{B}\boldsymbol{T}^{\text{old}} = {}^{O}_{B}\boldsymbol{T}^{\text{new}} \tag{11-24}$$

可得

$$ {}_E^O\boldsymbol{T}^{\text{new}} = {}_E^O\boldsymbol{T}^{\text{old}}\,{}_C^E\boldsymbol{T}\,{}_B^C\boldsymbol{T}^{\text{old}}\,{}_C^B\boldsymbol{T}^{\text{new}}\,{}_E^C\boldsymbol{T} = {}_E^O\boldsymbol{T}^{\text{old}}\,{}_C^E\boldsymbol{T}\,{}_B^C\boldsymbol{T}^{\text{old}}\,({}_B^C\boldsymbol{T}^{\text{new}})^{-1}\,({}_C^E\boldsymbol{T})^{-1} \tag{11-25} $$

式中，${}_E^O\boldsymbol{T}^{\text{old}}$ 为记录中末端坐标系在基座坐标系下的表示，${}_C^E\boldsymbol{T}$ 为摄像头坐标系在末端坐标系下的表示，${}_B^C\boldsymbol{T}^{\text{old}}$ 为记录中靶标在摄像头坐标系下的表示，${}_B^C\boldsymbol{T}^{\text{new}}$ 为实际测量时，靶标在摄像头坐标系下的表示。通过此方程可以实时计算期望的末端位姿，通过逆运动学可以求得关节期望位置，从而进行手眼伺服。

2. 全局摄像机系统

全局摄像机系统中，一般来说相机安装位置相对于目标与机器人基座的位姿是固定的。其能够得到大工作场景图像，但机器人在运动过程中容易对目标造成遮挡，从而影响目标的识别定位。

结合以下实例，对全局相机伺服系统进行说明。实例中机械臂依靠安装在固定位置的全局相机进行运动来完成操作任务。系统简图如图 11.19 所示，相机 C 安装在固定位置处，机械臂依据靶标进行操作，相机 C 相对于基座 O 的位姿${}_C^O\boldsymbol{T}$ 可通过标定测量预先得知。

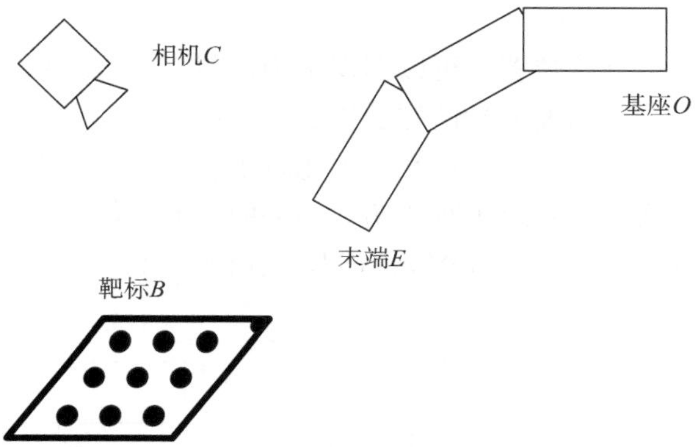

图 11.19　全局伺服系统简图

可以测量得到靶标 B 相对于相机 C 的位姿为${}_B^C\boldsymbol{T}$，则可以得到

$$ {}_B^O\boldsymbol{T} = {}_C^O\boldsymbol{T}\,{}_B^C\boldsymbol{T} \tag{11-22} $$

此时靶标 B 在基座 O 下的表示即为最终期望的末端 E 位姿${}_E^O\boldsymbol{T}^{\text{END}}$，依据第 6 章的轨迹规划可以对当前位姿到最终期望位姿进行规划，从而控制机械臂的运动，实现目标的抓取。

11.5　应用实例

11.5.1　视觉识别实例

本实验的识别目标为桌面摆放的分别为不同颜色（蓝、红、绿）、不同形状（三角形、矩形、圆形）的物体，本实验的目的是区分不同颜色、不同形状的三角形、矩形以及圆形物体。例程在德国 MVtec 公司开发的 Halcon 机器视觉软件中编写完成，程序文件在配套资料第 11 章中。实验步骤及程序如下：

步骤 1：打开相机

```
①*打开左相机,序列号为"RW0003003013",句柄设为 AcqHandle1
②open_framegrabber('GenICamTL',0,0,0,0,0,0,'progressive',-1,
  'default',-1,'false','default','MER-115-30UC(RW0003003013)',0,
  -1,AcqHandle1)
③*设置为白平衡自动调节
④set_framegrabber_param(AcqHandle1,'BalanceWhiteAuto','Continuous
  ')
⑤*打开右相机,序列号为"RW0004003013",句柄设为 AcqHandle2
⑥open_framegrabber('GenICamTL',0,0,0,0,0,0,'progressive',-1,
  'default',-1,'false','default','MER-115-30UC(RW0004003013)',0,
  -1,AcqHandle2)
⑦*设置为白平衡自动调节
⑧set_framegrabber_param(AcqHandle2,'BalanceWhiteAuto','Continuous
  ')
```

步骤 2：采集图像

两个相机采集图像，左相机采集图像名称为 Image1，右相机采集图像名称为 Image2。

```
①*采集图像
②grab_image_async(Image1,AcqHandle1,-1)
③grab_image_async(Image2,AcqHandle2,-1)
```

采集的图像如图 11.20 所示。

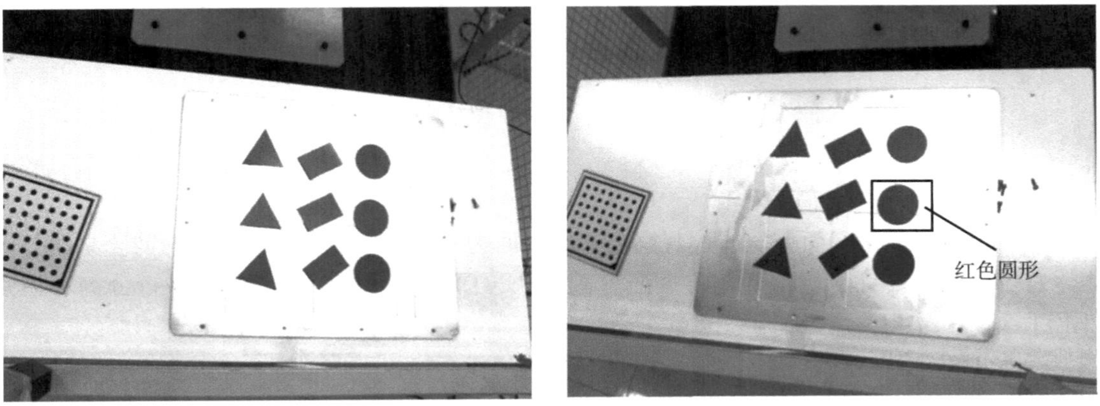

图 11.20　左相机图像 - 右相机图像

而后分别通过颜色和形状对不同目标进行识别。由于左右相机识别过程类似，而针对不同颜色和形状的物体仅是参数不同。现仅针对右相机的红色圆形目标进行详细讲解，其他目标程序见本章附录。

步骤3：色域空间转换

将图像进行 RGB 和 HSV 六个通道的分解（图 11.21）。

```
①*Image2 为右相机拍摄图片,Image21 Image22 Image23 分别为 RGB 通道图像,
  ImageResult21 ImageResult22 ImageResult23 分别为 HSV 通道图像
②decompose3(Image2,Image21,Image22,Image23)
③trans_from_rgb(Image21,Image22,Image23,ImageResult21,ImageResult22,
  ImageResult23,'hsv')
```

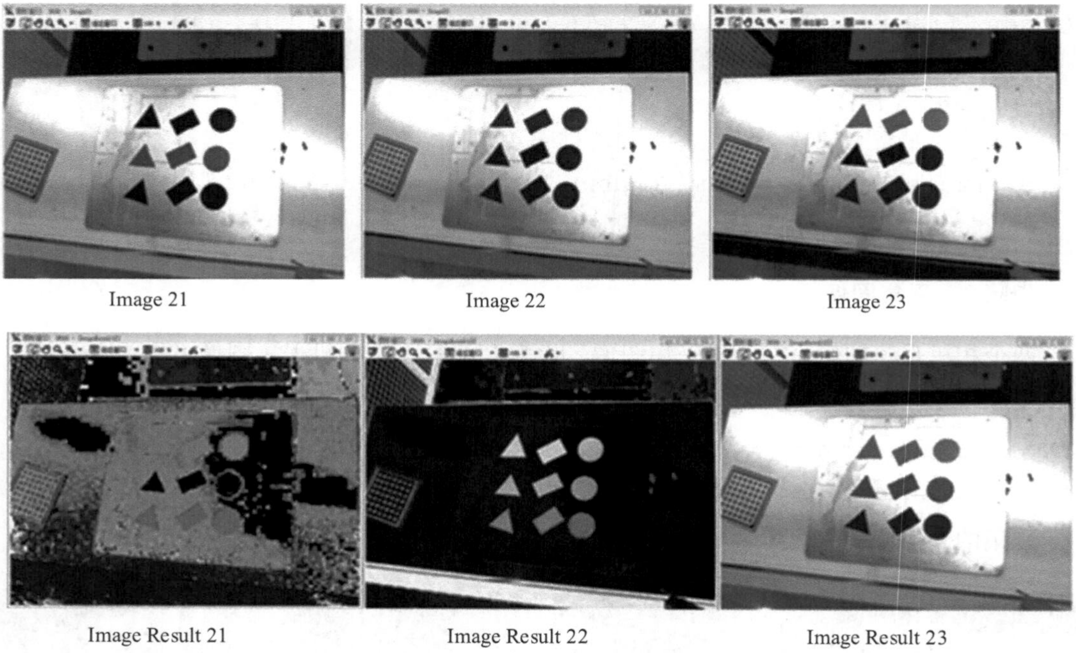

图 11.21　色域空间转换

步骤4：桌面提取与分割

待识别目标位于桌面上。通过观察可知，桌面为一个封闭的白色区域。为防止桌面外的物体对目标识别进行干扰，首先将桌面分割出来，而后再对桌面上的物体进行分割和识别（图 11.22）。

```
①*阈值分割,对 S 通道图像进行阈值分割,分割区域为 0 至 100,分割结果为区域 Region2
②threshold(ImageResult22,Region2,0,100)
③*针对区域 Region2 进行腐蚀,腐蚀参数为 3.5,参数值越大,腐蚀面积越大
④erosion_circle(Region2,RegionErosion2,3.5)
⑤*对腐蚀后的区域进行填充操作,使腐蚀出的不完整桌面填充为完整桌面
```

⑥fill_up(RegionErosion2,RegionFillUp2)
⑦*区域联通。将不同的区域各自联通起来,作为形状选择的目标,不同区域用不同颜色表示
⑧connection(RegionFillUp2,ConnectedRegions2)
⑨*选择桌面区域。因为桌子呈较大面积矩形,因此面积为 40 万到 110 万像素点,矩形度为 0.6 至 1
⑩select_shape(ConnectedRegions2,SelectedRegions2,['area','rectangularity'],'and',[400000,0.6],[1100000,1])
⑪*提取桌面　将 G 通道的图像与桌面区域相减
⑫reduce_domain(Image22,SelectedRegions2,ImageReducedr2)

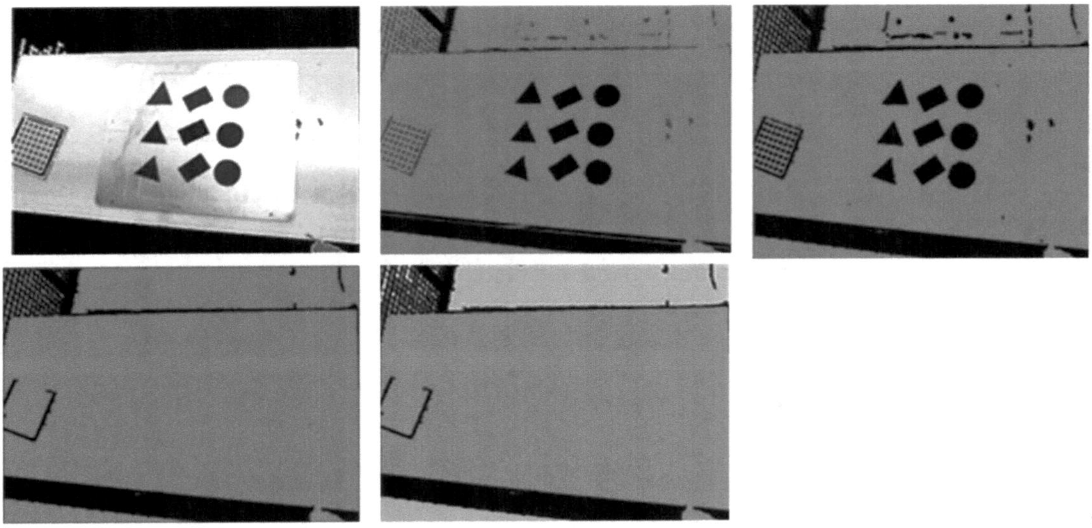

图 11.22　桌面提取与分割

步骤 5：红色圆形识别

通过观察，“G”通道和“H”通道中红色目标与背景区分度较高，因此，利用这两个通道的图形进行颜色分割与提取（图 11.23）。

①*针对 G 通道进行阈值分割,分割范围为 0 ~ 60
②threshold(Image11,Region1,0,60)
③*为填补阈值分割出的小孔,对分割结果进行膨胀,膨胀系数为 2
④closing_circle(Region1,RegionClosing1,2)
⑤*为将目标进一步与背景区分,对膨胀结果进行腐蚀,腐蚀系数为 2
⑥opening_circle(RegionClosing1,RegionOpening1,2)
⑦*将第一次腐蚀结果的区域与 H 通道的结果相减,得到 H 通道一部分的区域图
⑧reduce_domain(ImageResult11,RegionOpening1,ImageReducedg1)

```
⑨*再将该图进行第二次阈值分割,分割范围为0~70
⑩threshold(ImageReducedg1,Region2,0,70)
⑪*对二次分割图像再进行膨胀处理
⑫closing_circle(Region2,RegionClosing2,2)
⑬*而后进行腐蚀处理
⑭opening_circle(RegionClosing2,RegionOpening2,2)
⑮*为填补可能出现的空洞,进行填充处理,最终得到红色的目标区域
⑯fill_up(RegionOpening2,RegionFillUp1)
⑰connection(RegionFillUp1,ConnectedRegions22)
⑱*最终,通过面积与圆度的形状特征,得到红色圆形目标
⑲select_shape(ConnectedRegions22,SelectedRegions_R,['area','circularity'],'and',[2000,0.75],[11000,1])
```

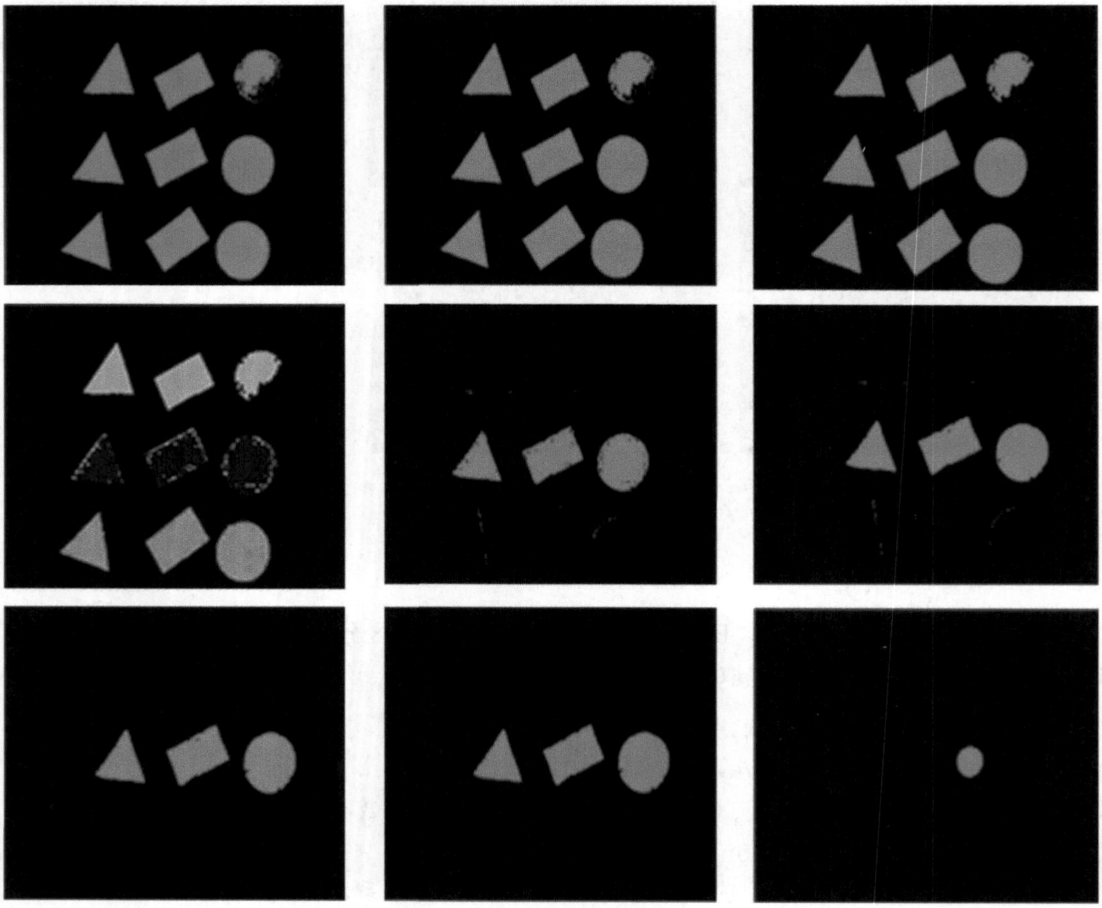

图 11.23　红色圆形识别过程

其他不同形状的目标可通过表 11.1 进行选择，从而实现同一颜色不同形状的目标区分。

表 11.1　不同目标选择参数

形状	面积范围	圆度范围	直角范围
圆形	2 000 ~ 11 000	0.75 ~ 1	0 ~ 1
三角形	2 000 ~ 11 000	0.3 ~ 0.7	0 ~ 0.7
矩形	2 000 ~ 11 000	0 ~ 0.7	0.8 ~ 1

11.5.2　视觉定位实例

步骤 1：内外参数读取

在实验前，利用 11.1 小节提出的标定方法，对相机内外参数进行标定，并写入文件。

```
*读取内外参数文件
read_cam_par('campar1.dat',CameraParameters1)
read_cam_par('campar2.dat',CameraParameters2)
read_pose('relpose.dat',RealPose)
*得到两个相机的内外参数,相机 A 内参矩阵 CameraParameters1 为:
[0.00536607,-2991.21,3.75946e-006,3.75e-006,662.956,460.923,1192,964]
*相机 B 内参矩阵 CameraParameters2 为:
[0.00538027,-2813.59,3.757e-006,3.75e-006,601.836,475.902,1192,964]
*相机 AB 外参 RealPose 为:
[0.596902,0.0395015,0.133799,0.687048,332.349,2.49054,0]
```

步骤 2：通过双目立体视觉定位

```
*左相机目标定位
boundary(SelectedRegions_L,RegionBorder1,'inner')
gen_contour_region_xld(RegionBorder1,Contours1,'center')
fit_ellipse_contour_xld(Contours1,'fitzgibbon',-1,0,0,200,3,2,
  Row1, Column1, Phi1, Radius11, Radius12, StartPhi1, EndPhi1,
  PointOrder1)
gen_ellipse_contour_xld(ContEllipse1,Row1,Column1,Phi1,Radius11,
  Radius12,0,6.28318,'positive',1.5)
*右相机目标定位
boundary(SelectedRegions_R,RegionBorder2,'inner')
gen_contour_region_xld(RegionBorder2,Contours2,'center')
fit_ellipse_contour_xld(Contours2,'fitzgibbon',-1,0,0,200,3,2,Row2,
  Column2,Phi2,Radius21,Radius22,StartPhi2,EndPhi2,PointOrder2)
gen_ellipse_contour_xld(ContEllipse2,Row2,Column2,Phi2,Radius21,
  Radius22,0,6.28318,'positive',1.5)
```

⑪*目标识别可得到目标的中心点在 A 相机中的坐标为[Row1,Column1],在 B 相机中的坐标为[Row2,Column2],通过以下算子可得目标相对于相机的三维坐标为[X,Y,Z]。

⑫intersect_lines_of_sight(CameraParameters1,CameraParameters2,RealPose,Row1,Column1,Row2,Column2,X,Y,Z,Dist)

习　题

1. 什么是机器视觉技术？试论述其基本概念和目的。
2. 机器视觉系统一般由哪几部分组成？试详细论述之。
3. 简要说明开运算和闭运算分别在图像处理和分析中的作用。
4. 简述图像平滑和图像锐化各自的特点。

第 12 章 程序实例

第 12 章

基于 Adams/Matlab 机器人动力学联合仿真

本章属于机器人学知识的综合性应用，主要内容是基于 Adams 和 Matlab 的动力学联合仿真，涉及本书前面所讲轨迹规划、运动学、动力学、力前馈控制等，当然除此之外还需要了解 S 函数的编写、使用，Simulink 控制系统的搭建，仿真后数据处理方法等，涉及知识面较为广泛，限于篇幅因素，本章只针对一般的动力学系统仿真做扼要讲解。

本章节的编写思路按照一个完整的机器人系统的动力学联合仿真流程展开，包括基础的三维模型导入，联合仿真系统搭建，以及相关程序的编写工作等。最后选取有代表性的工业机器人的动力学联合仿真作为典型算例，将工业机器人的动力学模型和力前馈控制运用到联合仿真系统中，验证动力学模型的有效性以及控制系统的稳定性。

12.1 机器人 Adams 仿真模型搭建

Adams/View 主要用于刚体的动力学建模、仿真，是进行动力学联合仿真非常强大的工具之一。本节主要围绕机器人动力学仿真模型的搭建展开，针对机器人 Adams 建模的基本流程、方法，以及经常遇到的问题进行重点讲解。

12.1.1 模型元素

一个复杂的机械系统其模型主要由部件、约束、驱动、力和力元等要素组成。Adams/View 中的模型元素基本由这四类组成。

1. 部件

部件是机械系统的主要组成部分，分为刚性部件和柔性部件。刚性部件的几何形体在任何时候都不会发生改变；柔性部件则恰恰相反，其几何形状可能发生改变；但这两种部件都有质量属性。

2. 约束

约束是定义不同部件之间的运动关系的模型元素，如各种铰约束、运动副等。

3. 驱动

驱动是对约束元素进行运动定义的模型元素，有平移驱动和旋转驱动，还有力或力矩驱动。

4. 力、力元

力包括一维力、三维力、力偶等，力元包括弹簧、梁、衬套等元素。

12.1.2 创建模型

1. 直接建模法

Adams 具备一定的 CAD 功能，允许用户创建自己的实体模型，但作为一款强大的动力学仿真软件，其 CAD 功能并不是其核心功能，因此 Adams 中的 CAD 部分只适用于对简单模型的直接创建。

如图 12.1 所示，Adams 物体创建功能主要包含图中几部分，对于构型简单、运动约束少、对仿真外观要求不高的模型而言，本书建议读者使用直接建模法，这样建立的模型节省时间且不易出错。以下是简单的二连杆模型创建步骤。

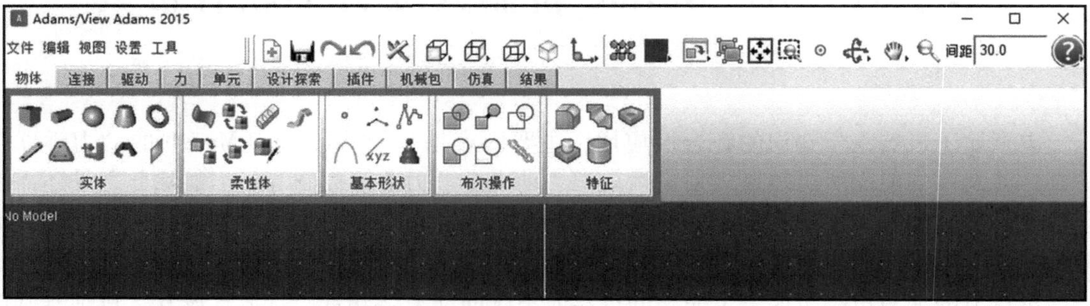

图 12.1　Adams 物体创建功能界面

（1）创建基座模型。如图 12.2 所示，主要分三个步骤：

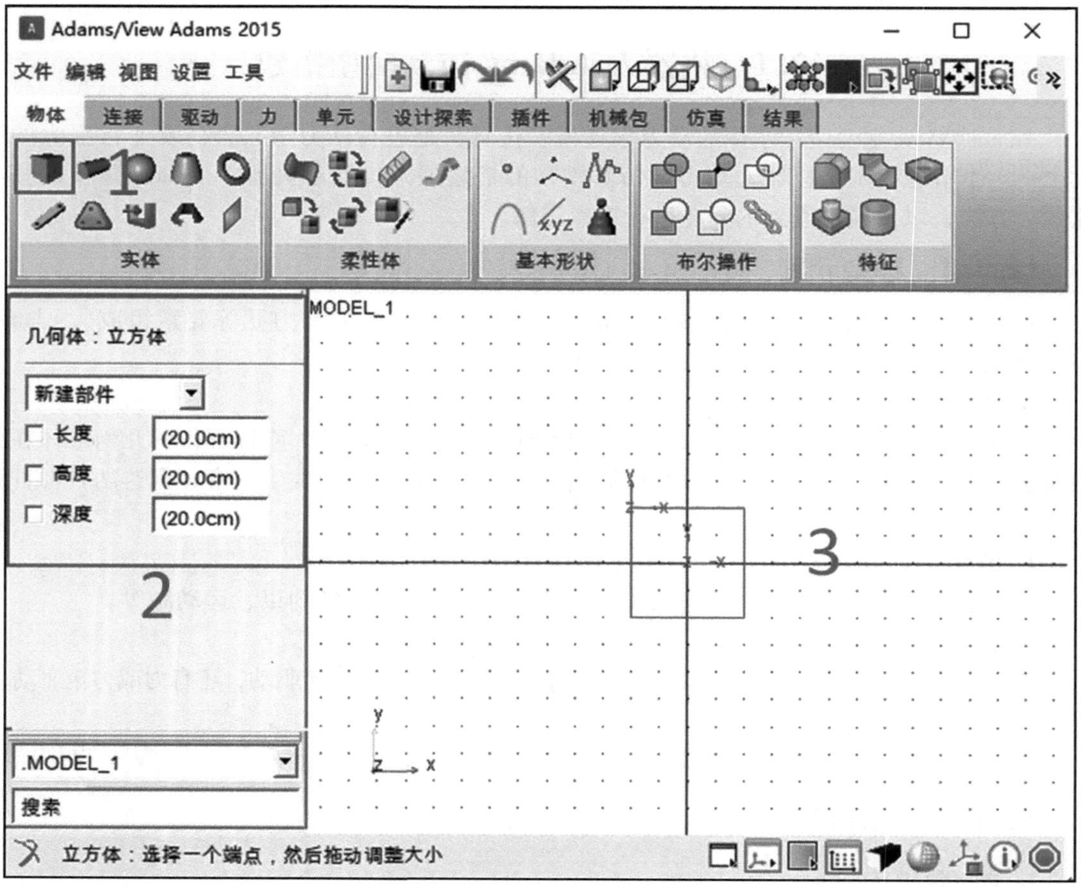

图 12.2　基座模型的创建

①选择要创建的基座的几何形状，然后鼠标左键单击相应的实体选项。

②在软件界面左边弹出的属性对话框中定义要创建的模型的几何要素（属性前小括号打勾方表示该属性使用给定值）。

③在模型绘制界面合适位置用鼠标拖动出相应的模型或放置模型在合适位置。

注意：对于未定义几何元素的模型系统认为采用绘制方式生成，绘制中鼠标左键应一直按下，拖动出理想模型方能松开。对于定义了属性值的模型，只能选择其位置，不能更改大小等属性。

（2）创建第一根连杆模型，如图 12.3 所示。

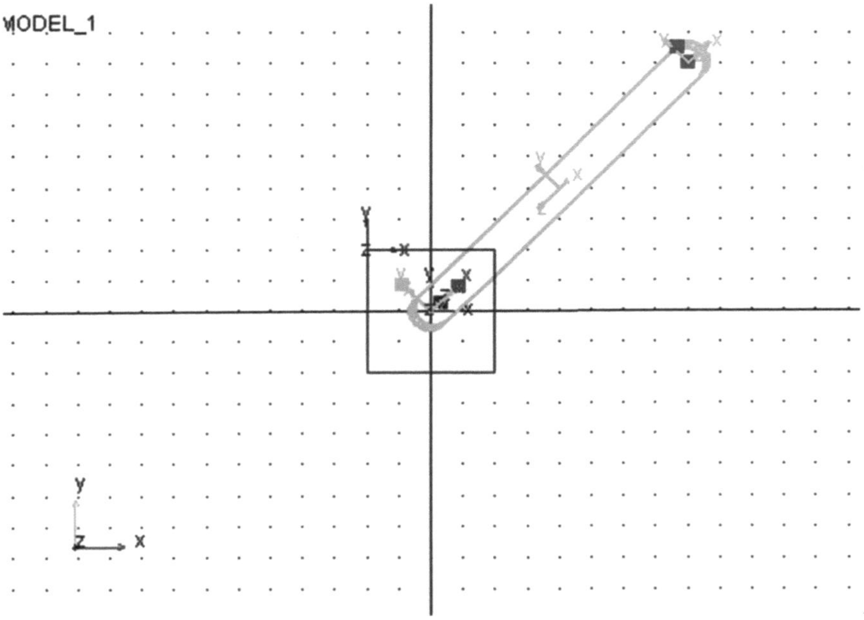

图 12.3　第一根连杆的创建

（3）重复第二步。再次创建第二根连杆。步骤和基座的创建基本一致，此处就不再赘述，直接给出创建好的第一根连杆。创建完成后切换视角，可看到完成了对二连杆实体的创建。如图 12.4 所示。

2. 模型导入法

Adams 提供了与主流 CAD 软件的数据接口，可以直接导入 CAD 软件生成的几何模型，然后经过适当的编辑就可以转变成 Adams 中的刚性构件。本小节以 SolidWorks 2014 为例，讲解如何将 SolidWorks 2014 中的复杂模型导入 Adams 2015。

（1）使用 SolidWorks 2014 打开模型文件，如图 12.5，另存为 parasolid（ * . x_ t）格式，注意保存路径和命名不能出现中文。

（2）打开 Adams 导入选项，按照图 12.6 所示依次选择模型格式、模型路径、命名模型名称，单击确定完成导入。

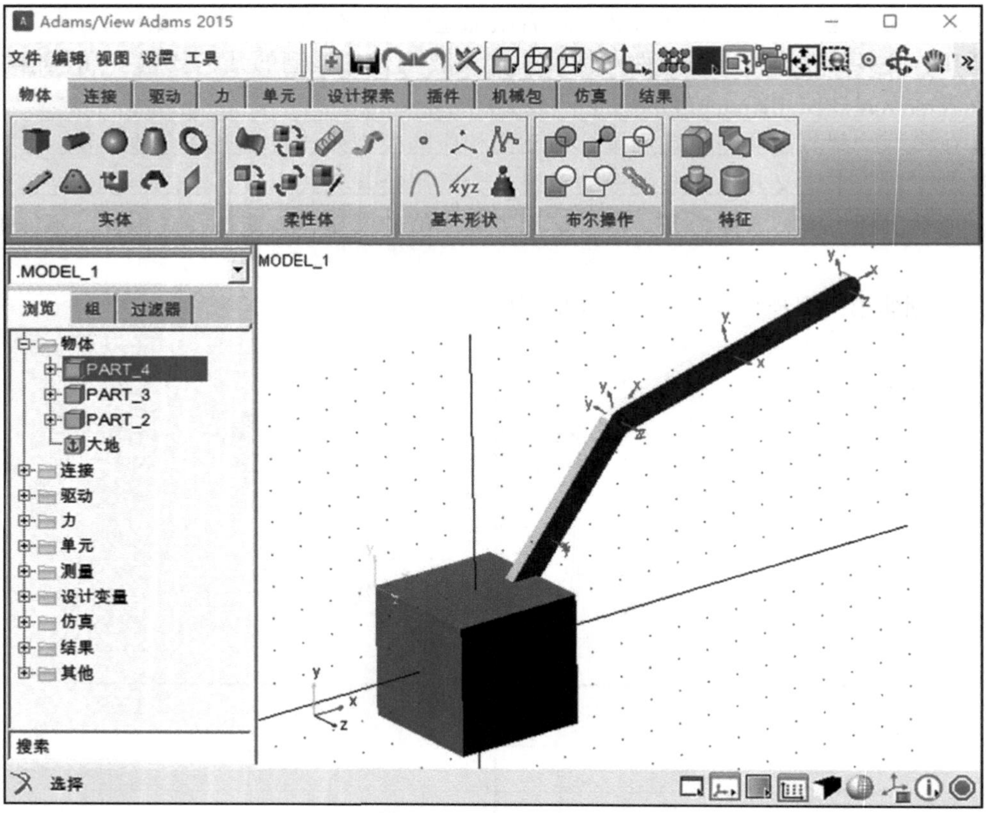

图 12.4　完整的二连杆模型

图 12.5　SolidWorks 2014 三维模型

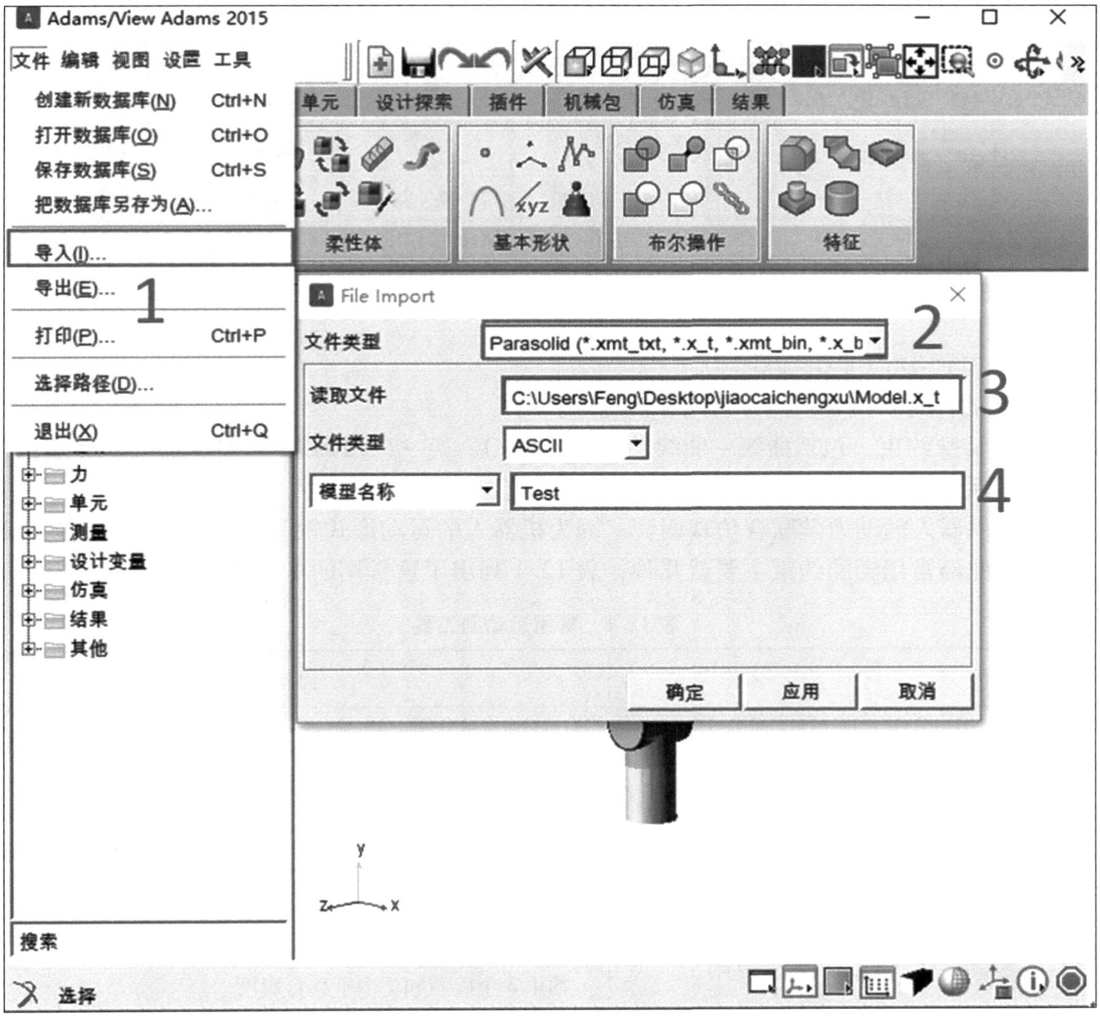

图 12.6　Adams 模型导入

12.1.3　约束建模

约束用来连接两个部件，使它们之间形成一定的相对运动关系，通过约束可以将模型中各个独立的部件联系起来形成有机整体。通过 CAD 软件导入到 Adams 中的模型，部件之间的相对运动关系不会被保留，因此需要重新定义相关约束。

1. 约束分类

在 Adams/View 中，约束种类较多，大体上可将其分为四类（图 12.7）。

（1）运动副（铰）。包括固定副（FIXED）、旋转副（REVOLUTE）、平移副（TRANSLATIONAL）、圆柱副（CYLINDER）、球铰（SPHERICAL）、虎克铰（HOOKE）、螺旋副（SCREW）等。

（2）基本运动约束。包括点重合约束（ATPOINT）、共线约束（INLINE）、共面约束（INPLANE）、方向定位约束（ORIENTATION）、轴平行约束（PARALLEL_ AXES）、轴垂直

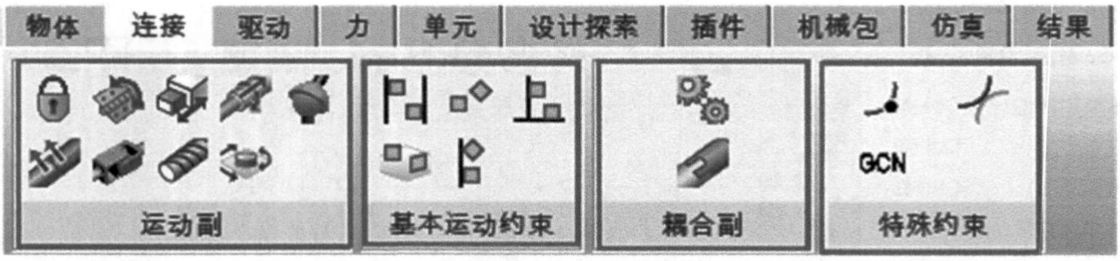

（1）　（2）　（3）　（4）

图 12.7　Adams 约束分类

约束（PERPENDICULAR）等。

（3）耦合副。主要包括齿轮副和耦合副。

（4）特殊约束。包括曲线－曲线约束（CVCV）、点－曲线约束（PTCV）、一般约束等。

2. 常用约束

对于机器人的动力学联合仿真而言，因为机器人的运动形式较为单一，无非就是旋转和平移，因此经常用到的约束主要就几种，表 12.1 列出了这常用的 4 种约束。

表 12.1　常用运动副工具

图标	名称	功能
	固定副	构件 1 相对于构件 2 固定 约束 3 个旋转和 3 个平移自由度
	旋转副	构件 1 相对于构件 2 旋转 约束 2 个旋转和 3 个平移自由度
	平移副	构件 1 相对于构件 2 平移 约束 3 个旋转和 2 个平移自由度
	圆柱副	构件 1 相对于构件 2 既可平移又可旋转 约束 2 个旋转和 2 个平移自由度

3. 创建约束

（1）定义辅助坐标系。

在添加约束之前，建议读者先建立标记坐标系，用于辅助添加构件之间的运动关系。当然，对于简单的模型，例如二连杆系统而言，无须建立每个连杆的辅助坐标系也能正确地建立连杆之间的约束，但对于一个复杂的机械系统而言，没有连杆空间坐标系的辅助，是很难完成正确的约束添加的，从工程的规范化角度出发，建议读者优先建立连杆空间坐标系。具体建系方法本书运动学部分已有详细介绍，此处不再赘述。

Adams 中的建系非常简单，就是用 Marker 点作为坐标系，如图 12.8 所示，按照图中 1、2、3 步骤，分别选择 Marker 点工具、选择点的依附对象、选择点的位置。对建立完成的坐标系，可以双击该点来修改它的位置和姿态，非常方便。

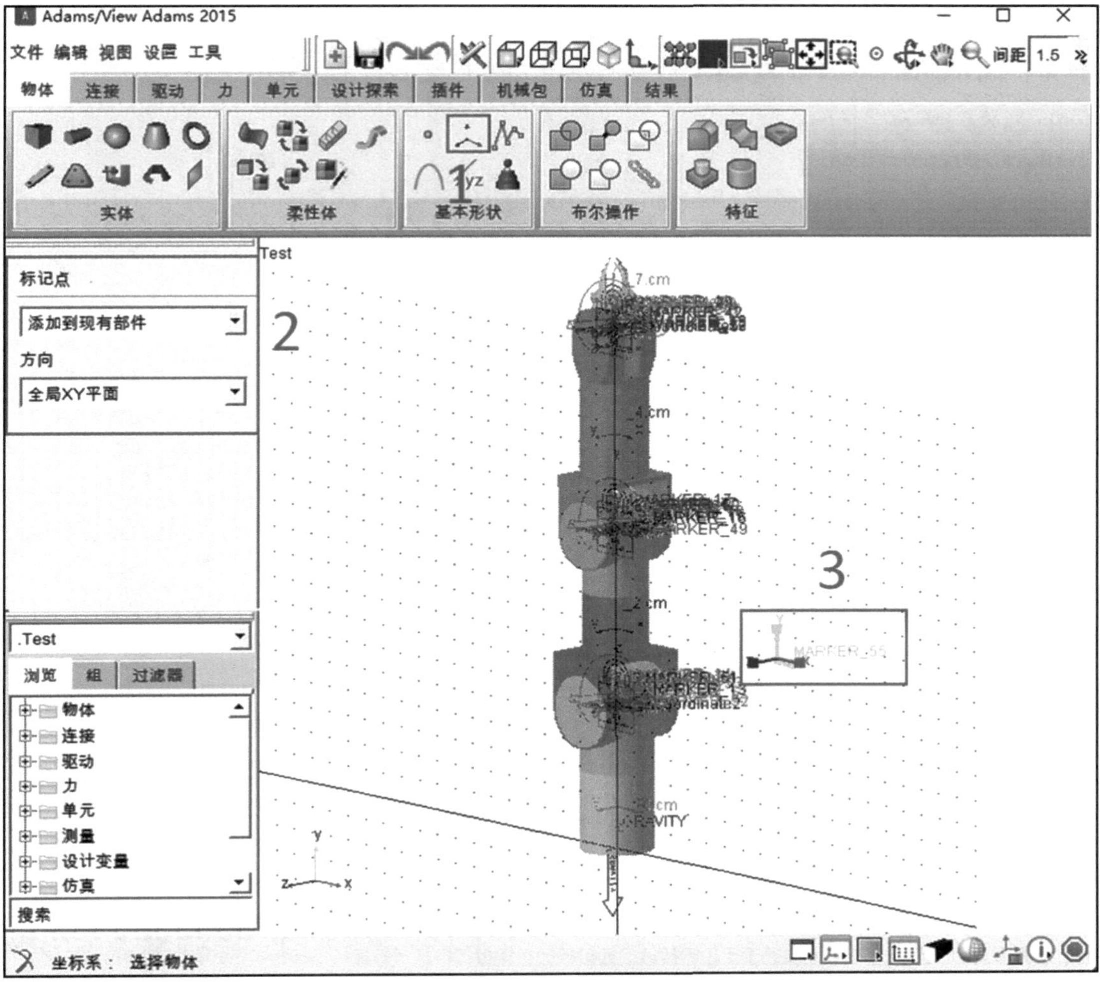

图 12.8　Adams 坐标系的建立

（2）定义约束。

如图 12.9 所示，正确建立一个约束有如下几步：

（1）单击“连接”菜单栏。

（2）选择合适的约束副。

（3）配置要建立的约束的具体情况。

（4）按照底部提示栏在模型上直接点选操作。

正确按照以上几步的步骤就可以完成约束的建立。

12.1.4　运动驱动

前面几个章节已经完整建立了一个模型该有的运动情况，以及这个机械系统的输入输出变量，但是，这个系统如何运动还不得而知。例如，定义了输入系统变量的接口，但是接收到的输入信息该如何使用还是未知，本小节介绍的运动驱动就将解决该方面的问题。

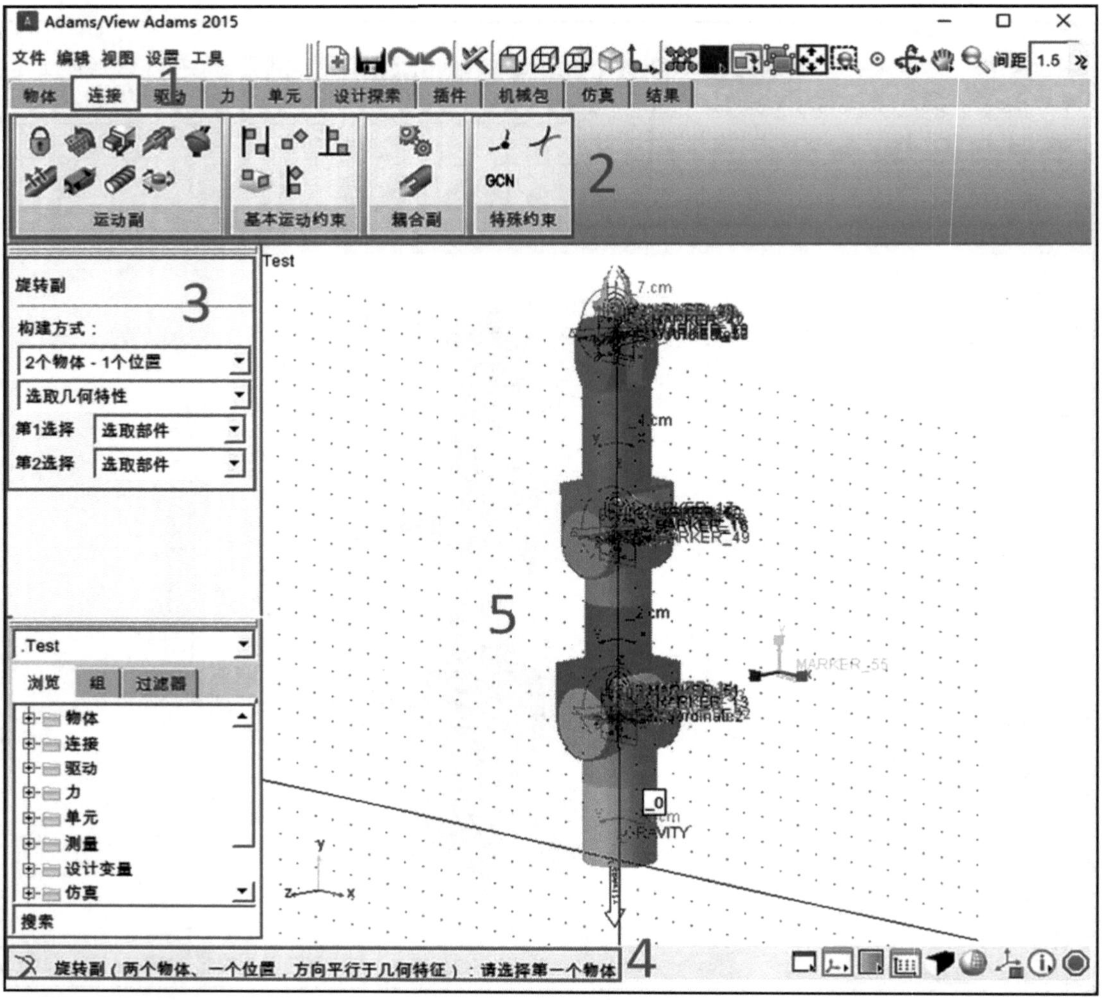

图 12.9　约束建立步骤

1. 驱动的类型和大小

驱动表明了一个部件的运动是时间的函数，例如要求平移副沿 Z 轴以 5mm/s 的速度运动。通过定义驱动可以约束机构的某些自由度，另一方面也决定了是否需要施加力来维持所定义的运动。

（1）驱动类型，参见表 12.2。

表 12.2　驱动的类型

分类依据	驱动类型	驱动量
驱动特点	运动型驱动	运动学量（位移、速度、加速度等）
	力矩型驱动	动力学量（力、力矩、力偶等）
驱动对象	点驱动	定义两点之间的运动
	铰驱动	定义特定约束的运动

（2）驱动的值。在默认状态下，驱动的速度定义为常数，但可以通过以下三种任一种方法自定义驱动的大小：

①输入运动值。系统默认直接给定这种驱动方式，主要用于运动规律简单明了，可直接给出运动函数的情况，一般为角度或位移的简单函数。

②函数表达式。Adams 中有许多内置的函数，用户可以直接使用这些函数来定义机构的运动，适用于运动情况较为复杂的场景，应用较多。

③自编子程序。当机构的运动非常复杂时，一般的运动函数无法详细描述其运动，用户可通过自编程定义机构的运动，属于高级应用。

2. 施加驱动

对一般的机器人建模而言，学会铰驱动就足够应对大多数情况了。此处以铰驱动的施加作为例子讲解，其他类型驱动施加方法基本类似。施加驱动过程比较简单，按照图 12.10 所示步骤即可完成对运动型驱动的施加，注意要选择适合对应运动副的驱动。

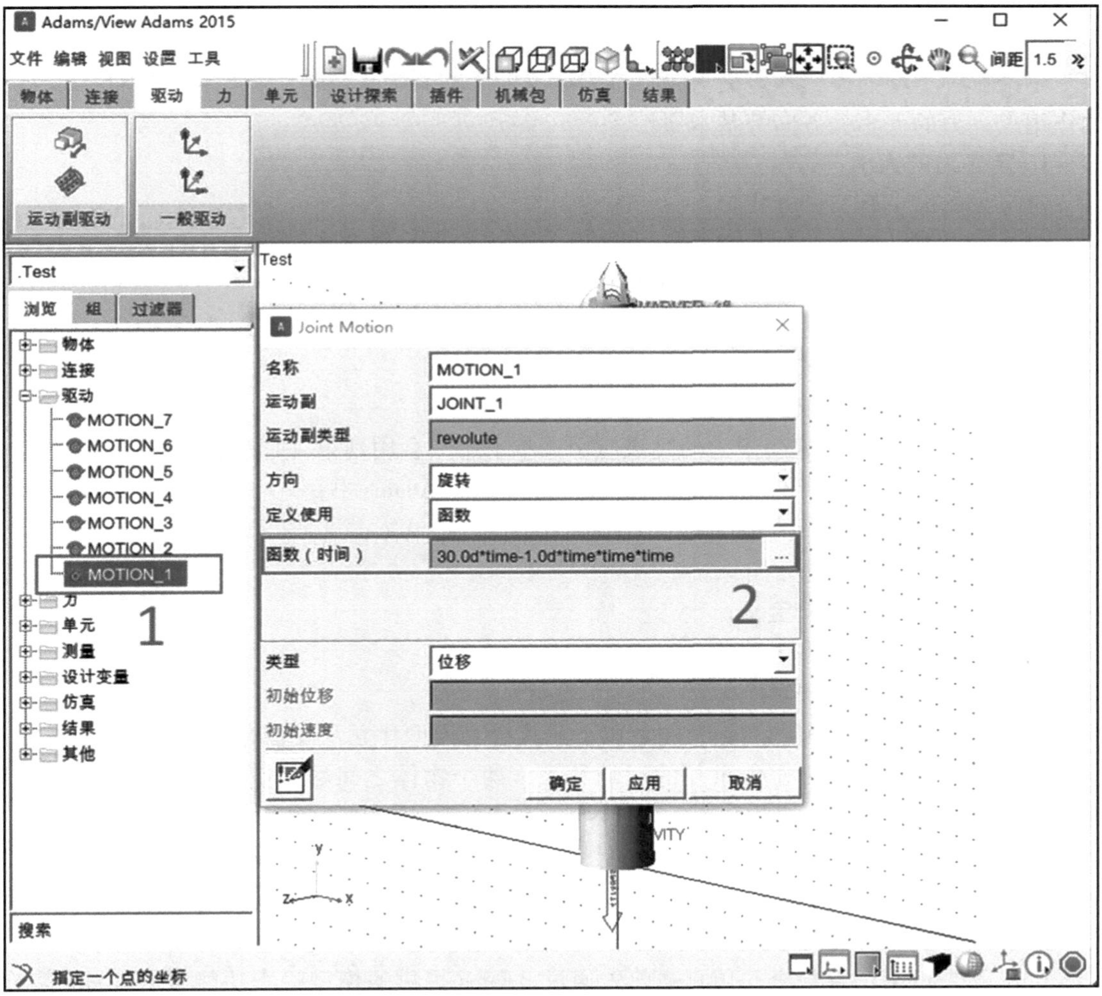

图 12.10　运动型驱动施加过程

12.1.5　力驱动

在 12.1.4 小节中，介绍了 Adams 中的运动型驱动，与此相对的还有力矩型驱动。在 Adams 中有三种类型的力，它们不会增加或者减少系统的自由度，这三类力分别为作用力、柔性连接、特殊力，如图 12.11 所示。

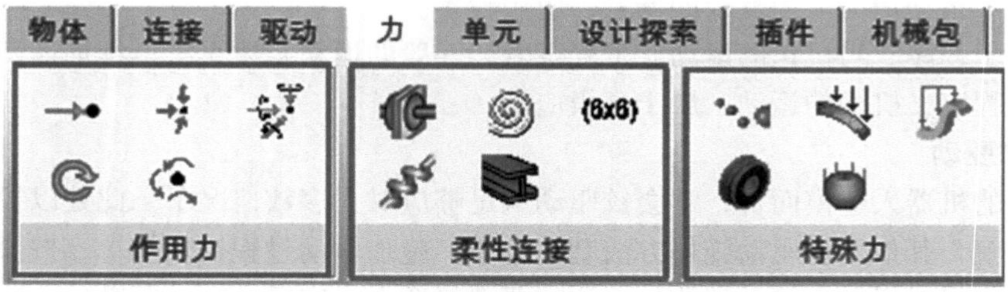

（1）　（2）　（3）

图 12.11　Adams 中力的分类

不论哪种类型的力，在定义力时，都需要说明力或者力矩属性，力作用的部件，以及力的作用点，力的大小、方向等基本属性。

1. 定义力的大小

定义力的大小有三种方式：

（1）直接输入数值。对简单应用力来说，直接输入力或者力矩的大小即可完成力的建立；对柔性连接来说，可直接输入刚度系数 K、阻尼系数 C、扭转刚度系数 K_T、扭转阻尼系数 C_T 等。

（2）输入函数表达式。

（3）输入子程序参数。

第（2）、（3）种方式属于力的高级应用，本书中只会用到第（1）种方式定义的力，所以只对第（1）种进行介绍，有兴趣的读者可参阅相关 Adams 书籍。

2. 定义力的方向

有两种方式定义力的方向：

（1）沿两点连线方向定义；

（2）沿标架一个或多个轴的方向。

3. 建模时需要注意事项

在 Adams 动力学建模的时候，注意以下几点会对模型建立及设置有不少帮助：

（1）约束建模应尽量避免重复的运动约束，两个物体之间尽量使用一个约束定义，可避免出现过约束影响仿真过程。

（2）如果系统没有外加力作用，也就是说系统本身是一个运动学仿真系统，建议在对虚拟样机进行动力学仿真前先进行运动学的分析，这样可以避免出现问题之后无从下手处理，因为运动学分析可能排查一些像过约束之类的错误。

（3）必要的自由度检查，仿真之前先通过 Adams 提供的模型检查功能（在 Tools 菜单，选择 Model Verify 命令）对模型的自由度进行检查。

（4）如果在初始状态，定义的速度有不为零的加速度，对动力学仿真而言这是没有影响的，但是，如果这里有关于速度或者加速度的传感器，那么在第二步的内部迭代运算过程中，传感器会输出错误结果，导致错误动作。

12.2　基于 S－Function 的控制程序编写

系统函数（System Function）简称 S－Function，是指采用非图形化的方式（即计算机语言，区别于 Simulink 的系统模块）描述的一个功能块。用户可以采用 Matlab 代码、C、C＋＋、FORTRAN 等语言编写 S－Function。S－Function 有自己特有的语法结构，可用于描述并实现连续系统、离散系统以及复合系统等动态系统。

本小节主要内容是基于 Matlab 语言的 S－Function 的编写，通过本节内容，可以学会简单的 S－Function 的编写，学会如何将动力学程序应用到动力学仿真中。编写思路是从 S－Function 的工作原理、实现机理到如何编写一个 M 文件的 S－Function，最终实现 S－Function 在仿真系统中的应用。

12.2.1　S－Function 工作原理

使用 S－Function 的第一步就是弄清楚它是如何工作的，而要了解 S－Function 如何工作，则需要了解 Simulink 是如何进行模型仿真的，这里就涉及一个数据块的关系。本小节首先从一个块的输入、状态和输出之间的数学关系开始介绍。

1. Simulink 块数学关系

Simulink 块包含一组输入、一组状态和一组输出。其中，输出是采样时间、输入和块状态的函数，参见图 12.12。

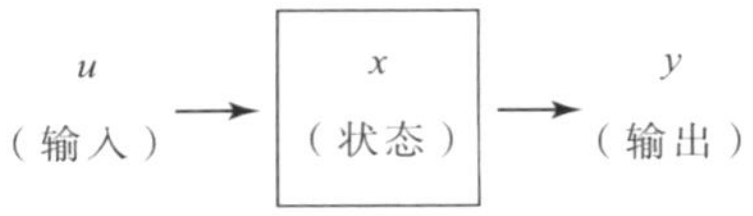

图 12.12　Simulink 块的数学关系

下面的方程式表述了输入、输出和状态之间的数学关系：

$$y = f_0(t,x,u)$$
$$\dot{x}_c = f_d(t,x,u)$$
$$x_{d_{k+1}} = f_u(t,x,u)$$

其中，$x = x_c + x_d$；$\dot{x}_c$、$x_{d_{k+1}}$分别表示一个变量的离散成分和连续成分。

2. 仿真过程

Simulink 模型严格按照一定的流程进行，因为这是由它的语法结构决定的。首先，进行模型初始化，在此阶段，Simulink 将确定数据传送宽度、数据类型和采样时间，计算相关块参数，确定块的执行顺序，以及分配内存。然后，Simulink 进入到“仿真循环”，每次循环期间，Simulink 按照初始化阶段确定的块执行顺序依次执行模型中的每个块。对于每个块而言，Simulink 调用函数来计算块在当前采样时间下的状态、导数和输出。如此反复，一直持续到仿真结束。

图 12.13 所示为一个仿真循环的流程图。

从图 12.13 中可以看出，每次循环计算输出部分会被执行多次，而更新离散状态部分执行一次，因此初步判断自己编写的程序（动力学程序）应该放在更新离散状态中这一部分，

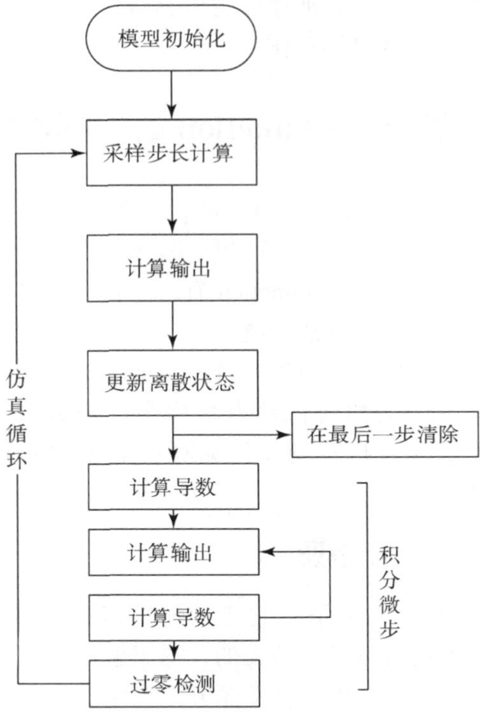

图 12.13　Simulink 执行仿真流程图

这样可大大减少冗余计算时间。

12.2.2　S – Function 实现机制

一个 M – 文件的 S – Function 由以下形式的 Matlab 函数构成：

$$[sys, \boldsymbol{x}_0, str, ts] = f(t, \boldsymbol{x}, u, flag, p1, p2, \cdots)$$

其中，f 是 S – Function 的函数名；t 是当前时间；x 是相应 S – Function 块的状态矢量；u 是块的输入；flag 指示了需被执行的任务，p1，p2，…是块参数；sys 是通用的返回参数，返回值取决于 flag 的值，对于不同的 flag 往往包含不同信息；$\boldsymbol{x}_0$ 是初始状态值（如果系统中没有状态，则矢量为空），M 文件 S – Function 必须设置该元素为空矩阵；ts 是一个两列的矩阵，包含了块的采样时间和偏移量。例如，[0，0] 表示 S – Function 在每个时间步（连续采样时间）都运行；[–1，0] 表示 S – Function 按照其所连接块的速率来运行；[0.25，0.1] 表示在仿真开始的 0.1s 后每 0.25 s（离散采样时间）运行一次。

在仿真过程中，f 函数会被 Simulink 反复调用，为了区别不同的调用方式，会附加参数 flag 来指示需执行的任务。S – Function 每次执行任务都返回一个结构体变量，该结构的格式在语法范例中给出。

表 12.3 列出了按标准格式编写的 M – 文件 S – Function 的内容。

表 12.3　S－Function 内容

仿真阶段	S－Function 程序	Flag
初始化	mdlInitializeSizes	Flag =0
计算下一步采样步长（仅适用于变步长块）	mdlGetTimeOfNextVarHit	Flag =4
计算输出	mdlOutputs	Flag =3
更新离散状态	mdlUpdate	Flag =2
计算导数	mdlDerivatives	Flag =1
结束仿真时的任务	mdlTerminate	Flag =9

当创建 M－文件的 S－Function 时，推荐使用模板的结构和命名习惯，这样便于代码的维护和使用，在目录 matlabroot/toolbox/simulink/blocks 中给出了 M－文件 S－Function 的模板，sfuntmpl. m。

12.2.3　编写 M 文件的 S－Function

本小节以工业机器人动力学联合仿真程序中 S－Function 的编写为例，讲解如何编写一个 M 文件的 S－Function。对于工业机器人的动力学联合仿真而言，S－Function 在整个系统中担任的就是前馈控制部分，这里可以先不知道什么是前馈控制（后面会讲解），只需要知道 S－Function 在仿真系统中是作为一个子模块存在的，期望的运动经过 S－Function 这个模块就变成了两个分支：一个（力矩）用于下一个模块的输入量；一个（期望角度）用于最终结果的比较量，其框图如图 12.14 所示。

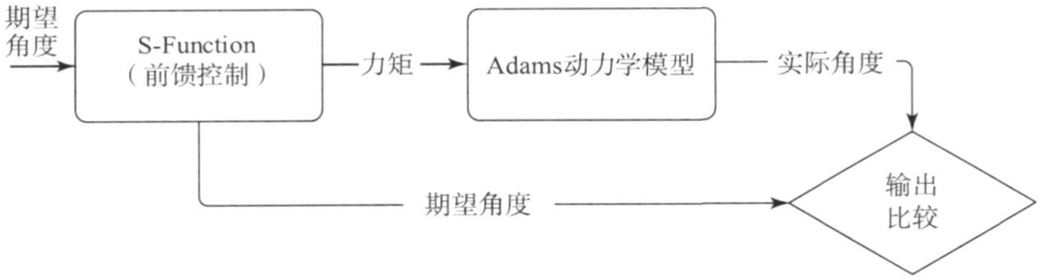

图 12.14　S－Function 在仿真系统的定位

对于工业机器人的联合仿真来讲，作为一个连续系统，其 S－Function 的内部执行流程如图 12.15 所示：

本小节将按照图 12.15 所示流程逐个讲解每一部分的仿真程序在系统中扮演怎样的角色以及如何编写相关内容。

1. 状态初始化

这部分指的是 mdlInitializeSizes（）函数的定义。为了让 Simulink 知道哪一部分是 M 文件的 S－Function，必须提供给 Simulink 有关于 S－Function 的一些特殊信息，具体实现方法是在 mdlInitializeSizes 的开头调用“simsizes：sizes = simsizes；”。

该函数返回一个未初始化的 sizes 结构，表 12.4 列出了 sizes 结构的域，并对每个域所包含的信息进行了说明。

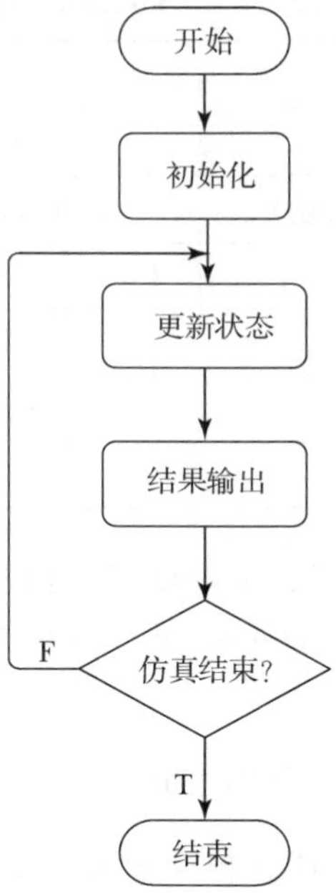

图 12.15　工业机器人 S－Function 流程图

表 12.4　sizes 语法结构

域名	说明
sizes. NumContStates	连续状态的数量
sizes. NumDiscStates	离散状态的数量
sizes. NumOutputs	输出的数量
sizes. NumInputs	输入的数量
sizes. DirFeedthrough	直接馈通标志
sizes. NumSampleTimes	采样时间的数量

在初始化 sizes 结构之后，再次调用“simsizes：sys = simsizes （sizes）；”此次调用将 sizes 结构中的信息传递给 sys，sys 是一个保持 Simulink 所用信息的矢量。

本案例中，初始化定义为：

```
sizes=simsizes;
sizes.NumContStates=0;
sizes.NumDiscStates=0;
sizes.NumOutputs    =12;
sizes.NumInputs      =1;
sizes.DirFeedthrough=1;
sizes.NumSampleTimes=1;
sys=simsizes(sizes);
ts   =[0.001 0];
```

这里定义了 12 个输出变量，1 个输入变量（最少为 1，不能没有），直接馈通设为 1，仿真步长设为从 0 s 开始，每隔 0.001s 仿真循环一次，其余自定义参数的设置可参加本书附录程序。

2. 更新状态

这一部分指的是 mdlUpdate( ) 函数的设置。这一部分需要将机器人的动力学程序融合进来，以及自己的控制算法也是在这一步实现的，这一步可以说是 S – Function 的核心内容。此处摘出程序段的核心内容——动力学程序应用进行讲解，其他具体内容详见程序附录。

```
joint_torque = dynamics(joint_t,joint_v,joint_a);
```

这个程序语句就是对机器人动力学模型的调用，这里动力学模型接收输入量为关节当前角度、角度一次微分、角度二次微分，输出量为关节的驱动力矩。这样一来，就得到了可以作为 S-Function 输出值的关节驱动力矩，接下来就可以设置 S-Function 的输出函数了。

3. 结果输出

结果输出指的是 mdlOutput( ) 函数，其使用较为简单，因为主要的计算量都在状态更新函数中完成了，所以此处仅作为一个输出赋值函数使用，有多少输出变量，就定义多少输出值。部分输出如下所示，全部函数详见附录。

```
sys(1) =joint_torque(1);
sys(2) =joint_torque(2);
sys(3) =joint_torque(3);
sys(4) =joint_torque(4);
sys(5) =joint_torque(5);
sys(6) =joint_torque(6);
```

通常到这里就可以完成一般连续系统的 S-Function 的编写工作。

12.2.4　S-Function 的使用

前面已经提到 S-Function 主要是作为仿真系统的控制子模块（前馈控制）来使用的，这里就以 S-Function 在 Simulink 搭建的联合仿真系统中的应用为重点进行讲解。

1. 在仿真系统中使用

为了将一个 S-Function 模块组合到搭建的 Simulink 系统中，首先要从 Simulink 用户定义的函数块库中拖出一个 S-Function 块，然后在 S-Function 块对话框中的 S-Function name 区域指定 S-Function 的名字，注意这里 S-Function 的名字要和编写的 S-Function 的名字一致。如图 12.16 所示。

图 12.17 是使用完成后的 S-Function，可以看到它接收 1 个输入量，提供 12 个输出量，符合前面定义的模块属性。

以上就是一般的 S-Function 的使用方法，本书中的算例用到的也是这个方法，下面还将介绍一种可以传递参数的 S-Function 使用方法，这种用法也经常看到。

2. 向 S-Function 传递参数

在 S-Function 块的 S-Function parameters 区域可以指定参数值，这些值将被传递到相应的 S-Function 中。要使用这个区域，必须了解 S-Function 所需要的参数及参数的顺序。输入参数值时，参数之间应使用逗号分隔，并按照 S-Function 要求的参数顺序进行输入。图

12. 18 所示是使用 S-Function parameters 区域输入用户自定义参数的用法。

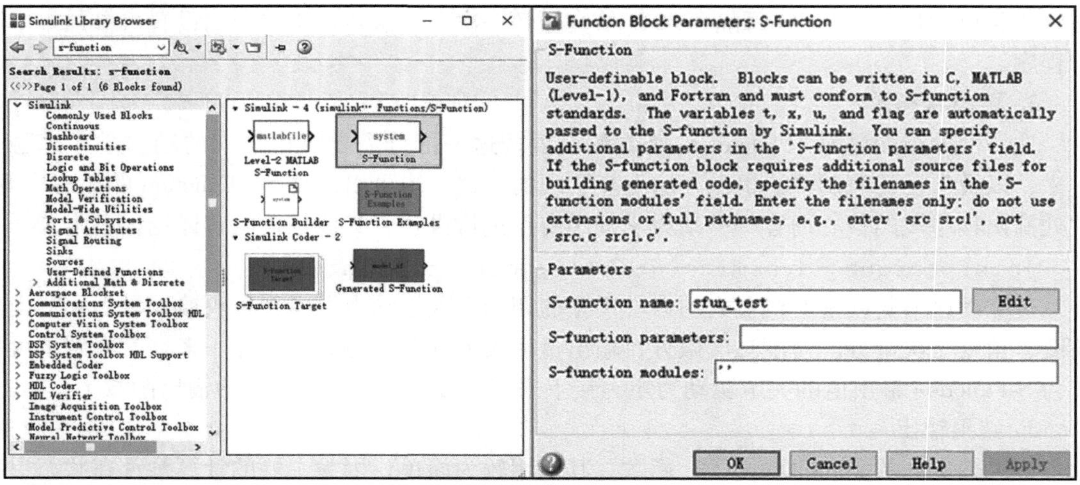

图 12.16　S-Function 的命名

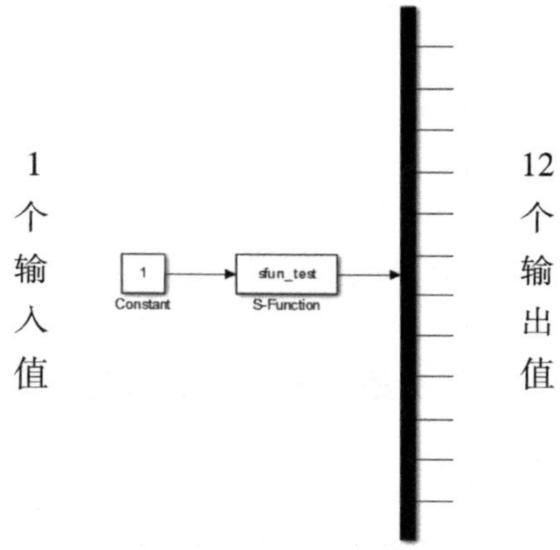

图 12.17　S-Function 的使用

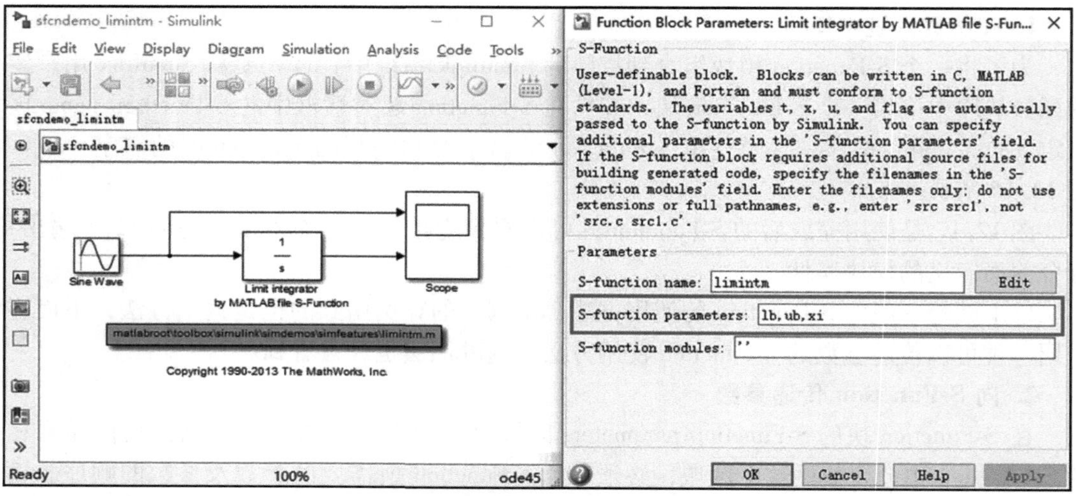

图 12.18　limintm 范例

在本例中，模型使用的是由 Simulink 提供的 S-Function 范例 limintm。该 S-Function 的源代码在目录 toolbox/simulink/simdemos/simfeayures/limintm 下可以找到。函数 limintm 接受了三个参数：一个下边界一个上边界以及一个初始条件。该函数将输入信号对时间进行积分，如果积分值在上下边界之间则输出积分值；如果积分值小于下边界值，则输出下边界值；如果积分值大于上边界值，则输出上边界的值。

12.3　联合仿真流程

Adams 和 Matlab 两种软件都能实现对特定机械系统的仿真，但它们的侧重点各有不同。Adams 侧重于机械动力学仿真，Matlab 则侧重于控制系统仿真。从控制上来说 Matlab 的功能更加强大，但是 Adams 胜在可以更加直观地看到仿真结果，因此，实现两者的联合仿真就很有意义。

一般而言，一个复杂的机械控制系统的机械设计和控制设计都是分开进行的，所以就不可避免地遇到样机仿真中的数据交互过程，而 Adams 的 control 接口就很好地解决了这个问题，通过这个接口模块，可以将 Adams 和 Matlab 两种软件有机地结合起来，实现两者的联合仿真。相比之下两者联合仿真具有以下优点：

（1）大大地简化了建模的工作量，可以直接将机械系统仿真模块从 Adams 中导出到控制系统中，从而不用进行烦琐的理论推导，列大量的方程去描述控制系统的规律。

（2）可以在 Adams 模型上添加自己想要的东西，可以一次性仿真整个系统，对工程项目而言，更具有指导意义，更接近真实情况。

（3）仿真效率大大提高，因为用不同的模块进行仿真，而每个模块负责的都是各个软件擅长的领域，因此可提高仿真效率。

12.3.1　添加系统变量

可以理解系统变量是联系 Adams 和 Matlab 的纽带，系统变量从系统的角度而言可以分为输入系统变量和输出系统变量。顾名思义，输入系统变量就是 Matlab 输入到 Adams 中的变量值，而输出系统变量就是 Adams 输出到 Matlab 中的变量值。从联合仿真的角度来考虑，输入系统变量应该是 Matlab 负责计算提供的，因此只需在 Adams 中定义接收这些变量的接口即可，而输出系统变量是由 Adams 提供的，因此需要在 Adams 中明确规定这个数据的来源。

系统变量的创建方法如图 12.19 所示：在 Adams 中依次单击【单元】→【系统单元】→【X】→【表达式】→【确定】。

最后完成后分别创建了如图 12.20 所示的系统变量，其中输入变量只是给出数据接口，并未规定其 F(time，…)表达式；而输出变量明确规定了各自的 F(time，…)表达式，确保输出有效。

12.3.2　导出机械系统

经过上面几个小节，已经定义好了一个完整的具备输入输出数据接口的机械系统。这个系统已经可以作为 Matlab 仿真模块的一部分了，本小节就介绍如何将 Adams 中的机械系统

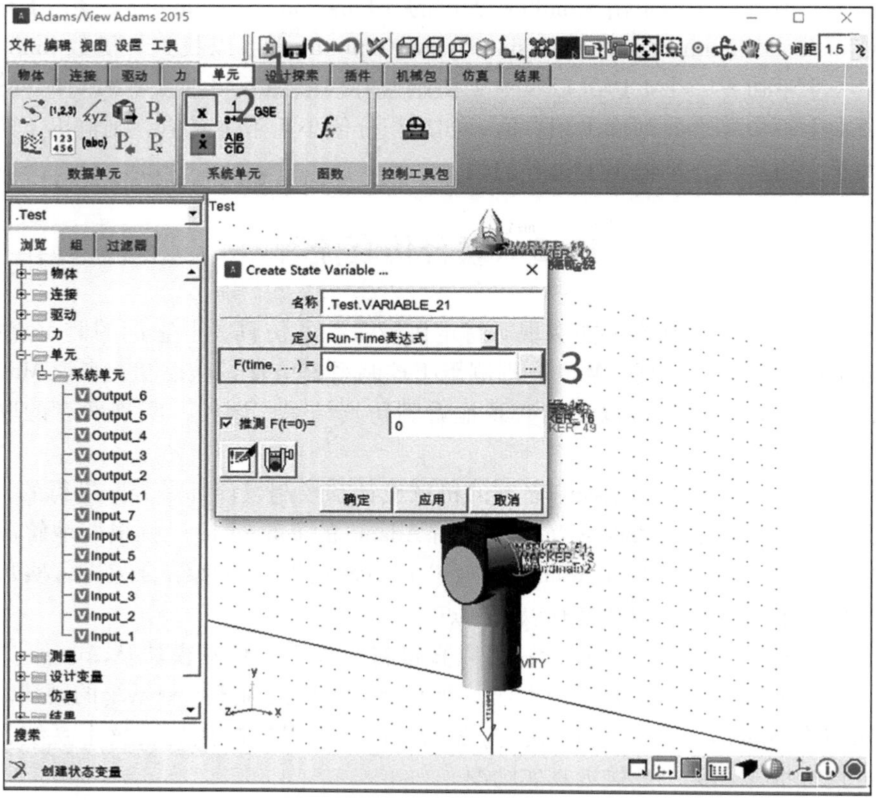

图 12.19　系统单元创建方法

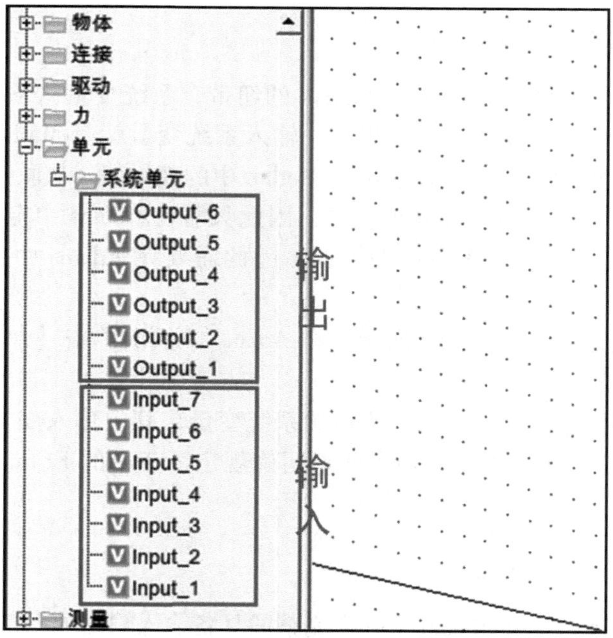

图 12.20　系统变量的创建

导出为 Matlab 可用的模块。

在 Adams 中依次单击【插件】→【Controls】→【Plant Export】，进入机械系统导出界面，如图 12.21 所示。

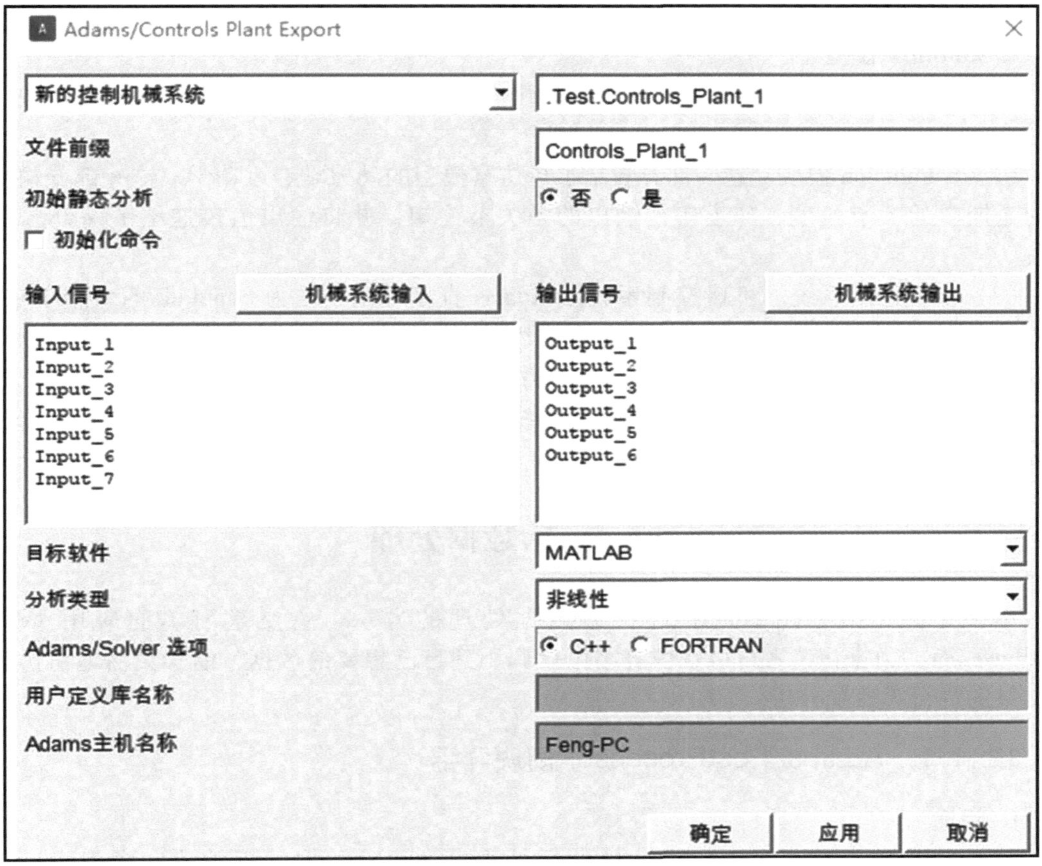

图 12.21　机械系统导出界面

在导出界面注意选择合适的目标软件（Matlab），同时输入输出信号就是前面定义的输入输出系统变量。在空白框里双击鼠标左键即可进行选择。

完成后单击确认即可在 Adams 的系统默认路径导出可以作为 Matlab 仿真模块一个单元的系统模型。至此，Adams 动力学仿真模型的搭建就完成了。

12.3.3　仿真模型搭建

前面已经讲解了 S-Function 在仿真系统中的使用，本小节将详细介绍整个联合仿真过程的作用机理和实现方法，力求让读者通过阅读本章节对一般性的动力学仿真模型的搭建有一个初步认识。

1. 数据交互过程

对于一般的动力学联合仿真系统而言，仿真过程涉及 Matlab 和 Adams 的数据交互过程，它们之间的数据流向如图 12.22 所示。

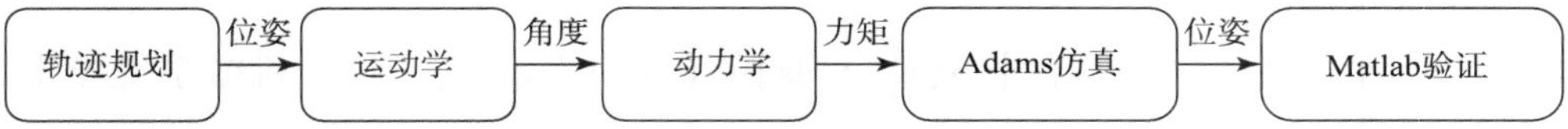

图 12.22 联合仿真数据流向图

2. Simulink 模型

联合仿真的主系统框架是用 Simulink 搭建出来的，系统中有几个非常重要的模块，分别是：

（1）S-Function 模块。这一部分囊括了待仿真模型的动力学、运动学。这一部分输入的应该是期望的关节角度、速度等，输出的是关节力矩，并将输出值传递给下一部分机械系统。

（2）机械控制系统。机械控制系统由 Adams 直接导出，作为 Simulink 的一个子单元，其内部实现了对 Adams 中机械系统的完全描述，可以在 Adams 中定义其输入输出量，本章节就动力学仿真而言，其输入输出应为关节力矩和关节角度。

（3）观测器。几乎任何面向人的仿真系统都需要有观测器来实现数据可视化，需要在仿真系统的关键位置（力矩输出、角度输出）处加观测器实现数据可视化。

12.4 后数据处理

本节主要介绍利用 Adams 进行后数据处理的方法，主要是简单的应用 Adams/PostProcessor，力求让读者可以在仿真结束后调用到自己想要的数据，能够灵活地对仿真计算结果的进行观察和分析。

12.4.1 Adams/PostProcessor 模块介绍

1. 用途

Adams/PostProcessor 是 Adams 软件的后处理模块，其数据处理功能非常强大，它与 Adams 其他模块有良好的数据接口，可直接对其他模块的仿真数据进行曲线绘制、动画转化等操作，能够更直观地反映模型的特性，便于用户对仿真计算的结果进行观察和分析。其用途主要包括：

（1）模型调试。在 Adams/PostProcessor 中，用户可选择最佳的观察视角来观察模型的运动，也可从模型中分离出单独的部件，对直观分析非常有用。

（2）试验验证。可接收外来测试数据并以坐标曲线图的形式表达出来，然后将其与 Adams 仿真结果绘于同一坐标曲线图中进行对比，并可以在曲线图上进行数学操作和统计分析。

（3）设计方案改进。在 Adams/PostProcessor 中，可将多种仿真结果在同一图标上绘制，从中择优选出最佳方案。

2. 窗口介绍

启动 Adams/PostProcessor 后进入主窗口，如图 12.23 所示。主要功能部件如表 12.5 所示。

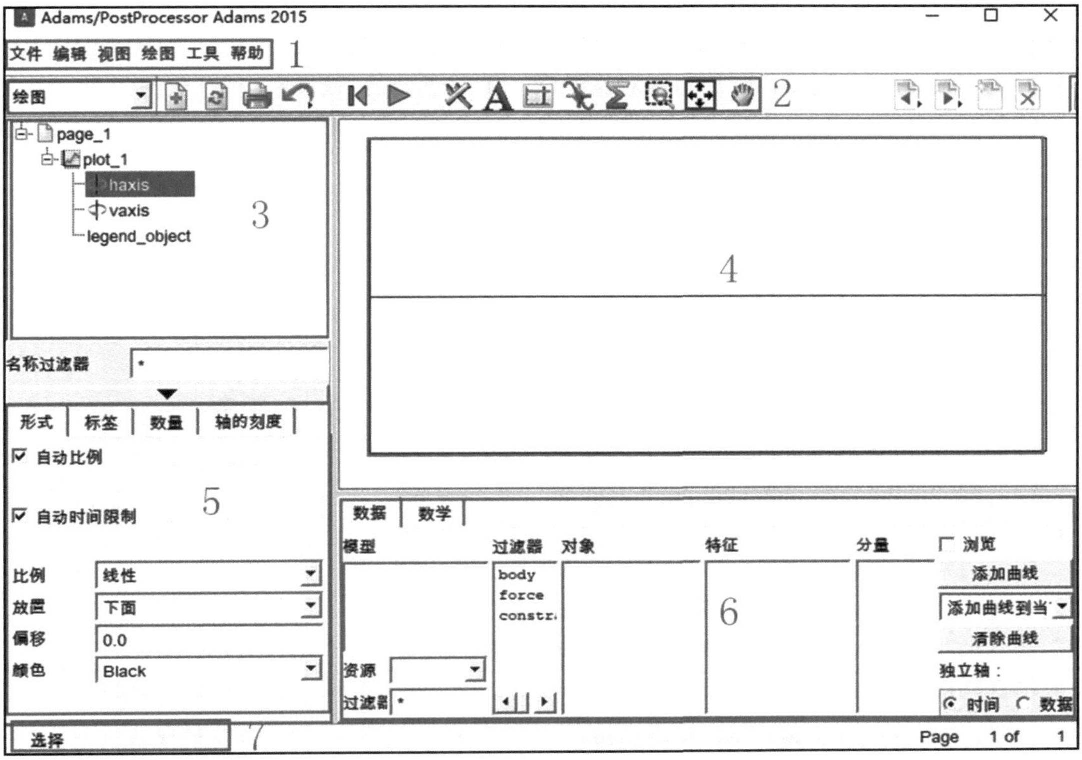

图 12.23　Adams/PostProcessor 窗口

表 12.5　PostProcessor 主要功能部件

编号	名称	功能
1	菜单	包含几个下拉式菜单，完成后处理的操作
2	工具栏	包含常用后处理功能的图标，可自行设置需显示哪些图标
3	视图目录树	显示模型或页面等级的树形结构
4	视图区	显示当前页面，可同时显示不同的曲线、动画和报告
5	特性编辑区	改变所选对象的特性
6	控制面板	提供对结果曲线和动画进行控制的功能
7	状态栏	在操作过程中显示相关的信息

12.4.2　输出仿真结果的动画

Adams/PostProcessor 的动画功能可以将其他 Adams 产品中通过仿真计算得出的动画画面进行重新播放，同时可以调节播放速度，更直观地显示系统运行的物理特性。

1. 动画类型

Adams/PostProcessor 可以加载两种类型的动画：时域动画和频域动画。

(1) 时域动画。简单来说，时域动画就是基于时间单位的动画，当 Adams 的其他模块进行动力学分析的时候，分析引擎将每隔一个仿真步长对机械系统当前状态创建一个动画，画面会随输出时间步长而依次生成，称为时域动画。

（2）频域动画。频域动画是通过对系统某一工作点处的特征值、特征矢量进行线性化，进而预测模型的下一步变形量，然后在正的最大变形量和负的最大变形量之间进行插值，来生成一系列动画，因为与频域参数有关，称为频域动画。

2. 加载动画

在单独启动的 Adams/PostProcessor 中演示动画，必须导入一些相应的文件，或者打开已存在的记录文件（. bin），然后导入动画。

对于时域动画，必须导入包含动画的图形文件（. gra）。该图形文件可由 Adams/View 或者 Adams/Solver 创建。对于频域模型，必须导入 Adams/Solver 模型定义文件（. adm）和仿真结果文件（. res）。

（1）导入动画：从“文件”菜单中选择“导入”，然后输入相关的文件。

（2）在视窗中载入动画：右键单击视窗背景，弹出载入动画选项菜单，如图 12. 24 所示。然后选择“加载动画”载入时域仿真动画，或选择“加载模态动画”载入频域仿真动画。

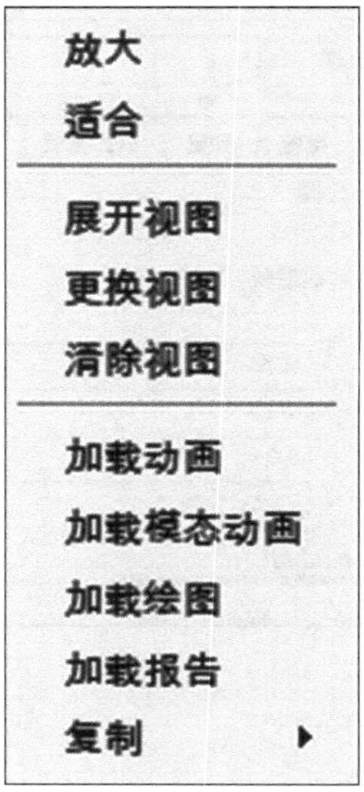

图 12. 24　载入动画选项菜单

12. 4. 3　绘制仿真结果的曲线图

通过将仿真结果用曲线图的形式表达出来，可以更直观地看到机械系统的各种特性，绘制结果一般由大量数据点组成，在后数据处理中可以对这些数据进行数学运算、数据过滤等操作，而这些操作的基础都离不开曲线绘制工作。

1. 曲线图的建立

运行一次仿真后，进入曲线绘制模式，这里可以选择需要绘制的仿真结果，还可以对曲线布局、轴线坐标、度量单位、标题题注等信息进行描述。

（1）控制面板的布局。绘制曲线图模式下的控制面板如图 12. 25 所示。

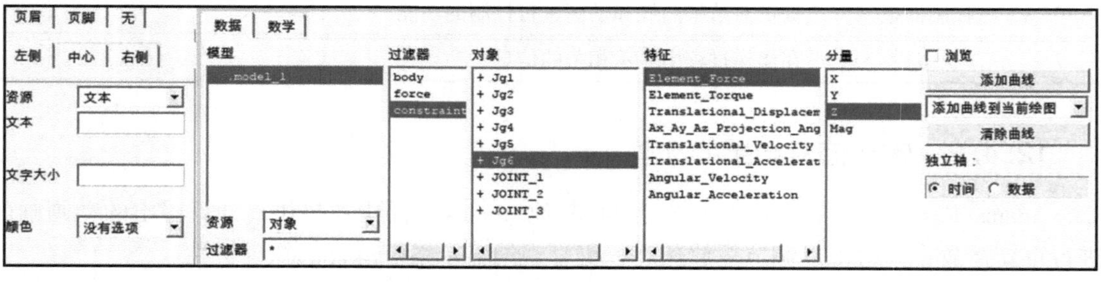

图 12. 25　绘制曲线图模式下的控制面板

（2）绘制物体特性曲线。物体的特性曲线是与模型的物理特性相关的，不需要运行仿真即可绘制，因为这些特性是不会随着物体运动而改变的，建模完成可直接进入 PostProcessor 进行绘制，如图 12.26 为机器人某一连杆质心位置曲线绘制。

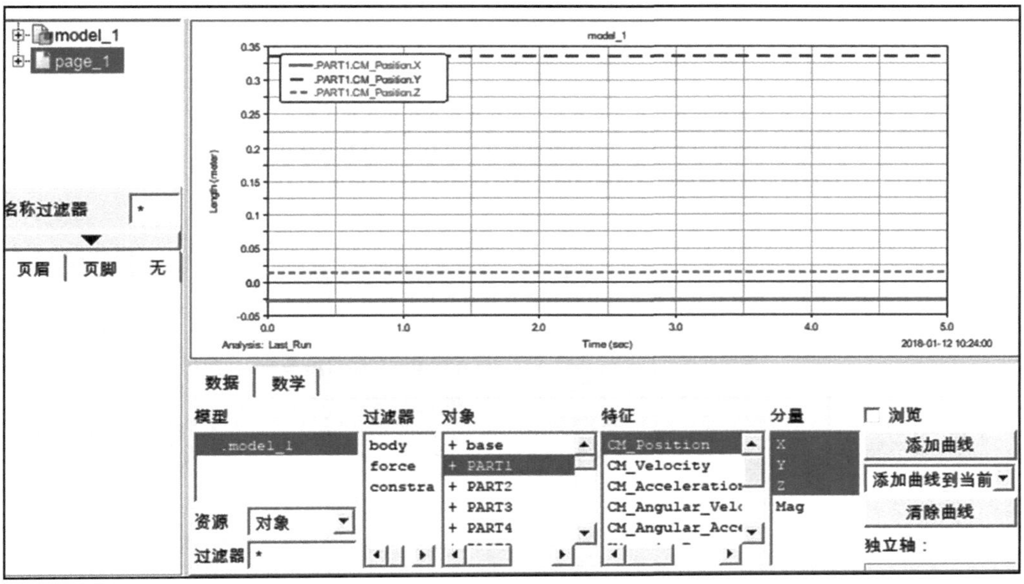

图 12.26　工业机器人质心位置曲线绘制

（3）绘制度量曲线。度量曲线的值一般是对仿真过程中某些量加了传感器，然后系统就会记住这个量的变化情况，在仿真结束后可直接在“资源”中选择“测量”进行曲线绘制。参见图 12.27。

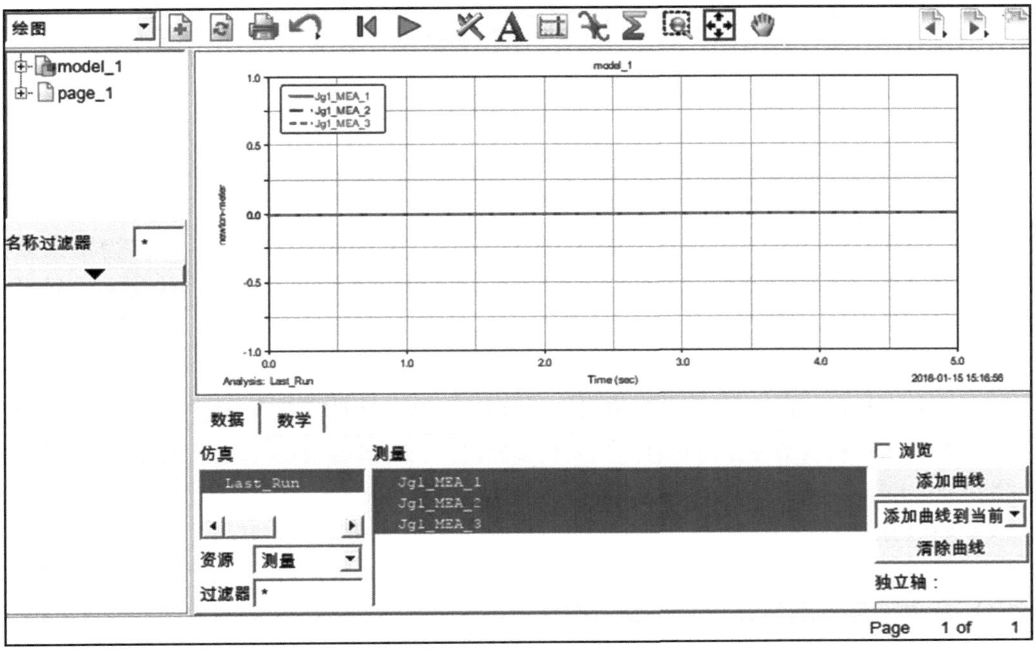

图 12.27　工业机器人静止时 1 关节力矩测量曲线

（4）查看测试数据。在“文件”菜单中使用“导入”命令读入 ASCII 格式的文件，可以直接导入测试数据（图 12.28），用户也可对数据进行绘图、显示和修改。

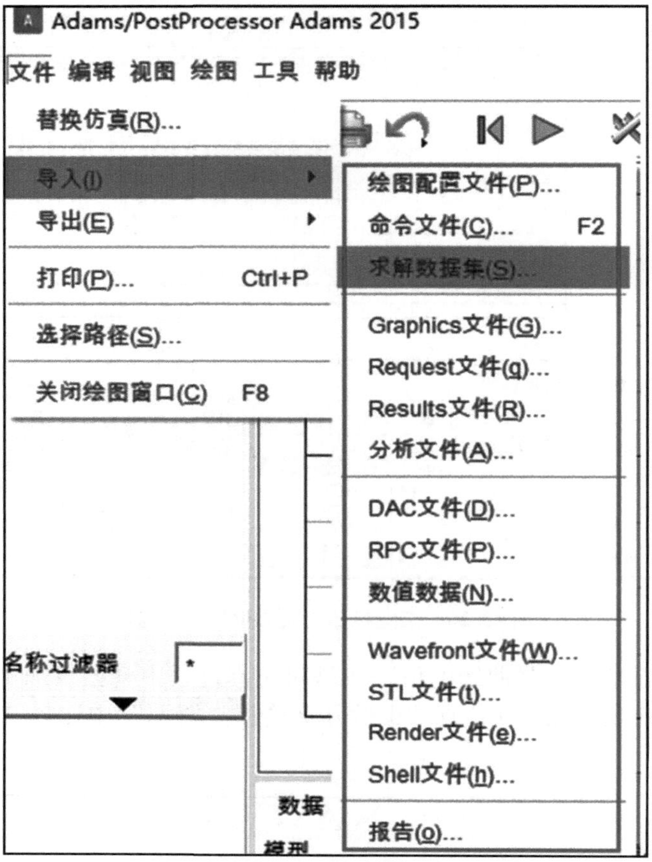

图 12.28　导入测试数据界面

（5）在曲线图页面上添加多条曲线。可以将多条不同的曲线绘制在同一绘图页面上，这样可以方便数据对比，更直观得到想要的分析结果。

注意：如果有多条曲线绘制在当前曲线图页面上，Adams/PostProcessor 将为每条新曲线分配不同的颜色和线型以便将不同曲线区分开来。也可以对线条的颜色、线型和符号进行设置以突出关键数据。

2. 曲线图上的数学计算

Adams/PostProcessor 支持直接在曲线上进行简单数学计算。注意这里的计算仅局限在同一绘图页面上。这些操作包括但不限于以下几种，因为本书中不涉及相关内容，这里仅做简单介绍：

（1）将一条曲线的值与另一条曲线的值进行加、减、乘。

（2）找出数据点绝对值或对称点。

（3）产生采样点均匀分布的曲线（曲线插值）。

（4）按特定值缩放或平移曲线。

（5）将曲线的开始点移至零点。

（6）计算曲线的积分或微分。

（7）由曲线生成样条。

（8）手工修改数据点数值。

以上为 Adams 的后数据处理过程，其功能较多，此处没有一一介绍，只挑选了本书中会用到的地方进行讲解。当然，读者也可不通过 Adams 进行后数据处理，将数据导出到 Matlab 进行处理、画图，这些都是可行的操作，而且实际中在 Matlab 中绘制曲线图是用到的较多的地方。

12.5　应用实例

本节实验采用美国 MSC 公司开发的 Adams 动力学分析软件与美国 MathWorks 公司开发的 Matlab 软件完成。基于 Matlab 和 Adams 的联合仿真实现了 6 自由度工业机器人的动力学前馈控制。相关资料及程序文件见附录 – 第 12 章。

12.5.1　算例讲解

1. 算例流程框图

首先给出本算例的流程框图如图 12.29，然后根据框图讲解本系统关键部分。

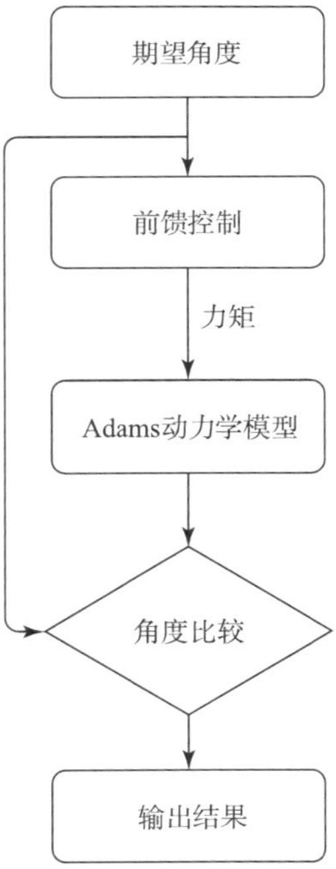

图 12.29　算例框图

2. 前馈控制的应用

前馈控制指通过观察情况、收集整理信息、掌握规律，正确预计未来可能出现的问题，提前采取措施，将可能发生的偏差消除在萌芽状态中。前馈控制应用在动力学联合仿真中就是指导 Adams 模型的输出，可提高系统稳定性和可靠性，有效地抑制干扰作用，提高系统的跟踪精度。在本小节的典型算例中用到了力前馈控制。

3. 动力学模型的应用

在本书动力学建模部分，已经得到了工业机器人的动力学模型。这里该动力学模型将被应用到仿真系统中，根据图 12.29 知道，联合仿真中动力学模型的输入是前馈控制给出的力矩值，输出是在此力矩控制下关节的运动角度值，最终实际输出的角度值与期望角度值进行对比，根据误差情况便可判断动力学仿真的成功与否。如此，便将工业机器人的动力学模型应用到了联合仿真中。

12.5.2 模型创建

1. 模型导入

将 CAD 软件中的工业机器人模型导出为 .x_ t 格式，导入到 Adams 中，并将各个部件命名为合适的名称，具体操作见本章 12.1 小节，最终效果如图 12.30 所示。

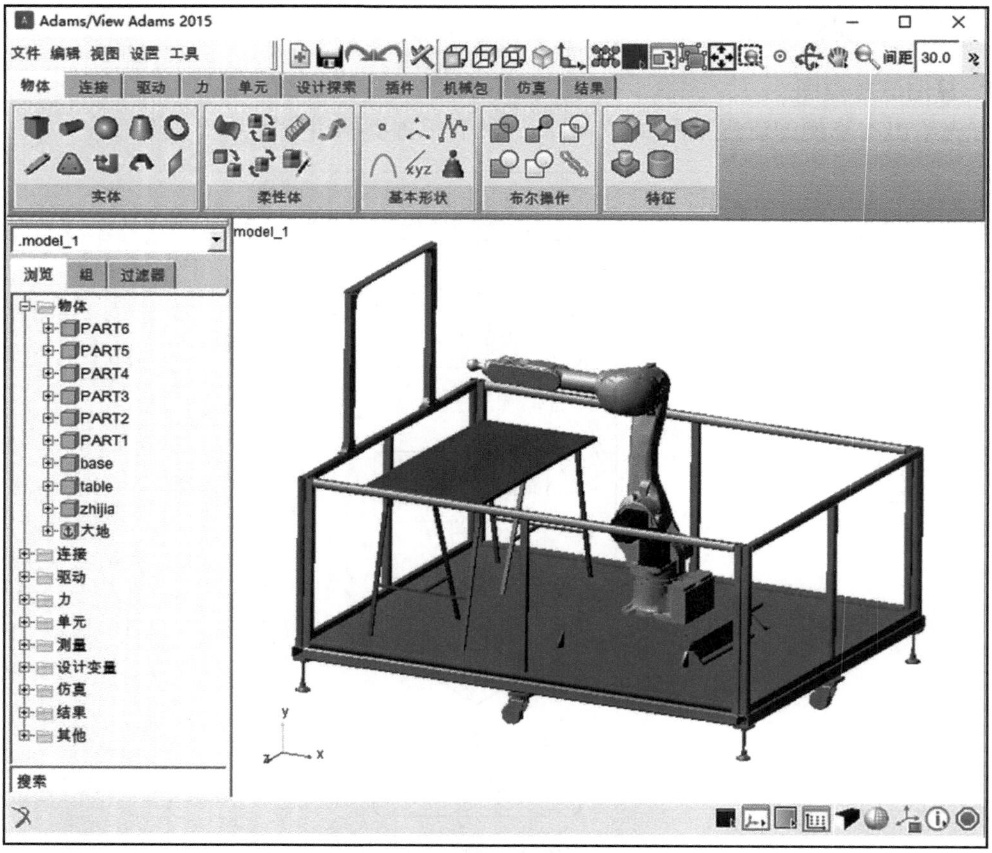

图 12.30 工业机器人模型导入 Adams

2. 定义连杆坐标系

按照 DH 准则建立连杆坐标系，并附着到相应的连杆上，最终效果如图 12.31。

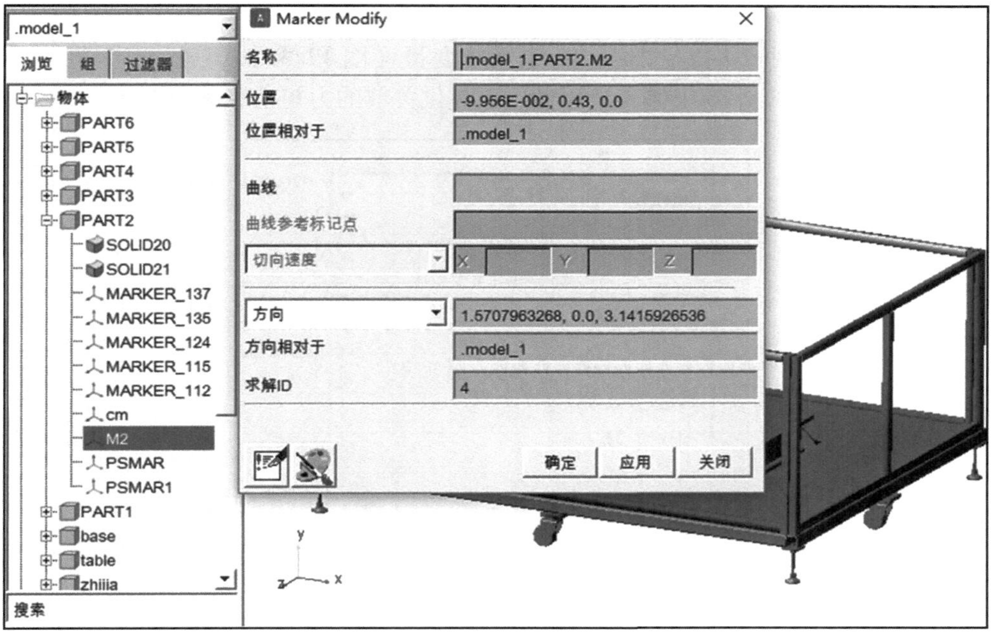

图 12.31　创建连杆坐标系

3. 定义连接副

根据工业机器人的实际运动添加相应的连接副如图 12.32 所示，注意连接副的作用点要选在之前创建的坐标系上。

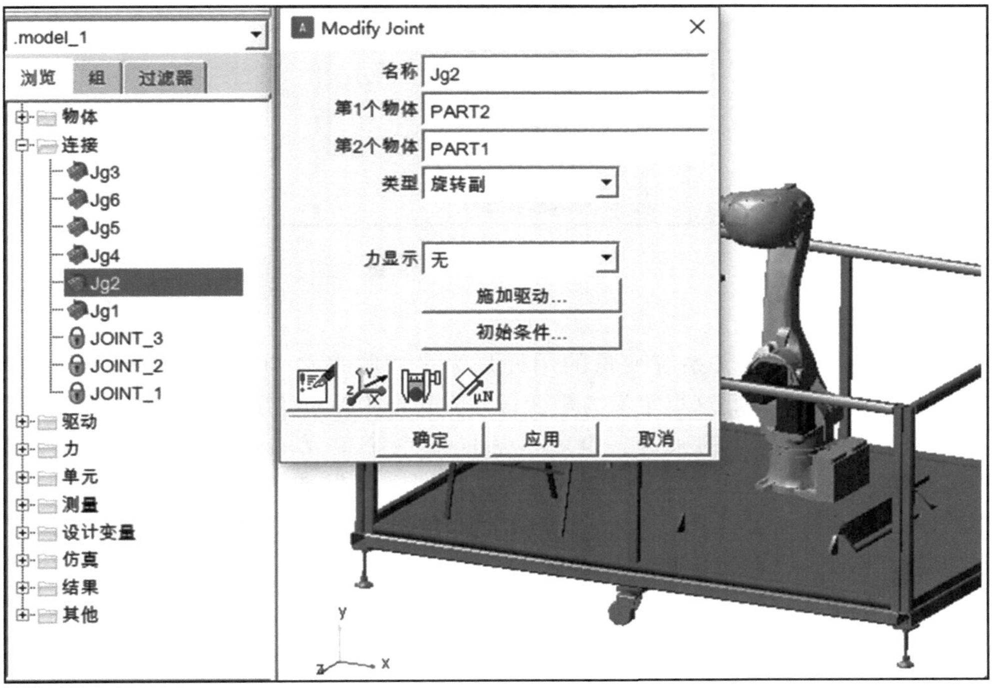

图 12.32　定义连接副

4. 创建系统变量

按照本章 12. 3. 1 小节内容，添加 12 个系统变量（图 12. 33），6 个 angle 为输出量，6 个 Tor_ Jg 为输入量。其中 6 个输入量用做后面提供关节的力矩型驱动。

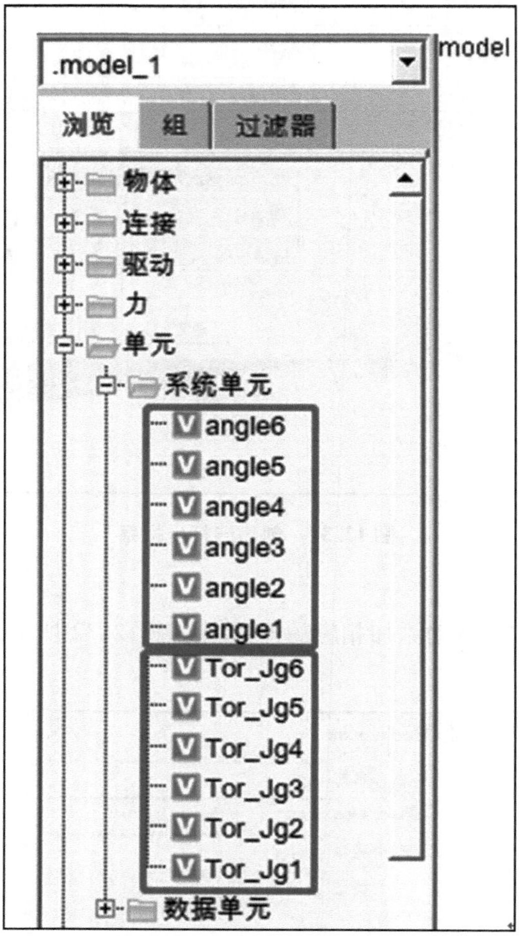

图 12. 33　创建系统变量

5. 创建驱动

根据前面的讲述，定义系统变量的用处是为了接收来自 Matlab 的数据，并将其作为 Adams 系统的输入量，因此这里定义力矩变量并将其作为关节的驱动，并设置相应的系统单元作为关节驱动力矩数值的来源，也就是 Adams 系统单元的输入量接口。这里用到了 VARVAL 函数，这是 Adams 自带的函数之一，功能为返回状态变量的当前值。这里用它起到的作用就是，将系统变量（Tor_ Jg1）的实时数值提供给创建的力矩变量（SFORCE_ 1），起到了力矩型驱动的效果。参见图 12. 34。

12. 5. 3　导出机械系统

这里定义系统输入变量为 6 个关节的力矩驱动值，输出变量为 6 个关节的角度值，并导出可用于 Matlab 的控制模型，如图 12. 35 所示：

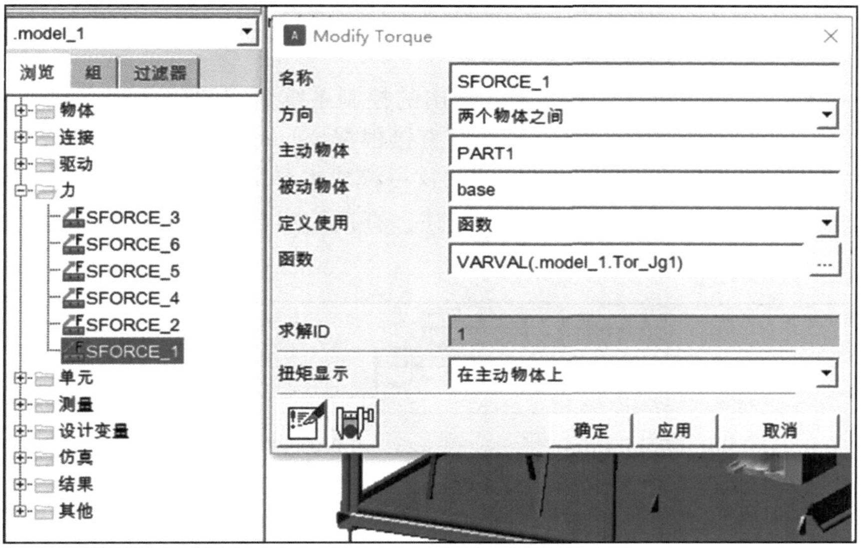

图 12.34　施加驱动

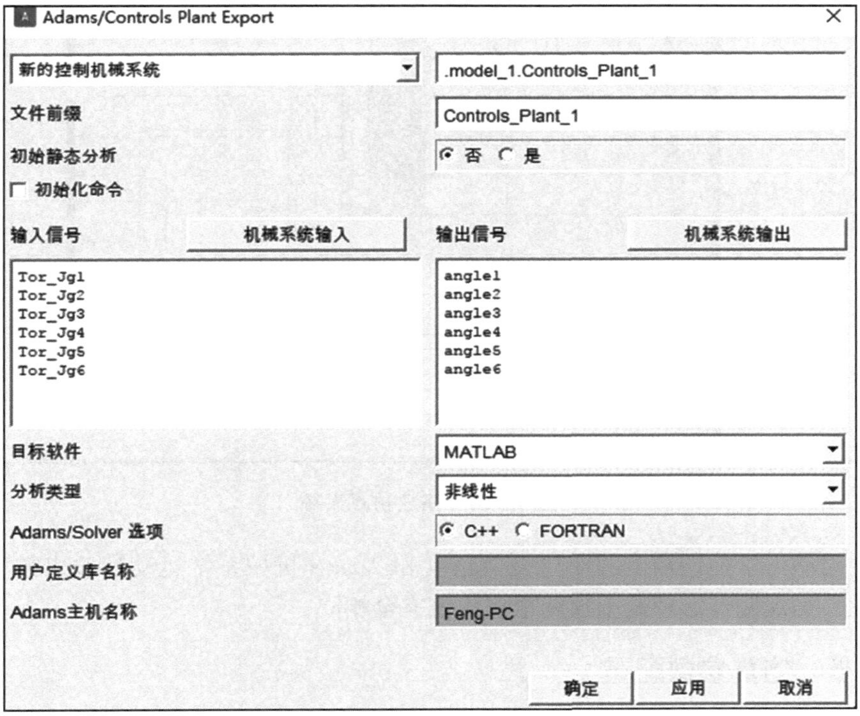

图 12.35　导出机械系统模型

注： Adams 中导出的机械控制系统与 Adams 当前主机名称直接关联。因此，附件中的机械控制系统无法直接使用，需读者重新执行本小节导出操作并获得与读者主机绑定的机械控制系统。

12.5.4 搭建仿真系统

承接上一步，在 Matlab 工作界面输入导出的控制系统名字“Controls_ Plant_ 1”，然后回车，然后输入“adams_ sys”，Matlab 就可直接根据 Adams 导出的数据自行搭建好 Adams 控制系统子模块，其名字为“adams_ sub”，这一模块也是需要用到的子模块，将其拷贝出来就可以据此搭建仿真系统了，此处不再赘述，直接给出在 Simulink 中搭建好的仿真系统（图 12.36）。

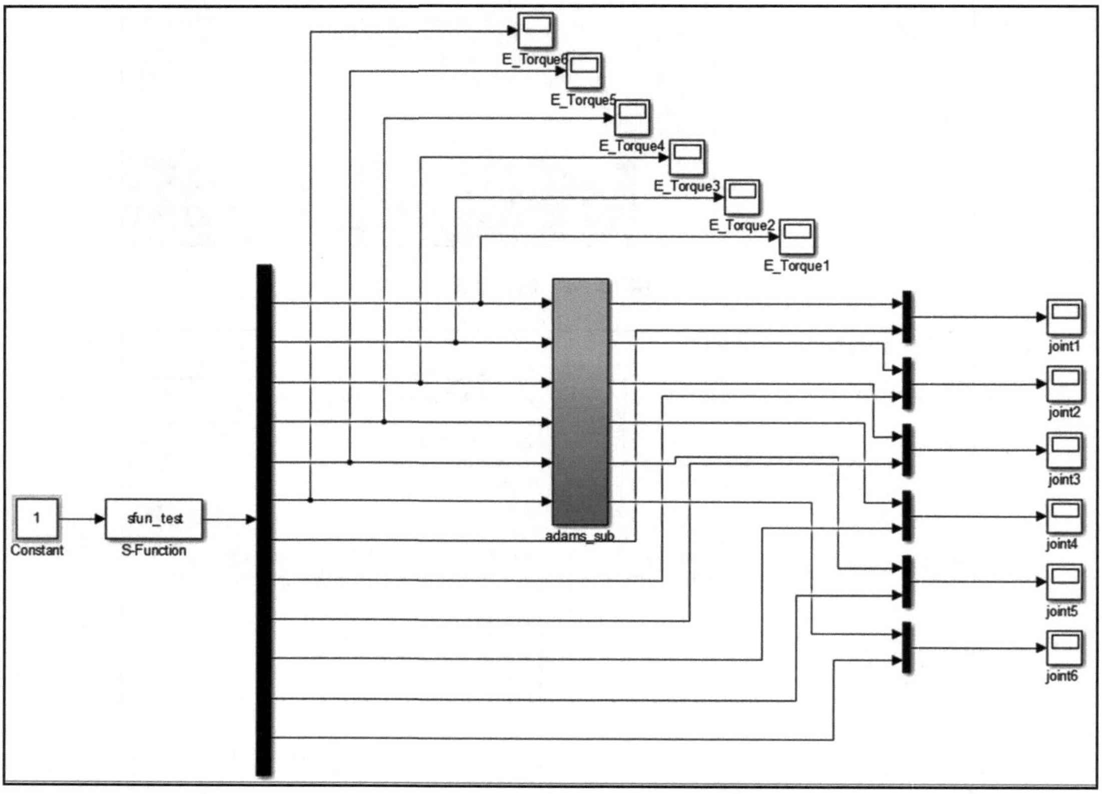

图 12.36 搭建仿真系统

系统中对动力学前馈输出的期望关节角度和 Adams 机械系统运动后输出的实际关节角度进行对比，加观测器。理论上这两个值应该完全相同。

12.5.5 仿真参数配置

仿真的关键参数主要有以下几个：

（1）握手时间。

此处的握手时间指的是 Matlab 和 Adams 的通信时间间隔，时间间隔太短会导致计算量几何倍数增加，加大仿真负担，拖慢仿真速度。通信时间太长又可能导致积分发散，出现仿真崩溃的情况。因此需要根据系统的控制精度和复杂程度选择合适的仿真步长，本工业机器人案例选取 0.001s 作为通信时间。

（2）实时更新显示。

是否需要实时更新显示取决于用户的需求。实时更新的话需要耗费大量的时间计算显示状态，因此计算过程比较慢。相对而言，如果不采用实时更新显示，那么计算量会大大减少，仿真速度明显加快。但这样也就不能看到机器人宇航员的运动情况，无法直接判断是否运动合理，所以这就需要根据实际情况调整实时更新需求。Simulink 中的 Animation mode 决定这一选项。Batch 代表不更新，interactive 表示更新（图 12. 37）。

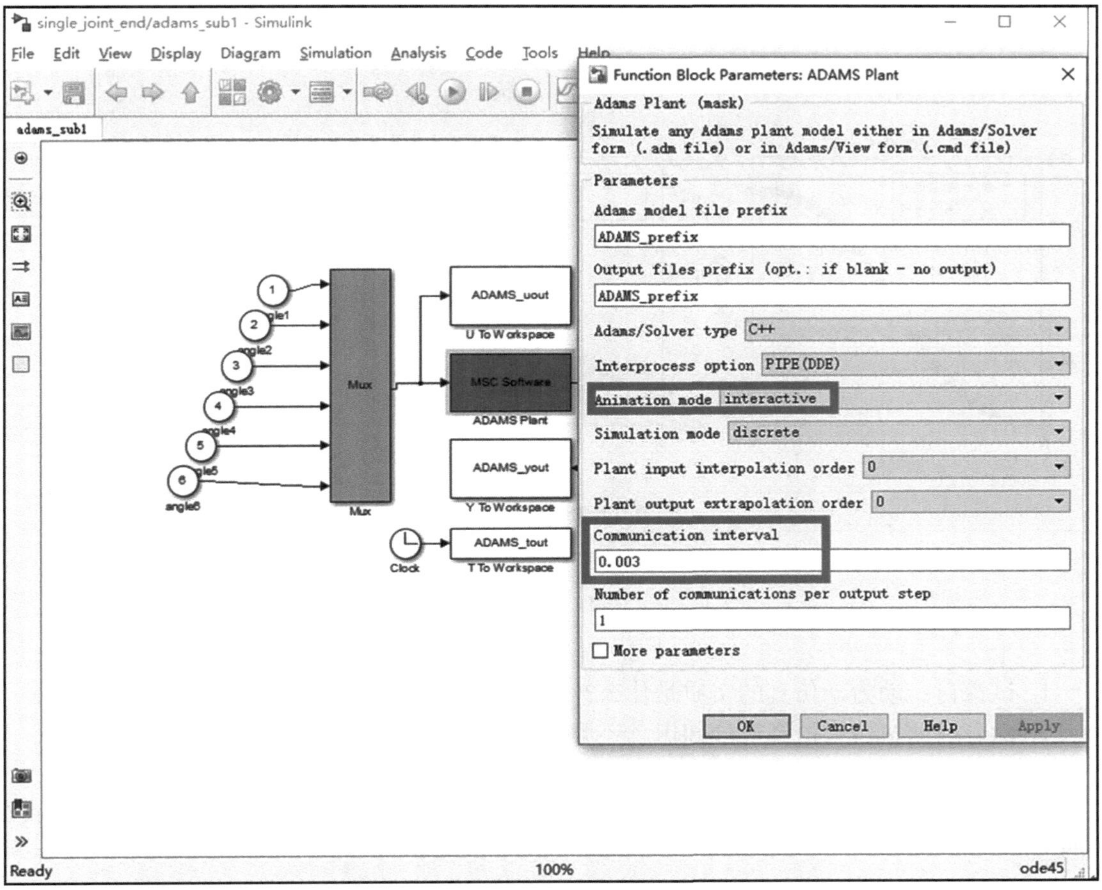

图 12. 37　仿真参数配置

（3）其余参数调整。

对于其他参数，一律选择默认值即可。注意：这里参数主要指 Interprocess option 和 Adams/Solver type，其的默认值要与 Adams 的设置保持一致。

12. 5. 6　仿真结果

最后仿真结束，检查关节角度观测器，可以看到结果如图 12. 38 所示。

分析：图 12. 38 中从左到右从上到下分别为 6 个关节的角度变化情况，图中有两条曲线，分别为 Adams 实际运行输出曲线和 Matlab 期望关节运动曲线，两条曲线完全重合，证明了动力学仿真的可行性以及动力学模型的有效性。

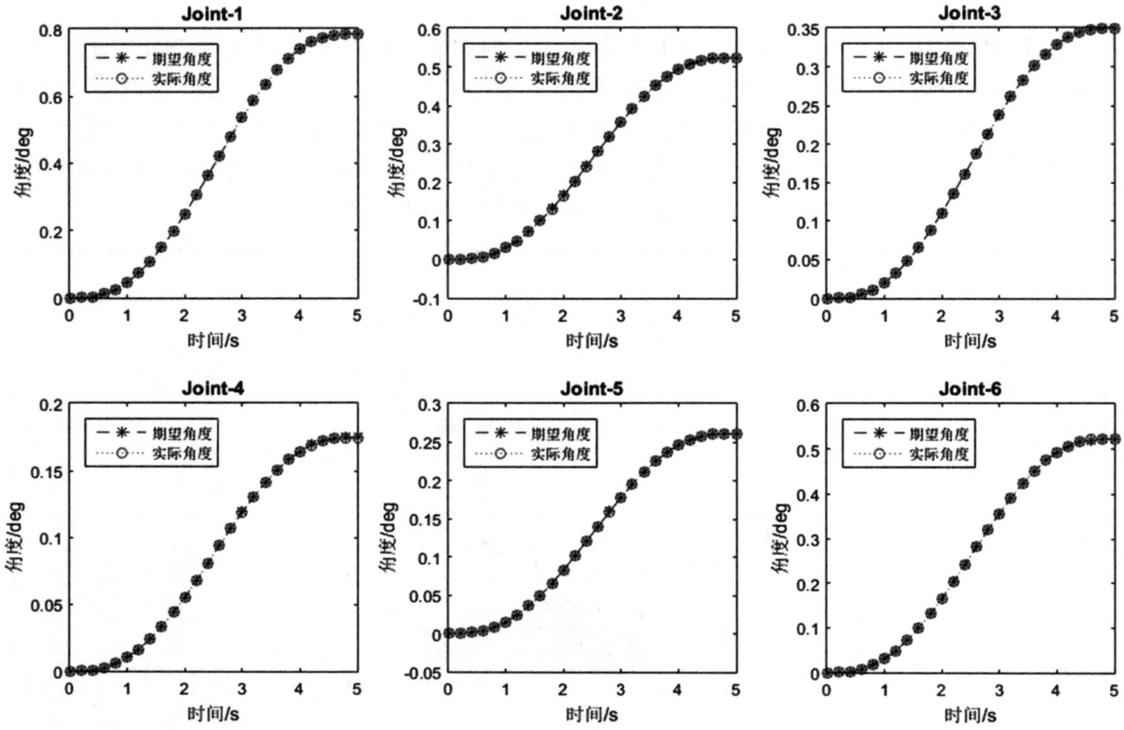

图 12.38　仿真结果

习　　题

1. 试探讨：动力学仿真的实质是什么？为什么要进行动力学仿真？

2. 结合前面机器人控制部分知识，还可以搭建什么类型的 Simulink 仿真系统？

3. 在一次动力学仿真中，Adams 和 Matlab 分别代表了运动学、动力学哪一部分？

4. 运用本章所学知识，自行搭建一个 6 自由度工业机器人的运动学仿真系统并进行仿真实验。

5. 试按照本章节流程搭建出完整的机械臂动力学联合仿真系统，然后加入反馈控制，进行仿真实验。

6. 进入附录给出的 S-Function 程序，改变各关节的运动量，重新运行仿真，看仿真结果是否会有变化。

附录　应用实例与算法程序

第3章　机器人正运动学

此部分为第3章机器人正运动学部分配套程序，基于美国 MathWorks 公司出品的 Matlab 软件编写而成，程序文件见配套资料第3章部分。具体程序如下：

```
%本程序为 RS10N 型工业机器人的运动学计算程序
%输入 6 个关节角(单位:弧度),输出末端位姿矩阵
function T = Googo_kin3(a)

    P1 =430;
    P2 =99.56;
    P3 =0;
    P4 =650.74;
    P5 =1.05;
    P6 =700.23;
    P7 =225;

    a1 =a(1);
    a2 =a(2);
    a3 =a(3);
    a4 =a(4);
    a5 =a(5);
    a6 =a(6);

    t1 =[cos(a1),    -sin(a1),  0,  0
        sin(a1),    cos(a1),     0,  0
        0,  0,  1,  P1
        0,  0,  0,  1];

    t2 =[sin(a2),  cos(a2),  0,   -P2
```

```
        0,  0,  1,0
        cos(a2),  -sin(a2),   0,  0
        0,  0,  0,  1];

    t3 =[cos(a3),    -sin(a3),  0,  P4
        sin(a3),    cos(a3),    0,  0
        0,  0,  1,  P3
        0,  0,  0,  1];

    t4 =[cos(a4),    -sin(a4),  0,  P5
        0,  0,   -1, -P6
        sin(a4),    cos(a4),    0,  0
        0,  0,  0,  1];

    t5 =[cos(a5),    -sin(a5),  0,  0
        0,  0,  1,  0
         -sin(a5),  -cos(a5),  0,  0
        0,  0,  0,  1];

    t6 =[cos(a6),    -sin(a6),  0,  0
        0,  0,   -1,0
        sin(a6),    cos(a6),    0,  0
        0,  0,  0,  1];

    T =t1* t2* t3* t4* t5* t6;
end
```

第 4 章　机器人逆运动学

此部分为第 4 章机器人逆运动学部分配套程序,基于美国 MathWorks 公司出品的 Matlab 软件编写而成。程序内容如下,程序文件见配套资料第 4 章部分。

```
%此程序为 RS10N 型工业机器人的逆运动学求解程序
%程序输入为期望的末端位姿矩阵 T,和机器人当前的关节角 a(单位:弧度),其中 T 为 4×4 的矩阵,a 为 6 维行矢量
%程序输出为满足末端位姿矩阵的关节角 joint,和判断是否奇异的标志位 dd,其中 joint 为 6 维行矢量,当 dd =1 时不奇异,当 dd =0 时,存在奇异问题
function[joint,dd] =Googo_Inkin_5(T,a)
    dd =1;
```

```

P1 =430;
P2 =99.56;
P3 =0;
P4 =650.74;
P5 =1.05;
P6 =700.23;
P7 =202;

T06 =T;

px =T06(1,4);
py =T06(2,4);
pz =T06(3,4);

%变量初始化
T01 =zeros(4,4);
T12 =zeros(4,4);
T23 =zeros(4,4);
T03 =zeros(4,4);
T36 =zeros(4,4);
r13 =zeros(8,1);
r23 =zeros(8,1);
r33 =zeros(8,1);
r21 =zeros(8,1);
r22 =zeros(8,1);
c5 =zeros(8,1);
s5 =zeros(8,1);

Theta =zeros(8,6);
r13 =0;
r21 =0;
e22 =0;
r23 =0;
r33 =0;

%Theta 为 8 ×6 的矩阵,每行代表逆运动学的一组解

```

```
    %求 theta1,有两组解
    Theta(1,1) =atan2(py,px);
    Theta(2,1) =Theta(1,1);
    Theta(3,1) =Theta(1,1);
    Theta(4,1) =Theta(1,1);
    Theta(5,1) =atan2( -py, -px);
    Theta(6,1) =Theta(5,1);
    Theta(7,1) =Theta(5,1);
    Theta(8,1) =Theta(5,1);

    for i =1:8
        %求 theta3,有两组解
        if abs(sin(Theta(i,1))) < 1e -6  %判断 theta1 是否为 0
            M =px/cos(Theta(i,1));
        else
            M =py/sin(Theta(i,1));
        end

        N =pz - P1;
        Q =((M + P2)^2 +N^2 - P5^2 - P6^2 - P4^2)/(2* P4);
        Rou =sqrt(P5^2 +P6^2);

        %判断是否奇异,若奇异,则令 dd =0;
        if(1 -Q^2/Rou^2) <0
            dd =0;
        end

  if 1 -Q^2/Rou^2 <0
        if sign(Q* Rou) = =1
            Q =Rou;
        end
        if sign(Q* Rou) = = -1
            Q = -Rou;
        end
  end

     if abs(Q/Rou) <0.001
          Q =Rou;
```

```
82        end
83        if abs(Q+Rou)<0.001
84            Q=-Rou;
85        end
86
87        %根据theta1的两组解分别求解theta3
88        if i==1||i==2||i==5||i==6
89            Theta(i,3)=atan2(Q/Rou,sqrt(1-Q^2/Rou^2))-atan2(P5,P6);
90        else
91            Theta(i,3)=atan2(Q/Rou,-sqrt(1-Q^2/Rou^2))-atan2
                (P5,P6);
92        end
93    end
94
95
96    %求theta2
97    for i=1:8
98        if abs(sin(Theta(i,1)))<0.000001
99            M=px/cos(Theta(i,1));
100       else
101           M=py/sin(Theta(i,1));
102       end
103       N=pz-P1;
104       K=M+P2;
105       P=P5*cos(Theta(i,3))+P6*sin(Theta(i,3))+P4;
106       Q=P5*sin(Theta(i,3))-P6*cos(Theta(i,3));
107       s2=(K*P-N*Q)/(P^2+Q^2);
108       c2=(K*Q+N*P)/(P^2+Q^2);
109       Theta(i,2)=atan2(s2,c2);
110   end
111
112   %求theta5
113     for j=1:8
114
115       t1=[cos(Theta(j,1)),    -sin(Theta(j,1)), 0, 0;
116           sin(Theta(j,1)),    cos(Theta(j,1)),   0, 0;
117           0, 0, 1, P1;
118           0, 0, 0, 1];
119
```

```
        t2 =[sin(Theta(j,2)),  cos(Theta(j,2)),  0,   -P2;
            0,  0,  1,0;
            cos(Theta(j,2)),  -sin(Theta(j,2)),    0,  0;
            0,  0,  0,  1];

        t3 =[cos(Theta(j,3)),    -sin(Theta(j,3)),  0,  P4;
            sin(Theta(j,3)),    cos(Theta(j,3)),    0,  0;
            0,  0,  1,  P3;
            0,  0,  0,  1];

            T03(:,:,j) =t1* t2* t3;
            T36(:,:,j) =inv(T03(:,:,j))* T06;

            r11(j) =T36(1,1,j);
            r12(j) =T36(1,2,j);
            r13(j) =T36(1,3,j);
            r21(j) =T36(2,1,j);
            r22(j) =T36(2,2,j);
            r23(j) =T36(2,3,j);
            r31(j) =T36(3,1,j);
            r32(j) =T36(3,2,j);
            r33(j) =T36(3,3,j);

        end

        for i2 =1:8
          c5(i2) = -r23(i2);
          if c5(i2) >1
                c5(i2) =1;
          end
          if c5(i2) < -1
            c5(i2) = -1;
          end
          s5(i2) =sqrt(1 -c5(i2)^2);
        end

          s5(2) = -s5(2);
          s5(4) = -s5(4);
```

```
          s5(6) = -s5(6);
          s5(8) = -s5(8);

        for i3 =1:8
              Theta(i3,5) =atan2(s5(i3),c5(i3));

        end

      %求 theta4,6
      for i4 =1:8
        s5 =sin(Theta(i4,5));
        c5 =cos(Theta(i4,5));
        if abs(s5) >0.0000000000001
              c4 =r13(i4)/s5;
              s4 =r33(i4)/s5;
              Theta(i4,4) =atan2(s4,c4);
              s6 = -r22(i4)/s5;
              c6 =r21(i4)/s5;
              Theta(i4,6) =atan2(s6,c6);
        else
              Theta(i4,4) =a(4);
              Theta(i4,6) =atan2(r31(i4),r32(i4)) -a(4);
        end
    end


    %%%对数据进行筛选与处理
    for i =1:8
          for j =1:3
                if Theta(i,j) >pi
                      Theta(i,j) =2* pi -Theta(i,j);
                end
                if Theta(i,j) < -pi
                      Theta(i,j) =2* pi +Theta(i,j);
                end
          end
    end

```

```
    for i =1:8
        if abs(Theta(i,4) -a(4)) >(2* pi -0.0001)
            if a(4) >0
                Theta(i,4) =Theta(i,4) +2* pi;
            end
            if a(4) <0
                Theta(i,4) =Theta(i,4) -2* pi;
            end
        end

        if abs(Theta(i,6) -a(6)) >(2* pi -0.0001)
            if a(6) >0
                Theta(i,6) =Theta(i,6) +2* pi;
            end
            if a(6) <0
                Theta(i,6) =Theta(i,6) -2* pi;
            end
        end
    end

        for i =1:8
            if abs(Theta(i,1) +pi) <0.0001
                Theta(i,1) =pi;
            end
        end

    %计算每一组解与当前关节角的差值,选择与当前关节角相比运动量最小的一组作为最终解
    for i =1:8
        k(i,:) =Theta(i,:) -a;
        kk(i,:) =abs(k(i,:));
    end

    sum =zeros(1,8);
    for i =1:8
        sum(i) =kk(i,1) +kk(i,2) +kk(i,3) + +kk(i,4) + +kk(i,5) + +kk(i,6);
    end
```

```
    [x,y] = find(sum = = min(sum));
    j_out = Theta(y,:);

    joint = j_out(1,:);

end
```

第5章　速度与雅可比矩阵

此部分为第5章速度与雅可比矩阵部分配套程序,基于美国MathWorks公司出品的Matlab软件编写而成。程序文件见配套资料第5章部分。

第6章　轨迹规划

此部分为第6章轨迹规划部分配套程序,基于美国MathWorks公司出品的Matlab软件编写而成。程序共包含1个主程序与2个子函数,程序文件见配套资料第6章部分。具体程序内容如下:

主程序Cubicbook. m

```
clear
close all
clc

global cubic
TrajTime = 0.1;% 规划关节运动的周期100ms
ServoTime = 0.01;% 伺服时间,,每隔10ms给机器人发送一个控制指令
deltaT = 0.01;% 任务配置PLC10ms(周期)

for i = 1:6
    % 初始状态规划器数据不满,因此为0
    cubic(i).filled = 0;
    % 表示需要新的规划点
    cubic(i).needNextPoint = 1;
    % 任务规划周期
    cubic(i).sTime = TrajTime;
    % 计算每次规划点数
    cubic(i).Rate = TrajTime/ServoTime + 1;
    % 当前规划器时间设为0
    cubic(i).interpolationTime = 0;
```

```
    % 计算规划器时间增量
    cubic(i).Inc =cubic(i).sTime/(cubic(i).Rate -1);
    % 清空规划器所有点
    cubic(i).x0 =0;
    cubic(i).x1 =0;
    cubic(i).x2 =0;
    cubic(i).x3 =0;
    % 清空规划器系数
    cubic(i).a =0;
    cubic(i).b =0;
    cubic(i).c =0;
    cubic(i).d =0;
end
index =1;% 输出关节角度个数计数
sinT =0;% 正弦规划时间
AngleInit =[0 0 0 0 0 0];% 初始关节角

% 压入初始角度进入规划器
for i =1:6
    cubicAddPoint(i,AngleInit(i));
    cubic(i).needNextPoint =1;
end
% 初始时开启插值
on =1;
num =1;
% 总规划时间
for t =0:deltaT:16
    % 如果需要则往规划器添加期望点
    while cubic(1).needNextPoint
        % 开启控制时添加正弦运动曲线点
        if on
            for i =1:6
                point(i,num) =1* sin(2* pi* sinT/10) +AngleInit(i);
                cubicAddPoint(i,point(i,num));
            end
        % 关闭控制时添加上次期望点
        else
            for i =1:6
```

```
                    cubicAddPoint(i,cubic(i).x3);
                    point(i,num) = point(i,num - 1);
                end
            end
            sinT = sinT + TrajTime;
            num = num + 1;
        end
        % 各关节角度规划
        for i = 1:6
            Joint(i,index) = cubicInterpolate(i);
        end
        index = index + 1;
        % 如果时间大于 15s 则停止运动控制
        if t > 15
            on = 0;
        end
end
% 绘制 1 关节的规划与期望轨迹
time = 0:(index - 2);
time = time* deltaT;
plot(time,Joint(1,:),'b - ')
grid on
hold on
time = 0:(num - 2);
time = time* TrajTime;
plot(time,point(1,:),'r* ')
ylim([ -1.5 1.5])
xlabel('time(s)')
ylabel('angle(rad)')
title('关节 1 期望轨迹与实际规划轨迹曲线')
legend('规划轨迹','期望轨迹')
```

子函数 1 cubicAddPoint. m

```
% 功能:向各关节规划器中添加期望运动点
% 输入:i————————规划关节序号
%        point——关节期望运动点
% 输出:out——————规划器添加点成功标志
function out = cubicAddPoint(i,point)

```

```
global cubic
%判断是否需要加入新点
if cubic(i).needNextPoint ==0
        out = -1;
        return
    end

    % 如果规划器没有满则补满规划器
    if cubic(i).filled ==0
        cubic(i).x0 =point;
        cubic(i).x1 =point;
        cubic(i).x2 =point;
        cubic(i).x3 =point;
        cubic(i).filled =1;
    % 如果规划器已满则替换最后一点
    else
        cubic(i).x0 =cubic(i).x1;
        cubic(i).x1 =cubic(i).x2;
        cubic(i).x2 =cubic(i).x3;
        cubic(i).x3 =point;
    end

    % 计算两个拟合点的位置
    wp0 =(cubic(i).x0 +4* cubic(i).x1 +cubic(i).x2)/6.0;
    wp1 =(cubic(i).x1 +4* cubic(i).x2 +cubic(i).x3)/6.0;
    % 计算两个拟合点的速度
    vel0 =(cubic(i).x2 -cubic(i).x0)/(2.0* cubic(i).sTime);
    vel1 =(cubic(i).x3 -cubic(i).x1)/(2.0* cubic(i).sTime);
    % 计算规划器参数
    cubic(i).d =wp0;
    cubic(i).c =vel0;
    cubic(i).b =3* (wp1 -wp0)/cubic(i).sTime^2 -(2* vel0 +vel1)/
      cubic(i).sTime;
    cubic(i).a = -2* (wp1 -wp0)/cubic(i).sTime^3 +(vel0 +vel1)/
      cubic(i).sTime^2;

    %更新状态
    cubic(i).Tnow =0;
```

```
    cubic(i).needNextPoint =0;
    out =0;
end
```

子函数 2 cubicInterpolate. m

```
% 功能:计算下一个规划点的值
% 输入:i————————规划关节序号
% 输出:out———————下一步的规划角度
function out =cubicInterpolate(i)
    global cubic
    % 如果上次规划已完成则添加新点
    if cubic(i).needNextPoint
        cubicAddPoint(i,cubic(i).x3);
    end

    % 计算规划器时间
    cubic(i).Tnow =cubic(i).Tnow +cubic(i).Inc;

    % 判断此次规划是否结束
    if abs(cubic(i).sTime -cubic(i).Tnow) <0.5* cubic(i).Inc
        cubic(i).needNextPoint =1;
    end

    % 计算下一步规划值
    out =cubic(i).a* cubic(i).Tnow^3 +cubic(i).b* cubic(i).Tnow^2
      +cubic(i).c* cubic(i).Tnow +cubic(i).d;
end
```

第 7 章　机器人关节伺服运动控制

直流电动机、无刷直流直流电动机和永磁同步电动机的基于 DSP28335 的驱动电路原理图，和驱动控制程序见配套资料第 7 章部分。

第 8 章　机器人动力学

此部分为第 8 章机器人动力学部分配套程序，基于美国 MathWorks 公司出品的 Matlab 软件编写而成，程序文件见配套资料第 8 章部分。具体程序内容如下：

```
function Torque =dynamics(angle,angluar_v,angluar_a)
```

```
% 质量矩阵,unit:Kg
mass =[65.0,50.0,20.0,10.5,3.5,1.0];

% 杆件参数,unit:m
P1 =0.43;
P2 =0.0996;
P4 =0.6507;
P5 =0.0011;
P6 =0.7002;

% 质心在杆件坐标系下的表示,unit:m
PC =[   -0.028,     -0.014,     -0.093;
         0.281,      -0.023,    0.121;
         0.0,        -0.049,     -0.014;
         0.002,      0.006,       -0.254;
          -0.001,     -0.047,    0.005;
         0.0001,    0.004,      0.130;];

% 下一个坐标系在上一个坐标系下的表示
P =[0.0,  0.0,  P1;
     -P2,  0.0,  0.0;
    P4,  0.0,  0.0;
    P5,   -P6,  0.0;
      0.0,  0.0,0.0;
      0.0,  0.0,  0.0;];

% 杆件在质心坐标系下的惯性张量 unit:kg* m^2
IC(:,:,1) =[1.3     0.0     0.0;
             0.0     0.9     0.0;
             0.0     0.0     0.8];
IC(:,:,2) =[2.9     0.0     0.0;
                 0.0     2.8     0.0;
                 0.0     0.0     0.2];
IC(:,:,3) =[0.22  0.0     0.0;
                 0.0     0.22     0.0;
                 0.0     0.0     0.17];
IC(:,:,4) =[0.32  0.0     0.0;
                 0.0     0.32     0.0;
```

```
                 0.0    0.0    0.02];
IC(:,:,5)=[0.002  0.0    0.0;
                 0.0    0.002  0.0;
                 0.0    0.0    0.002];
IC(:,:,6)=[0.002  0.0    0.0;
             0.0    0.002  0.0;
             0.0    0.0    0.0004];

% 获取杆件间的旋转矩阵(i+1 在 i 下的表示)
R(:,:,1)=[cos(angle(1)),  -sin(angle(1)),0.0;
                 sin(angle(1)),  cos(angle(1)),  0.0;
                 0.0,              0.0,             1.0];
R(:,:,2)=[sin(angle(2)),  cos(angle(2)),  0.0;
                 0.0,              0.0,             1.0;
               cos(angle(2)),-sin(angle(2)),0.0];
R(:,:,3)=[cos(angle(3)),  -sin(angle(3)),0.0;
                 sin(angle(3)),  cos(angle(3)),  0.0;
                 0.0,              0.0,             1.0];
R(:,:,4)=[cos(angle(4)),  -sin(angle(4)),0.0;
                 0.0,              0.0,             -1.0;
                 sin(angle(4)),  cos(angle(4)),  0.0];
R(:,:,5)=[cos(angle(5)),  -sin(angle(5)),0.0;
                 0.0,              0.0,             1.0;
                 -sin(angle(5)),-cos(angle(5)),0.0];
R(:,:,6)=[cos(angle(6)),  -sin(angle(6)),0.0;
                 0.0,              0.0,             -1.0;
                 sin(angle(6)),  cos(angle(6)),  0.0];

% 获取杆件间的旋转逆矩阵(i 在 i+1 下的表示)
for i1=1:6
inR(:,:,i1)=inv(R(:,:,i1));
end

% 迭代初始化
% 基座角速度为 0
omiga_v0=[0;0;0];
% 基座角加速度为 0
omiga_a0=[0;0;0];
```

```
% 基座线加速度为 0
acc0 =[0;0;0];

% 外推,求杆件1～6 的角速度,线加速度,角加速度
for i =1:6
    if(i = =1)
        %求杆件1 角速度
        z =[0;0;angluar_v(i)];
        omiga_v(:,i) =ones(3,3)* omiga_v0 +z;
        % 求杆件1 角加速度
        za =[0;0;angluar_a(i)];
        omiga_a(:,i) = ones(3,3)* omiga_a0 +cross(ones(3,3)* omiga_v0,z) +za;
        % 求杆件1 线加速度
        acc(:,i) =ones(3,3)* (cross(omiga_a0,P(i,:)') +cross(omiga_v0,cross(omiga_v0,P(i,:)')) +acc0);
    else
        % 求杆件2～6 角速度
        z =[0;0;angluar_v(i)];
        omiga_v(:,i) =inR(:,:,i)* omiga_v(:,i -1) +z;
        % 求杆件2～6 角加速度
        za =[0;0;angluar_a(i)];
        omiga_a(:,i) =inR(:,:,i)* omiga_a(:,i -1) +cross(inR(:,:,i)* omiga_v(:,i -1),z) +za;
        % 求杆件2～6 线加速度
        acc(:,i) = inR(:,:,i)* (cross(omiga_a(:,i -1),P(i,:)') +cross(omiga_v(:,i -1),cross(omiga_v(:,i -1),P(i,:)')) +acc(:,i -1));
    end
        % 求杆件1～6 质心线加速度
    accz(:,i) =cross(omiga_a(:,i),PC(i,:)') +cross(omiga_v(:,i),cross(omiga_v(:,i),PC(i,:)')) +acc(:,i);
    % 求杆件1～6 惯性力
    force1(:,i) =mass(i)* accz(:,i);
    % 求杆件1～6 惯性力矩
    torque1(:,i) =IC(:,:,i)* omiga_a(:,i) +cross(omiga_v(:,i),IC(:,:,i)* omiga_v(:,i));
end

```

```
% 末端关节受外力/力矩
force2out =[0;0;0];
torque2out =[0;0;0];

% 内推,求关节 6 ~1 的力和力矩
for i =6: -1:1
    if(i = =6)
        % 求杆件 6 受到的力
        force2(:,i) =ones(3,3)* force2out +force1(:,i);
        % 求杆件 6 受到的力矩
        torque2(:,i) = torque1(:,i) + ones(3,3)* torque2out + cross(PC(i,:)',force1(:,i)) + cross(zeros(3,1),ones(3,3)* force2out);
    else
        % 求杆件 5 ~1 受到的力
        force2(:,i) =R(:,:,i +1)* force2(:,i +1) +force1(:,i);
        % 求杆件 5 ~1 受到的力矩
        torque2(:,i) =torque1(:,i) +R(:,:,i +1)* torque2(:,i +1) + cross(PC(i,:)',force1(:,i)) +cross(P(i +1,:)',R(:,:,i +1)* force2(:,i +1));
    end

    % 关节 i 受力矩
    Torque(i) =torque2(3,i);
end
```

第 9 章　机器人的柔顺控制

此部分为第 9 章机器人的柔顺控制部分配套程序,基于美国 MathWorks 公司出品的 Matlab 软件编写而成。程序共包含 1 个主程序与 1 个自定义子函数,程序文件见配套资料第 9 章部分。具体程序内容如下:

1)主程序 ForceToMotion. m

```
clear;
clc;
close all;
%初始化
A6D_K =[0.5,0.5,0.5,1,1,1];        %刚度
```

```
A6D_m=[0.2 0.2,0.2,5,5,5];        %质量
A6D_ep=[1.1,1.1,1.1,1.1,1.1,1.1];  %阻尼比
ACC=[0,0,0,0,0,0];     %加速度
A6D_V=[0,0,0,0,0,0];  %速度
A6D_D=[0,0,0,0,0,0];  %位移
for AXIS=1:6
  A6D_b(AXIS)=2*A6D_ep(AXIS)*sqrt(A6D_K(AXIS)*A6D_m(AXIS)); %阻尼
end
deltat=0.1;
t_end=20;
x_t=[];
y_f=[];
y_d=[];
y_v=[];

for t=0:deltat:t_end
    t
    if(t<4)
        F=[1,0,0,0,0,0];
    elseif t<8
      F=[-1,0,0,0,0,0];
    else
      F=[0,0,0,0,0,0];
    end    %力的作用方式

    for AXIS=1:6
    ACC(AXIS)=(F(AXIS)-A6D_K(AXIS)*A6D_D(AXIS)-A6D_b(AXIS)*A6D_V(AXIS))/A6D_m(AXIS);%计算加速度. 其中A6D_D是X-Xr
    A6D_V(AXIS)=A6D_V(AXIS)+ACC(AXIS)*deltat;
    %deltat为机器人运动周期,要与真实相同
    A6D_D(AXIS)=A6D_D(AXIS)+ACC(AXIS)*deltat*deltat/2.0+A6D_V(AXIS)*deltat;
    end
%保存到矩阵
    x_t=[x_t;t];
    y_f=[y_f,F'];
    y_d=[y_d,A6D_D'];
```

```
40        y_v = [y_v, A6D_V'];
41

42    squareMotion(A6D_D(1), A6D_D(2), A6D_D(3), A6D_D(4), A6D_D(5), A6D_
         D(6));
43    drawnow();%动画
44        if t < t_end
45            clf
46        end
47    end
48

49    %绘图€
50    figure();
51    for AXIS = 1:6
52        subplot(2,3,AXIS);
53            [AX,H1,H2] = plotyy(x_t,y_f(AXIS,:),x_t,y_d(AXIS,:));
54            axis([0 20 -12 12]);
55            set(AX(1),'XColor','k','YColor','b');  %设置双y轴各自的颜色
56            set(AX(2),'XColor','k','YColor','r');
57

58            xlabel('时间(s)');     %x轴标签
59

60            HH1 = get(AX(1),'Ylabel');          %设置双y轴的标签
61            set(HH1,'String','牵引力(N)');
62            set(HH1,'color','b');
63            HH2 = get(AX(2),'Ylabel');
64            set(HH2,'String','位移(m)');
65            set(HH2,'color','r');
66

67            set(H1,'LineStyle','-');                  %设置图线格式
68            set(H1,'color','b');
69            set(H2,'LineStyle','-.');
70            set(H2,'color','r');
71

72            legend([H1,H2],{'牵引力';'位移'});% 图例
73    end
```

2）自定义函数 squareMotion. m

```
238    function out = squareMotion(x,y,z,Alpha,Beta,Gamma)
239    size = 50;
```

```
T =[cos(Alpha)* cos(Beta),cos(Alpha)* sin(Beta)* sin(Gamma) -
    sin(Alpha)* cos(Gamma),cos(Alpha)* sin(Beta)* cos(Gamma) +
    sin(Alpha)* sin(Gamma),x;
     sin(Alpha)* cos(Beta),sin(Alpha)* sin(Beta)* sin(Gamma) +
       cos(Alpha)* cos(Gamma),sin(Alpha)* sin(Beta)* cos(Gamma)
       -cos(Alpha)* sin(Gamma),y;
 -sin(Beta),          cos(Beta)* sin(Gamma)
      ,  cos(Beta)* cos(Gamma)                  ,z;
       0        ,  0       ,  0                  ,1];% 规划

X_dot =([0 1 1 0 0 0;1 1 0 0 1 1;1 1 0 0 1 1;0 1 1 0 0 0] -0.5)* size;
Y_dot =([0 0 1 1 0 0;0 1 1 0 0 0;0 1 1 0 1 1;0 0 1 1 1 1] -0.5)* size;
Z_dot =([0 0 0 0 0 1;0 0 0 0 0 1;1 1 1 1 0 1;1 1 1 1 0 1] -0.5)* size;
for i =1:24
    A =T* [X_dot(i),Y_dot(i),Z_dot(i),1]';
    X_dot(i) =A(1);
    Y_dot(i) =A(2);
    Z_dot(i) =A(3);
end
for i =1:6
    h =patch(X_dot(:,i),Y_dot(:,i),Z_dot(:,i),'b');
    set(h,'edgecolor','k','facealpha',0.6);
end

h =gcf;

axis equal
axis([ -150 150 -150 150 -150 150]);
grid on
view( -60,15);
out =1;
```

第 12 章　基于 Adams/Matlab 机器人动力学联合仿真

RS10N 型六自由度工业机器人的 Adams 动力学仿真模型、前馈控制的系统函数、相应的 Simulink 模块及其他资料见配套资料第 12 章部分。

参 考 文 献

[1] 王田苗，陶永．我国工业机器人技术现状与产业化发展战略［J］．机械工程学报，2014，50（9）：1－13.

[2] David Silver，Aja Huang，et al. Mastering the Game of Go with Deep Neural Networks and Tree Search［J］. Nature 529：484－489（January28，2016）.

[3] 蔡自兴．机器人学［M］．第2版．北京：清华大学出版社，2009.

[4] John J Craig，负超．机器人学导论［M］．北京：机械工业出版社，2006.

[5] J Denavit，R S Hartenberg. A kinematic notation for lower-pair mechanisms based on matrices［J］. Journal of Applied Mechanics，1955（6）：215－221.

[6] T Turner，J Craig，W Gruver. A microprocessor architecture for advanced robot control［J］. 14th ISIR，Stockholm，Sweden，October，1984.

[7] J Colson，N D Perreira. Kinematics，in the international encyclopedia of robotics［M］. New York：Wiley and Sons，1988.

[8] W Schiehlen. Computer generation of equations of motion，in computer aided analysis and optimization of mechanical system dynamics［M］. E J Haug，Editor. Berlin and New York：Springer-Verlag，1984.

[9] C Ruoff. Fast trigonometric functions for robot control［J］. Robotics Age，November 1981.

[10] Roth B，Rastegar J，Scheinman V. On the design of computer controlled manipulators［Z］. 1974.

[11] Roth B. Performance evaluation of manipulators from a kinematic view point［Z］. 1970.

[12] D Pieper，B Roth. The kinematics of manipulation under computer control［C］. Proceedings of the second international congress on theory of machines and mechanisms，vol. 2，Zakopane，Poland，1969，pp. 159－169.

[13] Pieper，Lee D. Kinematics of manipulators under computer control［J］. Kinematics of Manipulators Under Computer Control，1968.

[14] Tsai L W，Morgan A P. Solving the kinematics of the most general six-and five-degree-of-freedom manipulators by continuation methods［J］. Journal of Mechanical Design，1985，107（2）：189.

[15] Hollerbach J M. A survey of kinematic calibration［M］// The robotics review 1. MIT Press，1989：207－242.

[16] Lee C S G，Ziegler M. Geometric approach in solving inverse kinematics of PUMA Robots［J］. Aerospace &Electronic Systems IEEE Transactions on，1984，AES－20（6）：695－

706.

[17] Taylor R H. Planning and execution of straight line manipulator trajectories [J]. Ibm Journal of Research & Development, 1979, 23 (4): 424 -436.

[18] Brooks R A. Solving the find-path problem by good representation of free space [J]. IEEE Transactions on Systems Man & Cybernetics, 2012, SMC -13 (2): 190 -197.

[19] Khatib O. Real-time obstacle avoidance for manipulators and mobile robots [C] // IEEE International Conference on Robotics and Automation. Proceedings. IEEE, 2003: 500 -505.

[20] Moravec H P. Obstacle avoidance and navigation in the real world by a seeing robot rover [M]. Stanford University, 1980.

[21] Barraquand J, Kavraki L, Latombe J C, et al. A random sampling scheme for path planning [J]. International Journal of Robotics Research, 1997, 16 (16): 759 -774.

[22] Kavraki L, Svestka P, Latombe J, et al. Probabilistic roadmaps for path planning in high-dimensional configuration spaces [J]. IEEE Transactions on Robotics & Automation, 1994, 12 (4): 566 -580.

[23] Latombe J C. Robot motion planning: a distributed representation approach [M]. Sage Publications, Inc. 1991.

[24] Lin C S, Chang P R, Luh J Y S. Formulation and optimization of cubic polynomial joint trajectories for industrial robots [J]. Automatic Control IEEE Transactions on, 1983, 28 (12): 1066 -1074.

[25] Mckay N D. Minimum-cost control of robotic manipulators with geometric path constraints (trajectory, planning) [J]. Automatic Control IEEE Transactions on, 1985, 30 (6): 531 -541.

[26] Bobrow J E. Time-optimal control of robotic manipulators along specified paths [J]. International Journal of Robotics Research, 1985, 4 (3): 3 -17.

[27] F, Blaschke. Principle of field orientation as used in the new Transvector control system for induction machines, (Das Prinzip der Feldorientierung, die Grundlage fuer die TRANSVEKTOR-Regelung von Drehfeldmaschinen). 1971, 45: 757 -760.

[28] 霍伟. 机器人动力学与控制 [M]. 北京: 高等教育出版社, 2005.

[29] 摩雷. 机器人操作的数学导论 [M]. 北京: 机械工业出版社, 1998.

[30] Luh J Y S, Walker M W, Paul R P C. On-line computational scheme for mechanical manipulators [J]. Trans. asme J. of Dyn. sys. mes. & Cont, 1980, 102 (2): 69 -76.

[31] Silver W M. On the Equivalence of Lagrangian and Newton-Euler Dynamics for Manipulators [J]. International Journal of Robotics Research, 1982, 1 (2): 60 -70.

[32] 刘延柱. 多刚体系统动力学 [M]. 北京: 高等教育出版社, 1989.

[33] Schiehlen W. Multibody system dynamics: roots and perspectives [J]. Multibody System Dynamics, 1997, 1 (2): 149 -188.

[34] Parlaktuna O, Ozkan M. Adaptive control of free-floating space manipulators using dynamically equivalent manipulator model [J]. Robotics & Autonomous Systems, 2004, 46

(3): 185 -193.
[35] Featherstone Roy. Rigid body dynamics algorithms [Z]. 2008.
[36] Featherstone R. A beginner's guide to 6-d vectors (part 1) [J]. IEEE robotics & automation magazine, 2010, 17 (3): 83 -94.
[37] Rodriguez G, Jain A, Kreutz-Delgado K. A spatial operator algebra for manipulator modeling and control [J]. International Journal of Robotics Research, 1988, 10 (4): 418 -423.
[38] R K Jain, S Majumder, A. SCARA based peg-in-hole assembly using compliant IPMC micro gripper [J]. Robotics and Autonomous Systems. 2013, 61 (3): 297 -311
[39] De Schutter J, Van Brussel H. Compliant Robot Motion II. A Control Approach Based on External Control Loops [J]. International Journal of Robotics Research, 1988, 7 (4): 18 -33.
[40] Hogan N. Impedance control: An approach to manipulation. Ⅰ - Theory. Ⅱ - Implementation. Ⅲ - Applications [J]. Journal of Dynamic Systems Measurement & Control, 1985, 107: 1 -24.
[41] Raibert M H, Craig J J. Hybrid position/force control of manipulators [J]. Journal of Dynamic Systems Measurement & Control, 1980, 103 (2): 126 -133
[42] R P Judd, A B Knasinski. A technique to calibrate industrial robots with experimental verification [J]. IEEE Trans. Robot. Automation. vol. 6, no. 1, pp. 20 -30, Feb. 1990.
[43] S Hayati, M Mirmirani. Improving the absolute positioning accuracy of robot manipulators [J]. J Robot. Syst. , vol. 2, no. 4, pp. 397 -413, Dec. 1985.
[44] Z Roth, B Mooring, B Ravani. An overview of robot calibration [J]. IEEE J. Robot. Automation, vol. 5, no. 3, pp. 377 -385, Oct. 1987.
[45] P L Broderick, R J Cipra. A method for determining and correcting robot position and orientation errors due to manufacturing [J]. J Mechanisms, Transmiss, Automation Design, vol. 110, no. 1, pp. 3 -10, Mar. 1988.
[46] MAbderrahim, A Whittaker. Kinematic model identification of industrial manipulators [J]. Robot. Comput. -Integr. Manuf. , vol. 16, no. 1, pp. 1 -8, Feb. 2000.
[47] A Nubiola, I A Bonev. Absolute robot calibration with a single telescoping ballbar [J]. Precision Eng. , vol. 38, no. 3, pp. 472 -480, Jul, 2014.
[48] Messay T, Ordóñez R, Marcil E. Computationally efficient and robust kinematic calibration methodologies and their application to industrial robots [J]. Robotics and Computer-Integrated Manufacturing, 2016, 37 (C): 33 -48.
[49] 王冰. 基于颜色特征的图像检索方法研究 [D]. 济南: 山东大学, 2005.
[50] 罗晓军. 数字图像混合噪音的几种滤波算法研究 [D]. 长沙: 长沙理工大学, 2009.
[51] 马英辉, 韩焱. 彩色图像分割方法综述 [J]. 科技情报开发与经济, 2006 (04): 158 -159.
[52] 姚进. 基于数学形态学的图像边缘检测研究 [D]. 济南: 山东师范大学, 2005.
[53] [美] Gonzalez R C, [美] Woods, 等. 数字图像处理 [M]. 第3版. 北京: 电子工业出版社, 2010.

[54] 李军. Adams 实例教程 [M]. 北京：北京理工大学出版社，2002：2 -130.
[55] 王国强，张进平，马若丁. 虚拟样机技术及其在 Adams 上的实践 [M]. 西安：西北工业大学出版社，2002：8 -90.
[56] 刘君，夏智勋. 动力学系统辨识与建模 [M]. 长沙：国防科技大学出版社，2007：1 -13.
[57] Siciliano B, Sciavicco L, Villani L, et al. Robotics: modelling, planning and control [M]. Srpinger, 2009.
[58] Ahmed A Shabana. Dynamics of multi body systems [M]. Cambridge University Press, 2005.
[59] 熊有伦，机器人技术基础 [M]. 武汉：华中理工大学出版社，1996.
[60] 熊有伦，丁汉，刘恩沧. 机器人学 [M]. 北京：机械工业出版社，1993.
[61] 张铮，王艳平，薛桂香. 数字图像处理与机器视觉 [M]. 北京：人民邮电出版社，2010.
[62] 恒润科技. MATLAB 的 S-Function 编写指导 [Z].

彩　插

图 11.9　**RGB** 颜色空间模型

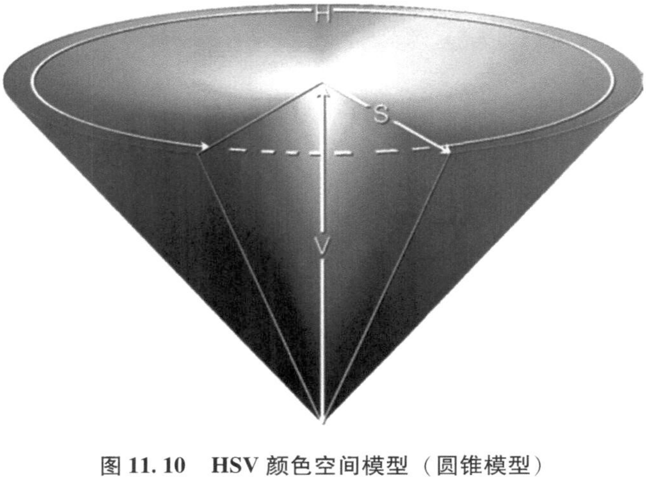

图 11.10　**HSV** 颜色空间模型（圆锥模型）

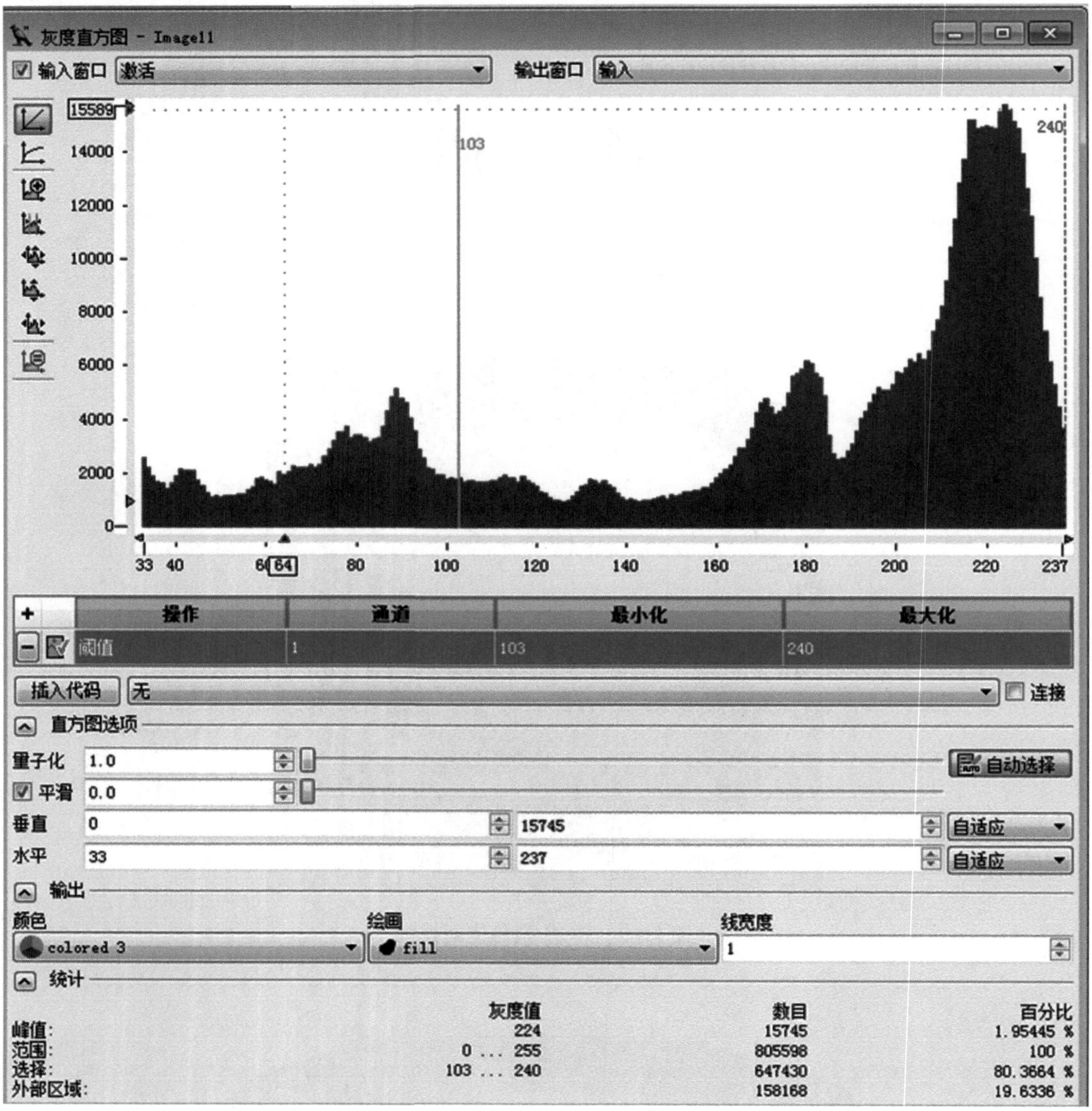
灰度直方图 - Image11
输入窗口 激活
输出窗口 输入
15589
14000
12000
10000
8000
6000
4000
2000
0
103
240
33 40 64 80 100 120 140 160 180 200 220 237
操作 通道 最小化 最大化
阈值 1 103 240
插入代码 无
连接
直方图选项
量子化 1.0
自动选择
平滑 0.0
垂直 0 15745 自适应
水平 33 237 自适应
输出
颜色 colored 3
绘画 fill
线宽度 1
统计
灰度值 数目 百分比
峰值: 224 15745 1.95445 %
范围: 0 ... 255 805598 100 %
选择: 103 ... 240 647430 80.3664 %
外部区域: 158168 19.6336 %

图 11.11　灰度直方图

彩　　插

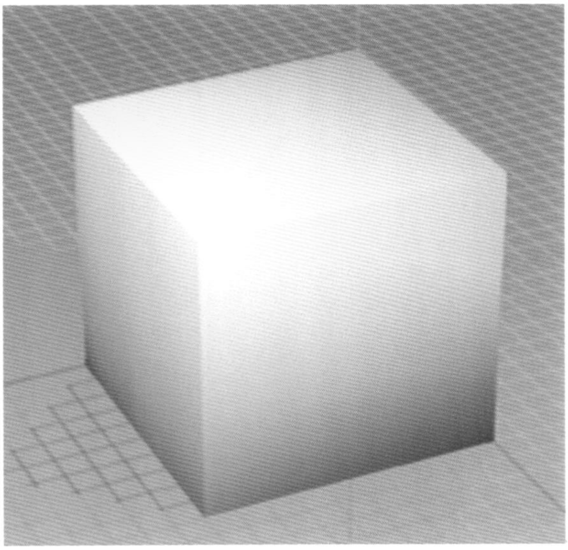

图 11.9　RGB 颜色空间模型

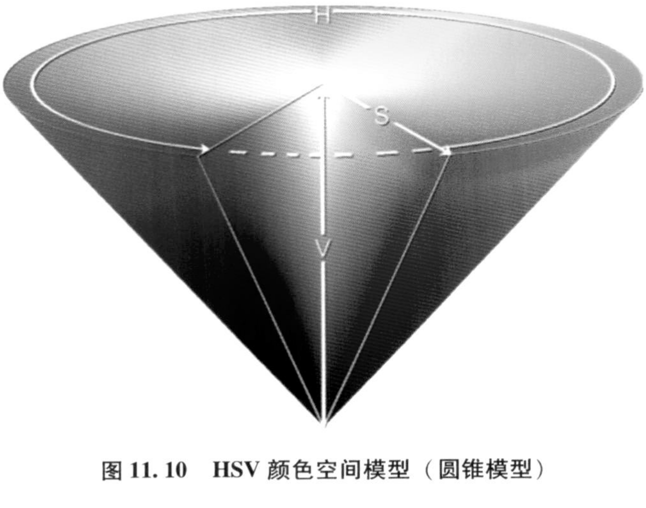

图 11.10　HSV 颜色空间模型（圆锥模型）

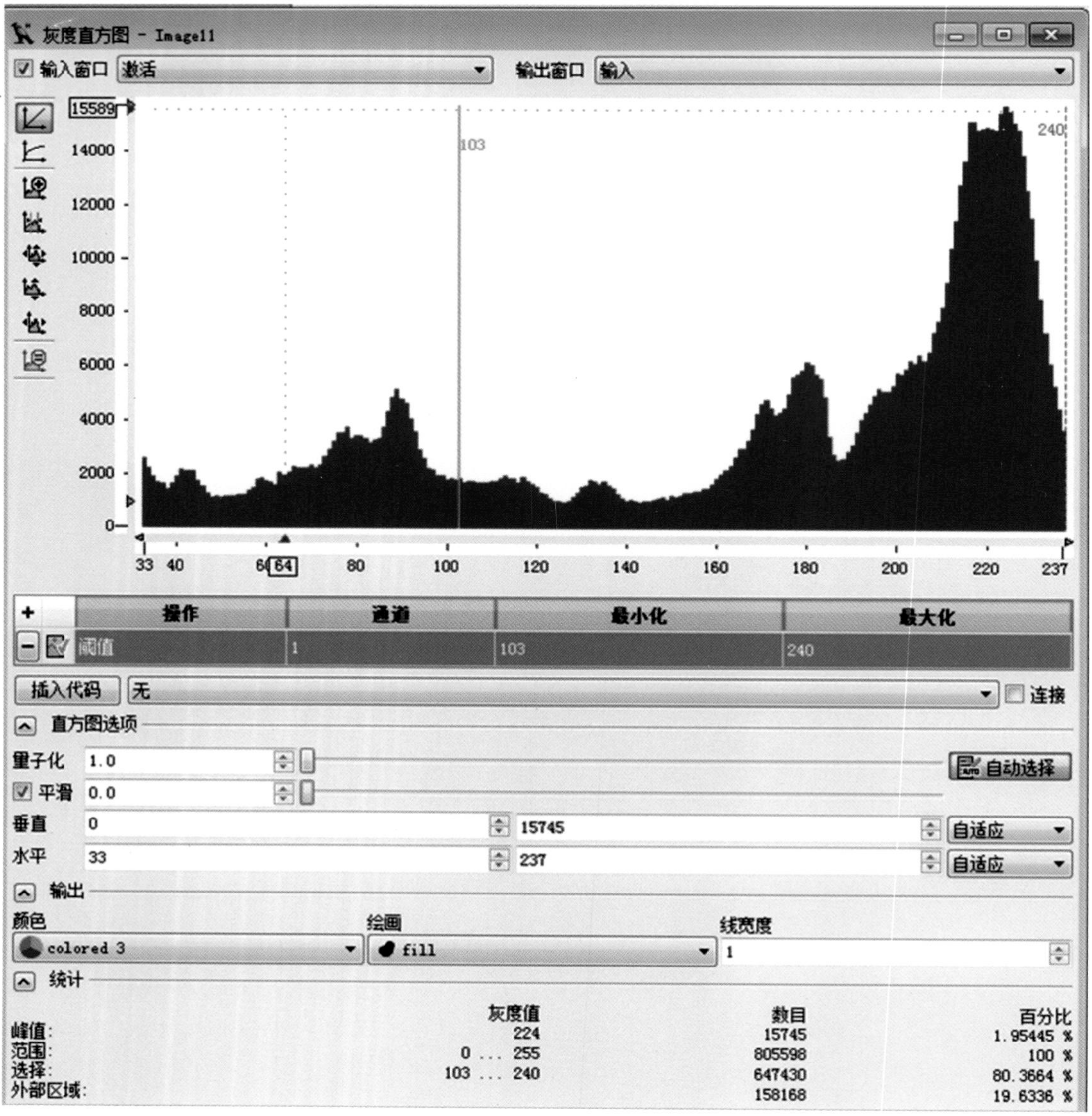
灰度直方图 - Image11
输入窗口
激活
输出窗口
输入
15589
103
240
操作
通道
最小化
最大化
阈值
1
103
240
插入代码
无
连接
直方图选项
量子化
1.0
自动选择
平滑
0.0
垂直
0
15745
自适应
水平
33
237
自适应
输出
颜色
colored 3
绘画
fill
线宽度
1
统计
灰度值
数目
百分比
峰值:
224
15745
1.95445 %
范围:
0 ... 255
805598
100 %
选择:
103 ... 240
647430
80.3664 %
外部区域:
158168
19.6336 %

图 11.11　灰度直方图